教育部高等学校高职高专测绘类专业教学指导委员会“十二五”规划教材
全国测绘地理信息类职业教育规划教材

数字测图

（第2版）

主　编　王正荣　徐晓艳　邹时林
副主编　王梓洋　谢爱萍　王万平

黄河水利出版社
·郑州·

内容提要

本书为教育部高等学校高职高专测绘类专业教学指导委员会“十二五”规划教材，主要为高职高专测绘类相关专业的教学需要而编写。在第1版的基础上，采用了新的编写模式，更新了相关标准和规范，修改、调整了部分内容。全书共10个项目，内容包括课程导入，全站仪及其应用，RTK及其应用，数字测图准备，数字测图图根控制测量，野外数据采集，数字地形图绘制，纸质图件数字（矢量）化，数字地形图检查、总结，数字地形图的应用、实训指导及附录等。

本书可作为高职高专工程测量技术、地理信息系统与地图制作、矿山测量等测绘类专业教材，也可作为广大测绘工程技术人员的参考书。

图书在版编目（CIP）数据

数字测图/王正荣，徐晓艳，邹时林主编.—2版.—郑州：黄河水利出版社，2019.1 （2022.9 重印）

教育部高等学校高职高专测绘类专业教学指导委员会“十二五”规划教材 全国测绘地理信息类职业教育规划教材

ISBN 978-7-5509-2262-4

Ⅰ.①数… Ⅱ.①王…②徐…③邹… Ⅲ.①数字化测图-高等职业教育-教材 Ⅳ.①P231.5

中国版本图书馆CIP数据核字（2019）第014893号

策划编辑：陶金志 电话：0371-66025273 E-mail：838739632@qq.com

出 版 社：黄河水利出版社 网址：www.yrcp.com

地址：河南省郑州市顺河路黄委会综合楼14层 邮政编码：450003

发行单位：黄河水利出版社

发行部电话：0371-66026940、66020550、66028024、66022620（传真）

E-mail：hhslcbs@126.com

承印单位：河南承创印务有限公司

开本：787 mm×1 092 mm 1/16

印张：16.5

字数：381千字

版次：2012年8月第1版 印次：2022年9月第5次印刷

2019年1月第2版

定价：42.00元

序 一

职业教育是为我国国民经济建设和发展作出重要贡献的教育类型。近20年来,我国高职高专教育得到了迅速发展,可以说现在已经占据了我国高等教育的半壁江山。特别是近几年来,被定位于“以就业为导向”的职业教育,为国家第二、第三产业的发展培养出了大批技能型高端人才,为国家的经济建设和社会发展,以及为我国建成世界第二大经济实体国家发挥着积极的作用,并作出了重要贡献。其中,我国测绘类高职高专教育及其人才培养同样取得了巨大的进展。为了不断推动测绘类高职高专人才培养工作的建设、改革和发展,2004年教育部委托国家测绘局组建和管理高等学校高职高专测绘类专业教学指导委员会,并作为一个分委员会隶属教育部高等学校测绘学科教学指导委员会。分委员会成立后即开展了高职高专测绘类专业设置的研制,继而规划、组织了“十五”规划教材的编写,并经过教材审定委员会严格审定后,经协商确定,该套教材统一由黄河水利出版社出版。“十五”规划教材的按期出版和投入使用,满足了高职高专测绘类专业的教学需求,起到了有力的教学保障作用,收到了良好的效果。

2006年教育部提出,高等学校高职高专专业教学指导委员会(包括测绘类专业)独立设置开展工作,并由教育部高教司直接管理。在此期间,教学指导委员会按照教育部的要求开展了“高职高专测绘类专业规范”和“高职高专测绘类专业教学基本要求”的研制和上报工作。为了适应当前国内外测绘技术的新进展和经济社会发展对高职高专人才培养的新要求,高等学校高职高专测绘类专业教学指导委员会重新规划并组织“十二五”规划教材的编写和出版。新一批成套的规划教材是按照教育部的要求,依据“高职高专测绘类专业规范”和“高职高专测绘类专业教学基本要求”的规定编写而成的,此套教材仍然按照第一批规划教材出版协议,由黄河水利出版社统一出版。希望本套教材能在高职高专测绘类专业的人才培养中发挥更好的作用。借此机会,再次对黄河水利出版社长期给予高职高专测绘类专业人才培养工作的支持表示衷心的感谢!

虽然有“十五”规划教材的基础,也有了20年来高职高专测绘类专业人才培养的成绩和经验,但是在高职高专人才培养中仍存在地区和行业的差异,以及其自身的特点。既是规划教材,我们希望有测绘类专业的高职高专院校能在教学中使用这套教材,并在使用中发现问题,提出意见,以便今后教材的修订和不断完善。

教育部高等学校测绘学科教学指导委员会主任委员

中国工程院院士

2011年12月10日 于武汉

序 二

近年来，我国高等职业教育蓬勃发展，测绘高等职业教育也随之大发展。目前，已有120余所高职院校设立了测绘类专业，每年有数万名在校生就读，有上万名测绘类专业的高职高专毕业生走向测绘与地理信息生产一线岗位，以及为相关行业部门提供测绘与地理信息保障的服务岗位。测绘类专业应用性技能型高端人才的培养，显现出招生、就业两旺的良好发展态势。

人才培养的教育教学工作，需要有教材的基础支持。早在2004年，教育部高等学校测绘学科教学指导委员会主任委员、中国测绘学会教育委员会主任委员、中国工程院院士宁津生倡导并亲自规划和组织，由教育部高等学校测绘学科教学指导委员会组织落实编写全国第一套测绘类专业高职高专规划教材。教材编写得到了各院校教学一线老师们的积极响应和支持。教材编写出版的整个过程，得到了宁津生院士等老专家的全程关心、支持和帮助。在初稿完成后，由宁津生院士任主任委员、陶本藻教授和王依教授任副主任委员组成的教材编写审定委员会，对初稿进行了一一审查，并提出了修改意见，经主编修改再次审查通过后，经过审定委员会同意后出版。宁津生院士亲自和黄河水利出版社进行了商议，并达成协议，由黄河水利出版社给予支持和帮助，并承担出版任务。经过共同努力，教材按期出版和投入使用。该套在中原大地母亲河边出生的教材成为了我国高职高专测绘类专业整体规划设计的第一套教材，为高职高专测绘类专业人才培养发挥了基础性作用，改写了测绘高职高专教育没有成套教材的历史。该套教材受到了各院校的热烈欢迎，并得到了广泛的使用，其中的不少种教材由教育部批准成为了国家级“十一五”规划教材。

近年来，测绘新技术的应用发展迅速，测绘生产技术平台不断提升，需要迅速将测绘新技术引进课堂、引进教材；在教育部的大力推动下，对应用性技能型高端人才培养从实践到教育理论都进行了广泛而深刻的探索，并得到了新的经验。以系统化职业能力构建为本位，以与之相适应的理论知识为基础，走校企合作的道路，用工学结合的模式，以系统化的工作过程和项目为载体，追求实现人才培养的“知行合一”的目标，这样的教育思想得到了广泛的认可，并在人才培养中得到应用。培养出来的高职人才以其对就业岗位较强的切入能力、较好的适应能力和较高的职业发展能力逐渐得到社会的认可。

同时，经济、技术和社会的发展，对高职人才的培养也提出了新的要求。教育部高等学校高职高专测绘类专业教学指导委员会和黄河水利出版社遵照协议，共同商议组织高职高专测绘类专业“十二五”规划教材的编写和出版。在策划和组织的时候，教育部组织研制的专业规范和教学基本要求已经完成，这为教材的编写奠定了基础。教育部高等学校高职高专测绘类专业教学指导委员会期望通过编写团队、专家和出版社的共同努力，立足已有基础，高水平编写并按期出版新一套规划教材，希望各院校积极使用新编“十二五”规划教材，让教材为促进高职测绘教育的可持续科学发展发挥积极作用。

衷心感谢宁津生院士、陶本藻教授、王依教授对高职高专测绘类专业人才培养工作一路走来的支持、关心和帮助！衷心感谢为本套教材的编写付出了心血的每一位老师！感谢黄河水利出版社为本套教材的出版而默默付出的每一位同志！

尽管有了良好基础，但由于地区、装备水平、服务行业等的差异，以及各院校老师对课程教学组织的个性化设计，对教材会有不同的要求，因此希望各院校在教材使用过程中能发现问题，提出意见，以便今后教材的修订和完善。

教育部高等学校高职高专测绘类专业教学指导委员会主任委员

2011年12月6日　于昆明

第2版前言

测绘是一项科技含量较高且发展迅猛的产业，测绘业的每一次腾飞都以科技作为羽翼，每一次进步都离不开技术方法和仪器设备的革新，科技进步深刻改变着测绘业的面貌，充当着测绘业前进的“助推器”。近年来，随着计算机技术、空间技术和通信技术的飞速发展，经典的大地测量平面定位手段被卫星定位技术所取代，传统的地图测制手段正在向全数字化测绘技术转变，高分辨率遥感卫星的投入运行，已大大提高了地理信息源的质量，加快地理信息的更新建设。这些进步都促使测绘基础理论、技术体系、产品模式和服务方式产生了根本性的变革。

随着传统测绘技术向数字化测绘技术转化，测量数据采集和处理的自动化、实时化、数字化，测量数据管理的科学化、标准化、规格化；测量数据传播与应用的网络化、多样化、社会化，正成为我国测绘工程技术的发展趋势和方向。同时，3S(GPS、RS、GIS)技术、数字化测绘技术以及先进的地面测绘仪器等广泛应用于测绘工程实践中，并发挥着主导作用。

在全国测绘地理信息职业教育教学指导委员会的指导下，作者开展了认真的调研，走访了测绘生产企业和测绘设备厂商，听取了大量宝贵建议和意见，认真讨论了编写大纲，校企联合编写。使教材更加贴近我国测绘行业发展及测绘类高职高专教学的实际情况，突出测绘类高职高专特点，注重应用，强调操作技能，体现了高素质高级技能型人才培养特色。力求使学生通过本门课程的理论知识与实践技能的系统学习，基本掌握数字测图原理，熟练掌握数字测图系统有关软、硬件的使用方法。能使用全站仪、RTK GPS 等设备进行数字测图的外业数据采集；使用 CASS9.0 等成图软件进行数据处理，内业成图、图形编辑与整饰，打印出图等基本操作。了解数字测图质量控制与技术总结、数字地形图的应用、数字测绘与 GIS 技术等有关知识。

本书编写人员及编写分工如下：课程导入及附录由云南能源职业技术学院王正荣编写；项目一至项目三由云南金沙矿业股份有限公司王梓洋编写；项目四、项目十由云南能源职业技术学院徐晓艳编写；项目五由东华大学高职学院邹时林编写；项目六、项目七由陕西交通职业技术学院王万平编写；项目八、项目九由甘肃林业职业技术学院谢爱萍编写。本书由王正荣、徐晓艳、邹时林任主编；王梓洋、谢爱萍、王万平任副主编。全书由王正荣教授负责统稿。

本教材在编写过程中参阅了部分本、专科教材和相关研究成果及网上资料。其中，还引用了部分原书内容。在此,本书编者对被参考、引用的有关书籍的广大作者表示衷心的感谢。此外,在本教材的编写过程中,得到了云南地矿测绘院苏建平院长等的大力支持,在此一并致谢。

由于编者水平有限,不妥之处敬请读者批评指正。

编　者

2018 年 10 月

第 1 版前言

测绘是一项科技含量很高的产业,测绘业的每一次腾飞都依靠科技作为羽翼,每一次进步都离不开技术方法和仪器设备的革新,科技进步深刻地改变着测绘业的面貌,充当着测绘业前进的“助推器”。近年来,随着计算机技术、空间技术和通信技术的飞速发展,经典的大地测量平面定位手段被卫星定位技术所取代,传统的地图测制手段正在向全数字化测绘技术转变,高分辨率遥感卫星的投入运行,已大大提高了地理信息源的质量,加快了地理信息的更新建设。这些都促使测绘基础理论、技术体系、产品模式和服务方式产生了根本性的变革。

随着传统测绘技术向数字化测绘技术转化,测量数据采集和处理的自动化、实时化、数字化,测量数据管理的科学化、标准化、规格化,测量数据传播与应用的网络化、多样化、社会化,正成为我国测绘工程技术的发展趋势和方向。同时,3S(GPS、RS、GIS)技术、数字化测绘技术以及先进地面测绘仪器等广泛应用于测绘工程实践中,并发挥着主导作用。

在教育部高等学校高职高专测绘类专业教学指导委员会指导下,作者开展了认真的调研,走访了测绘生产企业和测绘设备厂商,听取了大量宝贵建议和意见,认真讨论了编写大纲,使教材更加贴近我国测绘行业发展及测绘类高职高专教学的实际情况,突出测绘类高职高专的特点,注重应用,强调操作技能,体现了高素质高级技能型人才培养特色。力求使学生通过本门课程的理论知识与实践技能的系统学习,基本掌握数字测图原理,熟练掌握数字测图系统有关软、硬件的使用方法。能使用全站仪、RTK GPS 等设备进行数字测图的外业数据采集;使用 CASS9.0 等成图软件进行数据处理,内业成图、图形编辑与整饰,打印出图等基本操作。了解数字测图质量控制与技术总结、数字地形图的应用、数字测绘与 GIS 技术等有关知识。

本书编写人员及编写分工如下:第一章、第三章、第十章及附录由云南能源职业技术学院王正荣编写;第二章由甘肃林业职业技术学院章武英编写;第四章由云南能源职业技术学院徐晓艳编写;第五章由东华理工大学高等职业技术学院邹时林编写;第六章、第七章由陕西交通职业技术学院王万平编写;第八章、第九章由甘肃林业职业技术学院谢爱萍编写。全书由王正荣、邹时林任主编,并由王正荣负责统稿、定稿,由谢爱萍、徐晓艳、王万平任副主编,由昆明冶金高等专科学校吕翠华教授担任主审。此外,本书还配有电子教材。

本教材在编写过程中参阅了部分本、专科教材和相关研究成果及网上资料,其中还引用了部分原书内容。在此,本书编者对参考、引用的有关书籍的广大作者表示衷心的感谢。此外,在本教材的编写过程中,得到了广州南方测绘仪器有限责任公司昆明分公司唐胜清等同志的大力支持,在此一并致谢。

由于编者水平有限,不妥之处在所难免,敬请读者批评指正,以便教材的修订和完善。

编　者

2012 年 4 月

目 录

课程导入

数字测图的出现，在地形测绘发展过程中是一次根本性的技术变革，已经取代传统模拟测图方式。

本部分作为课程的入门，主要介绍数字测图的有关概念、数字地图的获取方式，并展望数字测图技术的发展趋势，讨论课程的特点，介绍课程学习方法。

一、数字测图的有关概念

(一)数字测图

地图是一种古老而有效，并一直沿用至今的精确表达地表现象的方式，是记录和传达关于自然世界、社会和人文的位置与空间特性信息最卓越的工具。它对人类社会发展的作用如同语言和文字对社会发展的作用一样，具有不言而喻的重要性。从本质上讲，地图是对客观存在的特征和变化规则的一种科学的概括和抽象。与早期用半符号、半写景的方法来表示和描述地形的地图相比，现代地图是按照一定的数学法则，运用符号系统概括地将地面上各种自然和社会现象表示在平面上，因此现代地图具有早期地图无法比拟的优点，即现代地图具有可量测性。

传统的图解法测图是利用测量仪器对地球表面局部区域内的各种地物、地貌特征点的空间位置进行测定，并以一定的比例尺按图示符号将其绘制在图纸上。在测图过程中，其精度由于刺点、绘图及图纸伸缩变形等因素的影响会有较大的降低，而且工序多、劳动强度大、质量管理难。特别是在当今的信息时代，纸质地形图已难以承载更多的图形信息，图纸更新也极为不便，难以适应信息时代经济建设的需要。

随着科学技术的进步和计算机技术的迅猛发展及其在测绘领域的广泛应用，20 世纪 80 年代产生了电子全站仪和 GPS 及电子数据终端，并逐步构成了野外数据采集系统。同时，测绘科技人员将其与内业机助制图系统相结合，形成了从野外数据采集到内业成图全过程数字化和自动化的测量制图系统，人们通常将这种测图方式称为野外数字测图或地面数字测图(简称数字测图)。广义地讲，制作以数字形式表示的地图的方法和过程就是数字测图，主要包括地面数字测图、地图数字化成图、数字摄影测量与遥感数字测图等；狭义的数字测图指地面数字测图。目前，数字测图技术得到了突飞猛进的发展，并以高自动化、全数字化、高精度的显著优势逐步取代了传统的手工图解法测图方式。

数字测图实质上是一种全解析机助测图方法，在地形测绘发展过程中，它是一次根本性的技术变革，这种变革主要体现在：图解法测图的最终目的是地形图，图纸是地形信息的唯一载体；数字测图地形信息的载体是计算机的存储介质(磁盘或光盘)，其提交的成果是可供计算机处理、远距离传输、多方共享的数字地形图数据文件，通过数控绘图仪可输出数字地形图。

(二)数字测图系统

数字测图是通过数字测图系统来实现的。数字测图系统是以计算机为核心,在外连输入、输出的硬件和软件设备支持下,对地形空间数据进行采集、输入、处理、绘图、存储、输出和管理的测绘系统。数字测图系统由有一系列硬件和软件组成,用于野外数据采集的硬件设备主要有全站仪、GPS接收机等;用于室内输入的设备有数字化仪、扫描仪、解析测图仪等;用于室内输出的设备主要有磁盘、显示器、打印机和绘图仪等。便携机或微机是数字测图系统的硬件控制设备,既用于数据处理,又用于数据采集和成果输出。

数字测图系统的作业过程与所使用的设备和软件、数据源及图形输出的目的有关。目前,大多数数字化测图系统内容丰富,具有多种数据采集方法、多种功能和多种应用范围,能输出多种图形和数据资料。

(三)数字地图

数字测图地形信息的载体是计算机的存储介质(磁盘或光盘),其提交的成果是可供计算机处理、远程传输、多方共享的数字地形图数据文件,如果使用打印机或绘图仪,则可以在印刷介质上输出相应的地形图。

将绘制地形图的全部信息存储在设计好的数据库中,经绘图软件处理,可在屏幕上将需要的地形图显示出来,用这种方式来阅读的地图称为电子地图。电子地图的优点是直接在屏幕上阅读,利用计算机技术可将地形图放大或缩小变化,用漫游功能可阅读任意区域的内容,且不受图幅边界的限制。由于地形图全部信息的存储是用数字方式实现的,因而称为数字地图,即数字地图是以数字形式存储全部地形信息的地图,是用数字形式描述地图要素的属性、定位和关系信息的数据集合,用以表达地物、地貌特征点的空间集合形态,是存储在具有直接存取性能的介质(软盘、光盘、硬盘等)上的关联数据文件。在电子绘图系统的支持下,将"数字地图"视觉化后就成为"电子地图",通过打印机或者绘图仪视觉化,则"电子地图"就成为传统的"模拟地图"。利用数字地图可以生成电子地图和数字地面模型(DTM),以数学描述和图像描述的数字地形表达方式,可以实现对客观世界的三维描述,更具深远意义的是,数字地形信息作为地理空间数据的基本信息之一,已成为地理信息系统(GIS)的重要组成部分。

二、数字地图与纸质地图

(一)数字地图与纸质地图的区别

传统的地图是把地理元素按图式符号展绘到白纸(绘图纸或聚酯薄膜)上,称为纸质地图,数字地图是以数字的形式表达和描述地理元素特征的集合形态,二者的区别主要体现在以下几个方面。

1. 载体

纸质地图载体是图纸,而数字地图的载体是磁盘等计算机存储介质。

2. 表现形式

纸质地图是通过绘制在图纸上的符号、线条、文字等形式来模拟表现地理元素的位置、形状、大小和属性的,而数字地图则是通过数据来加以描述的。

当然,数字地图中的数据文件格式的定义在不同的软件系统中会有所不同,但基本思路是一致的,这些描述地理元素的数据,会在软件的支持下用图式符号的形式表现出来(显示或绘制),形成电子地图,但是数据才是其根本。

3. 管理和维护

纸质地图对应于手工的管理模式,大量的图纸保存在专门设计的柜、架中,查询困难,加上由于图纸不同程度地存在着变形,长期保存和使用必然导致图纸的破损和变形加大;而数字地图则从根本上解决了图纸破损、变形的问题,存储在计算机中的数字地图永不变形。上千张的地图数字化后可存储在一张普通的光盘中,通过文件名任意调用和拼接,更加方便、快捷。此外,为保持地图的现势性,需要对地图经常地修测、补测,对于纸质地图的更新需要在原图上重新手工修改、绘制,跟踪不及时,更新周期长;对于数字地图来讲,在计算机上增加或删除一地物是非常简单的操作,所以数字地图易于管理和更新。

4. 应用

由于地形图是一个地区最基础的图件资料,用户涉及城建、规划、土地、地质、铁路、电力、电信等诸多部门,这些部门需要地形图,但对其内容的要求不一样,如交通设计部门关心的是地形图中道路及附属设施部分,而规划部门则关心道路交通、建筑物、地下管线等内容。

传统的纸质地图只能给用户提供原图的蓝晒图,用户对图纸的内容、比例尺、用途区域等用户无法选择。而数字地图则不然,由于数字地图中地图元素是按编码分类存储和管理的,空间位置数据均为地物的实际坐标值,因此可以为用户提供任意内容、任意比例尺的地图,如把相邻四幅 1∶500 地形图中涉及道路、建筑、水系等内容的图形拼接在一起,按 1∶1 000地形图输出,并且用户可任意指定绘图区域(可以是任意多边形)。所以,数字地图真正做到了多用途服务,可提供各种专题地图。

此外,数字地图还可以直接为用户提供数据文件服务功能,可以为地理信息系统提供基础地理数据。

(二)数字地图的获取

数字地图有纸质地图所无法比拟的优越性,常通过如下手段和方法来获取数字地图。

1. 野外数字化测图

用全站仪、RTK GPS 等设备进行实地测量,将野外采集的数据自动传输到电子手簿、磁卡或便携机内记录,并在现场绘制地形(草)图,到室内将数据自动传输到计算机,人机交互编辑后,由计算机自动生成数字地图,并控制绘图仪自动绘制地形图。这种方法是从野外实地采集数据的,又称地面数字测图。由于测绘仪器测量精度高,而电子记录又如实地记录和处理,所以地面数字测图是几种数字测图方法中精度最高的一种,也是城市地区的大比例尺(尤其是 1∶500)测图中最主要的测图方法。

现在,各类建设使城市面貌日新月异,在已建(或将建)的城市测绘信息系统中,多采用野外数字测图作为测量与更新系统,发挥地面数字测图机动、灵活、易于修改的特点,局部测量,局部更新,始终保持地形图的现势性。

2. 地图数字化成图

在已进行过测绘工作的测区,有存档的纸质(或聚酯薄膜)地形图,即原图,也称底图。为了计算机存档和修测,以建立该区的 GIS 或进行工程 CAD,就必须将原图数字化,才能将原图输入计算机。数字化的方法有以下两种。

1)手扶跟踪数字化

手扶跟踪数字化即用数字化仪对原图的地形特征点逐点进行采集,将数据自动传输到计算机,并处理成数字地图。图形数字化仪是一种将图示坐标转换为数字信息的设备。数字化图的精度一般低于原图的精度,尤其当作业员疲劳时,效率低,精度更易受影响。这种方法正逐渐被扫描矢量化取代。

2)扫描矢量化

扫描矢量化即使用扫描仪对原图进行扫描。扫描仪实质是图像(图形)数字化仪,仪器沿 x 方向扫描,沿 y 方向走纸,原图在扫描仪上走一遍,即完成图的扫描数字化。将数据输入计算机,存储、处理,并可再回放成图。扫描数字化速度较快,但获取的仅为栅格数据,一般还要利用矢量化软件进行矢量化处理。

3)数字摄影测量与遥感数字测图

以航空摄影获取的航空像片作数据源,即利用测区的航空摄影测量获得的立体像对,在解析测图仪上或在经过改装的立体量测仪上采集地形特征点,自动传输到计算机内,经过软件处理,自动生成数字地形图,并控制绘图仪绘制地形图。

三、数字测图技术发展展望

(一)数字测图的发展历程

20世纪50年代,美国国防制图局开始研究制图自动化问题,即将地图资料转换成计算机可读的形式,并由计算机处理、存储,继而能自动绘制地形图。这一研究同时也推动了制图自动化全套设备的研制,包括各种数字化仪、扫描仪、数控绘图仪以及各类计算机接口技术等。

20世纪70年代,制图自动化已形成规模生产,美国、加拿大及欧洲各国建立了自动制图系统,测绘部门都有自动制图技术的应用。当时的自动制图主要包括数字化仪、扫描仪、计算机及显示系统4个部分。当一幅地形图数字化完成后,由绘图仪在透明塑料片上回放出地图,与原始地图叠置,检查数字化过程中产生的错误并加以修正。

20世纪80年代,大比例尺地面数字测图开始发展,全站型电子速测仪的迅猛发展,加速了数字测图的研究与应用,如80年代后期,国际上出现了较优秀的用全站仪采集、电子手簿记录、计算机成图的数字测图系统。此外、数字摄影测量的发展为数字测图提供了各种数字化产品,如数字地形图、专题图、数字地面模型等。

我国是从1983年开始研究数字测图工作的。其发展过程大体上可分为三个阶段。

第一阶段:主要利用全站仪采集数据,电子手簿记录,人工绘制并标注带测点点号的草图,到室内将测量数据直接由记录器传输到计算机,再由人工按草图编辑图形文件,并键入计算机自动成图,经人机交互编辑修改,最终生成数字地形图,由绘图仪绘制地形图。

第二阶段:仍采用野外测记模式,但成图软件有了实质性的进展。一是开发了智能化的外业数据采集软件;二是计算机成图软件能直接对接收的地形信息数据进行处理。

第三阶段:GPS RTK实时动态定位技术(载波相位差分技术)、无人机数字测量系统在开阔地区成为地面数字测图的主要方法。

(二)数字测图的发展趋势

随着科学技术水平的不断提高和地理信息系统(GIS)的不断发展,全野外数字测图技术将在以下方面得到较快发展。

1. 无线传输技术的应用使得以镜站为中心成为可能

无线数据传输技术应用于全野外数字测图作业中,将使作业效率和成图质量得到进一步提高。目前,生产中采用的各种测图方法,所采集的碎部点数据要么存储在全站仪的内存中,要么通过电缆输入电子平板(笔记本电脑)或PDA电子手簿。由于不能实现现场实时连线构图,所以必然影响作业效率和成图质量。即使采用电子平板作业,也由于在测站上难以全面看清所测碎部点之间的关系而降低效率和质量。

为了很好地解决上述问题,可以引入无线数据传输技术,即实现PDA与测站分离,确保测点连线的实时完成,并保证连线的正确无误,具体方法是在全站仪的数据端口安装无线数据发射装置,它能够将全站仪观测的数据实时地发射出去;开发一套适用于PDA手簿的数字测图系统并在PDA上安装无线数据接收装置。作业时,PDA操作者与立镜者同行(熟练操作员或简单地区,立镜者可同时操作PDA),每测完一个点,全站仪的发射装置马上将观测数据发射出去,并被PDA所接收,测点的位置即会在PDA的屏幕上显示出来,操作者根据测点的关系完成现场连线构图,这样就不会因为辨不清测点之间的相互关系而产生连线错误,也不必绘制观测草图进行内业处理,从而实现效率和质量的双重提高。

2. 全站仪与RTK GPS技术相结合

全野外数字测图技术的另一发展趋势是RTK GPS技术与全站仪相结合的作业模式。GPS具有定位精度高、作业效率快、不需点间通视等突出优点。实时动态定位技术(RTK)更使测定一个点的时间缩短为几秒钟,而定位精度可达厘米级。作业效率与全站仪采集数据相比,可提高1倍以上。但是在建筑物密集地区,由于障碍物的遮挡,容易造成卫星失锁现象,使RTK作业模式失效,此时可采用全站仪作为补充。所谓RTK与全站仪联合作业模式,是指测图作业时,对于开阔地区以及便于RTK定位作业的地物(如道路、河流、地下管线检修井等)采用RTK技术进行数据采集,对于隐蔽地区及不便于RTK定位的地物(如电杆、楼房角等),则利用RTK快速建立图根点,用全站仪进行碎部点的数据采集。这样既可免去常规图根导线测量,同时又有效地控制了误差的积累,提高了全站仪测定碎部点的精度。最后将两种仪器采集的数据整合,形成完整的地形图数据文件,在相应软件的支持下,完成地形图(地籍图、管线图等)的编辑整饰工作。该作业模式的最大特点是在保证作业精度的前提下,可极大地提高作业效率。

随着GPS的普及、硬件价格的降低和软件功能的不断完善,GPS与全站仪相结合的数字测图作业模式已得到了迅速发展。

3. GIS前端数据采集

随着地理信息系统的不断发展,GIS的空间分析功能将不断增强和完善,作为GIS的前端数据采集手段的数字测图技术,必须更好地满足GIS对基础地理信息的要求。地形图不再是简单的点、线、面的组合,而应是空间数据与属性数据的集合。野外数据采集时,不仅仅是采集空间数据,同时必须采集相应的属性数据。目前在生产中所用的各种数字测图系统,大多只是简单的地形、地籍成图软件,很难作为一种GIS数据前端采集系统,造成了前期数据采集与后期GIS系统构建工作的脱节,使GIS构建工作复杂化。因此,规范化的数字测图系统(包括科学的编码体系,标准的数据格式,统一的分层标准和完善的数据转换、交换功能)将会受到作业单位的普遍重视。

人类正迈向信息社会,作为信息产业重要组成部分的地理信息产业有了蓬勃发展。近几年,我国城市地理信息系统建设的势头迅猛,GIS 的建立离不开空间数据和数据的更新。没有数据,GIS 不可能建立;有了数据,若不能随大地日新月异的变化及时地更新,GIS 就会失去生命力。数字地(形)图及其更新是建立 GIS 最基础、工作量最大的工作。在各类土木工程建设中,工程设计所使用的地形图显示于屏幕上,在交互式计算机图形系统的支撑下,工程设计人员可直接在屏幕上进行设计、方案比较和选择等。完整的土木工程 CAD 技术,离不开数字化的地形图。

因此,传统的大比例尺测图方法必然要经历一场不可避免的革命性变化,变革最基本的目标就是数字化、自动化(智能化)。

4. 数字测图系统的高度集成化是必然趋势

大比例尺数字测图的美好未来发展创造需求,需求指引发展,测图系统的集成是必然趋势。

GPS 和全站仪相结合的新型全站仪已被用于多种测量工作,掌上电脑和全站仪的结合或者全站仪自身的功能在不断完善。如果全站仪无反射棱镜测量技术进一步发展,精度达到测量标准要求,则测量工作只需携带一台新型全站仪和一个三脚架,而操作员也只需一人。

展望未来,随着科技的进一步发展,将来的大比例尺测图系统将没有全站仪和三脚架。操作员工作帽上将安装有 GPS 接收器以及激光发射和接收器,用于测距和测角;眼前搭载小巧玲珑的照准镜,手握带握柄的掌上电脑,以进行处理数据、显示图形;腰挂无线数据传输器,将测得的数据实时传送回测量中心,测量中心则收集各个测区的测量数据,生成整体大比例尺地形数据库。这就是大比例尺数字测图的美好明天。

四、本课程的特点和主要内容

(一)本课程的特点

数字测图是测绘类专业的一门重要的专业技术基础课。本书介绍了数字测图的基本理论、原则和方法,其中重点突出了数字测图的实际作业方法。数字测图包括地面数字测图、地图数字化和数字摄影测量等方法,而每一种方法都包含有地形数据的采集、数据处理和成图、成果和图形输出等作业过程。由于数字测图采用的硬件和软件的差别,其数据采集的方法也不相同,地面数字测图的地形数据采集主要利用全站仪、RTK GPS 等测量仪器在野外获取,地图数字化和数字摄影测量等方法的地形数据的采集主要是在室内利用手扶数字化仪、扫描数字化仪等在纸质地形图、航测像片、遥感像片上采集数据。同样,由于采用的硬件和软件的差别,数据处理和成图方法、成果和图形输出的形式都有差别。

(二)本课程的主要内容

本书以大比例尺数字测图的外、内业工作为主线,阐述了地面数字测图和地图数字化的基本原理、基本理论及基本方法。内容包括绪论、数字测图概述、数字测图系统硬件设备、野外数字测图(数据采集)、内业成图、地形图数字化、数字测图质量控制与技术总结、数字地形图的应用、数字测绘与 GIS 技术、实训指导等。

(三)本课程与其他课程的关系和学习要求

1. 本课程与其他课程的关系

数字测图是一门实践性非常强的综合性课程,不仅有自身的理论、原则和作业方法及步骤,而且还与其他课程(如测量学基础、地形测量学、计算机应用基础、CAD 技术、控制测量、地籍测量和数据库原理与技术等)有着密切的联系,涉及这些课程中相关基本知识(如图根控制测量、碎部测量、地形图的绘制方法、地形图图式符号的应用、全站仪和 GPS 等测量仪器的综合应用)。

2. 学习本课程的目的和方法

1)学习本课程的主要目的

学习大比例尺数字测图的原理和方法,掌握数字测图和地图数字化的全过程。掌握测量数据处理的基本理论和方法,在工程建设中能正确应用数字地图完成规划、设计和施工各阶段中的量测、计算和绘图等工作。

2)学习本课程的方法

要学好数字测图,必须重视理论联系实际的学习方法。在学习过程中,除课堂上认真听讲,学习理论外,还要参加与理论教学对应的实训课和教学实习。在掌握课堂讲授内容的同时,认真完成每一次实训课的实训内容,以巩固和验证所学理论。课后要求完成思考与练习题的内容,以加深对基本概念和理论的理解,要自始至终完成各项学习任务。在条件允许的情况下,应使用指导教师提供的数字测图技术多媒体进行学习,在指导教师的安排下组织开展一些与本课程相关的专题参观或调查,了解新理论、新技术、新设备在本课程中的应用。

在本课程的学习过程中,应注重实际操作能力的培养,教学实习是巩固和深化课堂所学知识的一个系统的实践环节,是理论知识和实验技能的综合运用,因此掌握数字测图的基本理论、基本知识、基本技能,建立地形数据的采集、数据处理和成图、成果和图形输出的完整概念是非常必要的。

在完成课堂实训课和教学实习后,必须加强本课程综合应用能力的培养,在指导教师的组织安排下,按生产现场的作业要求拟订实践任务或组织参加教学生产实习,将大比例尺数字测图中地形数据的采集、数据处理和成图、成果和图形输出等环节的操作过程衔接起来,掌握每一个环节的作业方法和步骤,完成大比例尺数字测图作业的全过程。通过理论联系实际的综合训练,培养分析问题和解决问题的能力以及实际动手能力,为今后从事测绘工作打下良好基础。

小　结

数字测图是一种全解析机助测图方法,由数字测图系统支撑,数字测图系统由硬件系统和软件系统构成,二者相辅相成,缺一不可。数字测图的目的是获取数字地图,以服务于国民经济建设各部门的需要。数字地图获取方法有多种方式,其中最常见的方式是野外数字化测图,它是本课程的核心。扫描矢量化成图方法也是一种获取数字地图的方法,目前仍有一定的应用价值。

项目一　全站仪及其应用

项目概述

通过本项目4个学习任务(全站仪初步认识、全站仪常规功能操作、全站仪专项功能操作、全站仪检验)的学习,应具备4项能力:正确使用全站仪并能进行参数设置;能操作全站仪实现常规功能测量(测角、测距、测高差、测坐标);能操作全站仪实现专项功能测量(坐标放样、悬高测量等);能对全站仪进行常规项目检验。

学习目标

知识目标

1. 能简要说明全站仪的组成及测角、测距、测高差、测坐标的基本原理及实施。
2. 能阐述全站仪坐标放样、悬高测量等专项功能的基本原理及实施。
3. 能简要说明全站仪常规项目检验的原理及方法。

技能目标

1. 能正确使用全站仪各部件,并进行参数设置。
2. 能操作全站仪实现常规功能(测角、测距、测高差、测坐标)。
3. 能操作全站仪实现专项功能(坐标放样、悬高测量等)。
4. 能对全站仪进行常规项目检验。

【课程导入】

全站仪可谓是大比例尺地形图数字测绘项目中适用于各种地形的硬件设备,作为每一位测绘类专业毕业的学生,都必须掌握全站仪的使用,那么,全站仪是怎么组成的？怎么使用？怎么检校？等等问题都是学习本项目必须解决的。

任务一　全站仪初步认识

一、全站仪的概念、功能及应用范围

(一)全站仪的概念

全站仪是在电子经纬仪和电子测距技术基础上发展起来的一种智能化测量仪器,是由电子测角、电子测距、电子计算机和数据存储单元等组成的三维坐标测量系统,测量结果能自动显示,并能与外围设备交换信息的多功能仪器。由于该仪器能较完善地实现测量和处理过程的一体化,所以称为全站型电子速测仪,简称全站仪。

由于全站仪由电子测角、电子测距、电子补偿、微处理装置四大部分组成，因此它本身就是一个带有特殊功能的计算机控制系统。微处理装置由微处理器、存储器、输入和输出部分组成。由微处理器对获取的倾斜距离、水平角、竖直角、垂直轴倾斜误差、视准轴误差、垂直度盘指标差、棱镜常数、气温、气压等信息进行处理，从而得到各项改正后的观测数据和计算数据。

在仪器的只读存储器中固化了测量程序，使测量过程由程序完成。全站仪的设计框架如图 1-1 所示。

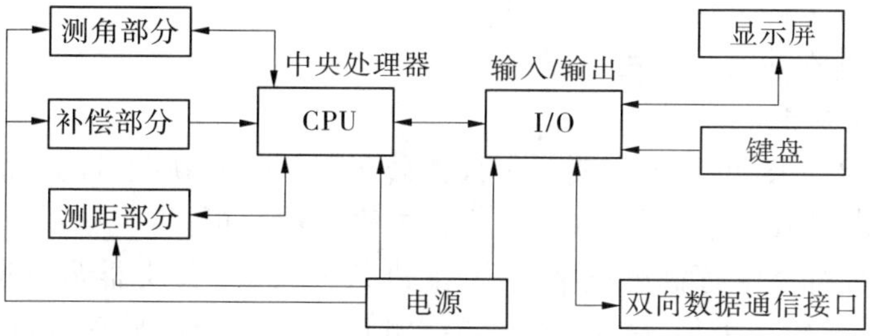

图 1-1　全站仪的设计框架

全站仪的组成可分为两大部分：一是为采集数据而设置的专用设备，主要有电子测角系统、电子测距系统、数据存储系统、自动补偿设备等；二是测量过程的控制设备，主要用于有序地实现上述每一专用设备的功能，包括微处理机等。只有这两大部分有机结合，才能真正地体现“全站”功能。即既要自动完成数据采集，又要自动处理数据和控制整个测量过程。

随着计算机技术的不断发展与应用，以及用户的特殊要求与其他工业技术的应用，全站仪发展到了一个新时期，出现了带内存、防水型、防爆型、电脑型等全站仪，使得全站仪这一最常规的测量仪器越来越能满足各项测绘工作的需求，发挥更大的作用。

南方 NTS－370 系列全站仪外形及各部件名称如图 1-2 所示。

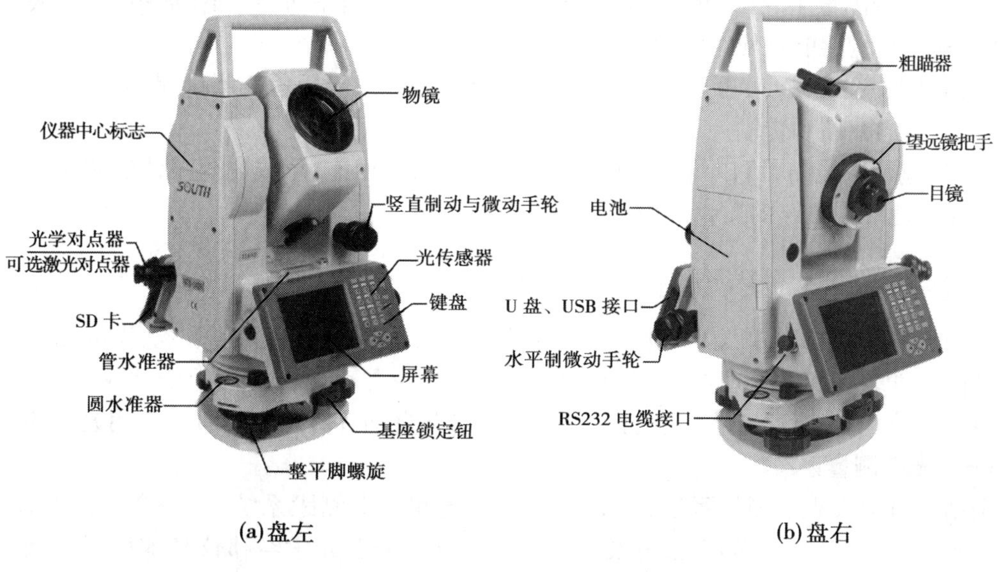

(a) 盘左　　(b) 盘右

图 1-2　南方 NTS－370 系列全站仪外形及各部件名称

目前,国外主流品牌全站仪主要有瑞士徕卡(Leica),美国天宝(Trimble),日本拓普康(Topcom)、尼康(Nikon)、索佳(Sokkia)、宾得(Pentax);国内主流品牌全站仪主要有南方(South)、瑞得、科力达、三鼎、博飞、苏一光等。

全站仪生产厂家不同,全站仪的外形、结构、性能和各部件名称略有区别,但总的来讲大同小异,都有照准部、基座和度盘三大部件。

照准部上有望远镜,水平、竖直制动与微动螺旋,管水准器,圆水准器,光学对中器等。另外,仪器正反两侧大都有液晶显示器和操作键盘。

(二)全站仪的基本功能和应用范围

1. 全站仪的基本功能

随着信息时代的到来,世界上主要测量仪器公司每年都有新型号的产品出现,使得全站仪的功能与性能不断增强,得到了广大测量人员的青睐和认可。

目前的全站仪大都能够存储测量结果,并能进行大气改正、仪器误差改正和数据处理,有丰富的应用程序,如数据采集、施工放样、导线测量、偏心观测、悬高测量、对边测量、自由设站等。有些全站仪还具有自动调焦、激光对中、免棱镜测距及自动跟踪等功能。

2. 全站仪的应用范围

全站仪的应用范围已不仅仅局限于测绘工程、建筑工程、交通与水利工程、地籍与房地产测量,而且在大型工业生产设备和构件的安装调试、船体设计施工、大桥水坝的变形观测、地质灾害监测及体育竞技等领域中都得到了广泛应用。

全站仪的应用具有以下特点:

(1)在地形测量过程中,可以将控制测量和地形测量同时进行。

(2)在施工放样测量中,可以将设计好的管线、道路、工程建筑的位置测设到地面上,实现三维坐标快速施工放样。

(3)在变形观测中,可以对建筑(构筑)物的变形、地质灾害等进行实时动态监测。

(4)在控制测量中,导线测量、前方交会、后方交会等程序功能,操作简单、速度快、精度高,其他程序测量功能方便、实用且应用广泛。

(5)在同一个测站点,可以完成全部测量的基本内容,包括角度测量、距离测量、高差测量,实现数据的存储和传输。

(6)通过传输设备,可以将全站仪与计算机、绘图仪相连,形成内外一体的测绘系统,从而大大提高地形图测绘的质量和效率。

二、全站仪的基本结构

全站仪的基本结构如图1-3所示。其基本技术装备包括光电测角系统、光电测距系统、双轴液体补偿装置和微处理器(测量计算系统)。有些自动化程度高的全站仪还有自动瞄准与跟踪系统。全站仪按照一定的程序操作,测量并自动计算来实现每一专用设备的功能。

(一)光电测量系统

全站仪有两大光电测量系统,即光电测角系统和光电测距系统,它是全站仪的技术核心。电子测角系统的机械转动部分及光学照准部分与一般光学经纬仪基本相同,它们的主要区别在于电子测角采用电子度盘而非光学度盘。光电测距机构与普通电磁波测距仪相同,与望远镜集成在一起。光电测角系统与光电测距系统使用共同的光学望远镜,使得角度

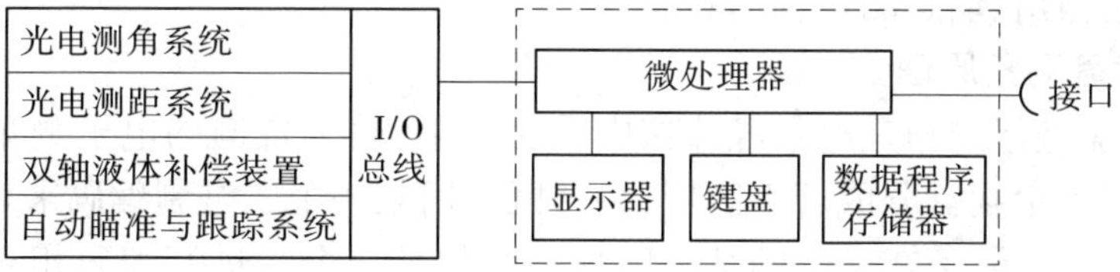

图 1-3 全站仪的基本结构

和距离测量只需照准一次。光电测量系统通过 I/O 接口与微处理器联系在一起,控制着光电测角、测距系统,并实时处理数据。

在现代全站仪的光电测距系统中,有的还具有无(免)棱镜激光测距技术(如南方全站仪 NTS－R 系列、拓普康 GPT 系列),它是在测距时将激光(可见或不可见)射向目标,经目标表面漫反射后,测距仪接收到漫反射光而实现距离测量。目前,由于受漫反射信号衰减的影响,无棱镜时测程一般在 200 m 左右,个别全站仪能够达到 1 200 m。

(二)双轴液体补偿装置

由于竖轴不严格铅垂,对角度的影响无法通过一测回取平均来消除,一些较高精度的全站仪都装有双轴液体补偿器,以补偿竖轴倾斜对观测角度的影响。双轴液体补偿器补偿范围一般在 3′以内。

除双轴光电液体补偿之外,有的全站仪还具有视准差、横轴误差、指标差等修正功能,以提高单盘位观测精度。

(三)自动瞄准与跟踪系统

全站仪正朝着测量机器人的方向发展,自动瞄准与跟踪是重要的技术标志。全站仪自动瞄准的原理是用 CCD 摄像机获取棱镜反射器影像与内存的反射器标准图像比较,获取目标影像中心与内存图像中心的差异量,同时启动全站仪内部的伺服电机,转动全站仪照准部、望远镜,减少差异量,实现正确瞄准目标。比较与调整是反复的自动过程,同时伴随有自动对光等动作。

全站仪自动跟踪是以 CCD 摄像技术和自动寻找瞄准技术为基础,自动进行图像判断,指挥自身照准部和望远镜的转动、寻找、瞄准、测量的全自动的跟踪测量过程。

(四)测量计算系统

全站仪是测量光电化技术与微处理技术的有机结合,图 1-3 右半部(虚线框内)实际是全站仪配有的微处理系统,它是全站仪的核心部件,如同计算机的 CPU,由它来控制和处理电子测角、测距的信号,控制各项固定参数,如温度、气压等信息的输入、输出,还由它进行设置观测误差的改正、有关数据的实时处理及自动记录数据或控制电子手簿等。微处理器通过键盘和显示器指挥全站仪有条不紊地进行光电测量工作。

三、电子测角原理

全站仪电子测角由电子经纬仪部分进行,电子经纬仪在结构和外观上与光学经纬仪类似,但读数系统不同。电子经纬仪采用光电扫描和电子元件进行自动读数和液晶显示。电子测角虽然仍采用度盘,但它不是按照度盘上的分划线,用光学读数法读取角度值,而是从度盘上取得电信号,再将电信号转换为数字并显示角度值。

电子测角的度盘主要有编码度盘、光栅度盘、动态度盘三种形式。因此,电子测角也就有编码测角、光栅测角、动态测角等形式。

(一)编码度盘测角原理

利用编码度盘进行测角是电子经纬仪中采用最早、较为普遍的电子测角方法。它是以二进制为基础,将光学度盘分成若干区域,每一区域用某一个二进制编码来表示。当照准方向确定以后,方向的投影落在度盘的某一区域上并与某一个二进制编码相对应。通过发光二极管和接收二极管,将编码度盘上的二进制编码信息转换成电信号,再通过模拟数字转换,得到一个角度值。由于每个方向单值对应一个编码输出,不会由于停电或其他原因而改变这种对应关系。另外,利用编码度盘,不需要基准数据,即没有基准读数方向值的影响,就可得出绝对方向值。因此,把这种测角方法称为绝对式测角方法。

1. 纯二进制码盘

将光学度盘刻上分划,造成透光与不透光两种状态,分别看作是二进制代码的逻辑"1"和"0"。纯二进制可以表示任何状态并由计算机来识别,二进制位数越多,所能表达的状态数也越多。纯二进制码是按二进制数的大小依次构成编码度盘的各个不同状态。

如图 1-4 所示,度盘一周为 360°,如果分成两半,即可确定两种状态:0 ~ 180°与 180 ~ 360°,换句话说,角度值的分辨率为 180°,如图 1-4(a)所示。如果角度值分辨率提到 90°,首先必须把度盘分成 4 等份,然后再加上一圈,并以二进制规则刻制,如图 1-4(b)所示。用纯二进制码来代替这四种状态,分别为 00、01、10、11,对应的角度分别为 0° ~ 90°、90° ~ 180°、180 ~ 270°和 270 ~ 360°。

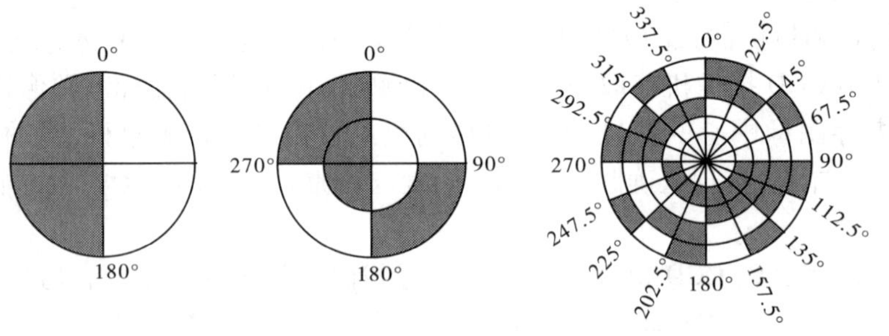

(a) (b) (c)

图 1-4 纯二进制编码

这里一圈称为一个编码轨道,图 1-4(b)度盘共有两个编码道,并且其二进制构成的数值是依次相邻安排的。为了提高角度值的分辨率,就必须增加度盘的等份数和相应的编码道数。

如图 1-4(c)所示,度盘分成 16 等份,即所能表示的状态数为 $S=16$,要求的编码道数为 $n=4$,则分辨率为 $\delta=22.5°$。

从理论上说,为了达到足够的分辨率,可以再增加编码道数和相应的刻划线。但是从实际技术来看则很困难,主要有下列原因:

(1)将编码度盘的信息经光电转换成方向值的接收器件不可能无限小,因为增加编码道数,度盘的直径就变大,即在光电接收管尺寸一定的情况下,编码道数增多则要求度盘的半径增大。

(2)实际度盘的半径不可能很大。作为一个实用仪器，其体积是有一定限制的，一般度盘的直径小于100 mm，如AGA710(70 mm)。由此可见，要提高编码度盘的测角分辨率，就必须采用角度测微技术。

对二进制编码度盘来说，由于度盘刻制工艺上存在公差或光电接收管安置不严格，有时会使测量出现大的粗差。如某一度盘共有16个分划，即需4个编码道，按二进制度盘的编码规则，第0状态可表示为0000，而第15状态可表示为1111，它们是相邻的。由于刻制工艺问题，透光与不透光的交界线就可能不会完全对齐，如图1-5所示。

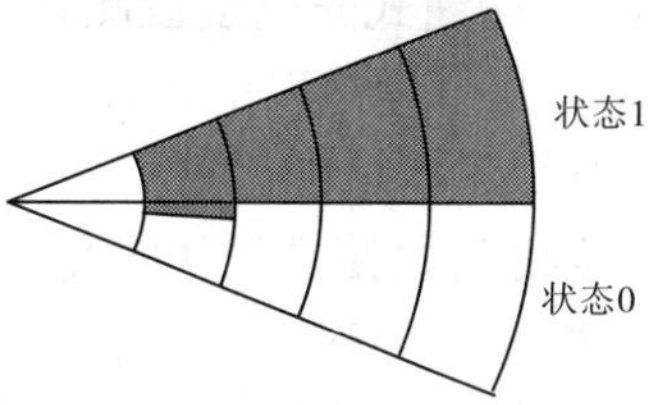

图1-5 纯二进制编码度盘局部

当光电接收管位于状态0和状态15的交界处时，可能会把0000读成1000，而该值对应的是状态8，使本来相邻的两个状态读数结果相差180°，这是不允许的。即使相邻状态的分界线完全对齐，若光电接收管安置稍有偏差，不能严格位于一条直线上，也会出现类似的情况。为了解决这一问题，在电子经纬仪的编码度盘上引入了葛莱码盘。

2. 葛莱码盘

为了克服上述纯二进制编码度盘可能会出现较大粗差的这一缺点，可以采用葛莱码。葛莱码是由H T Gray于1953年发明的，它使整个编码度盘的相邻状态只有一个编码道发生变化，所以亦称为循环码。这样，即使当读数位置处于两个状态的分界线上或光电接收管安置不很严格时，所得的读数只能是两相邻状态数中的一个，使得可能产生的误差不超过十进制的一个单位，如图1-6所示。

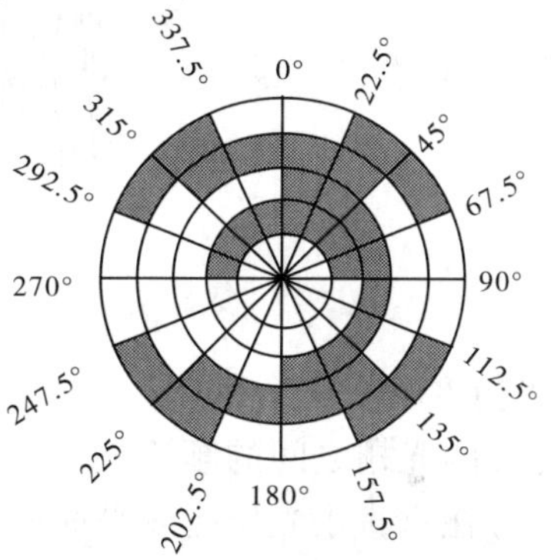

图1-6 葛莱码盘

为了计算角度值，必须通过转换电路将葛莱码转换成相应的纯二进制数。

3. 矩阵码盘

由于经纬仪度盘的实际尺寸受到一定的限制，也就是说，编码道数是有限的，即分辨率有限。要提高分辨率，可以采用角度测微技术，也可以缩小光电接收管的尺寸，还可以改进编码度盘的设计方案。

所谓矩阵码是将编码度盘分成若干个区域，每一个区域上刻有相当于纯二进制编码或葛莱码的不同位数的编码轨道，利用若干个读数头取出按矩阵排列的电信号，经过矩阵编码器处理成纯二进制码。

纯二进制码和葛莱码的一个编码轨道只能输出一位，而矩阵码的一个编码轨道可以输出若干位。如第一码道有 n_1 位、第二码道有 n_2 位、…、最后一个码轨道有 n_k 位，则其所能表示的总的状态为：

$$2^{n_1} \times 2^{n_2} \times \cdots \times 2^{n_k} = 2^{(n_1+n_2+\cdots+n_k)} \tag{1-1}$$

因此，k 编码道数的矩阵码相当于$(n_1+n_2+\cdots+n_k)$编码道数的纯二进制码和葛莱码，这样就大大地减少了编码道数，从而有利于缩小度盘直径和提高角度分辨率。

矩阵编码度盘的实际工作原理，这里不再赘述。

值得指出的是,在实际仪器中,往往是将各种编码方法组合在一起,随着编码度盘刻制技术和读数系统的改进,在新型的仪器中还出现了一些变异的编码度盘。同时,为了提高测角精度,还必须采用角度测微技术。

(二)增量式光栅度盘测角原理

早在几个世纪以前,法国丝绸工人发现,用两块薄丝布叠在一起,能产生绚丽的水波样花纹,当薄绸相对移动时,花纹也随之变化。当时把这种有趣的花纹叫做"莫尔"(moire),即"水波纹",这便是最初的光栅。

光栅度盘是利用莫尔干涉条纹效应来实现测角的。一组黑(不透光)白(透光)相间的平行条纹称为直线光栅。将两密度相同的直线光栅相叠,并使它们的刻划相互倾斜一个很小的角度,这时会出现明暗相间的条纹,这就是莫尔干涉条纹,如图 1-7 所示。

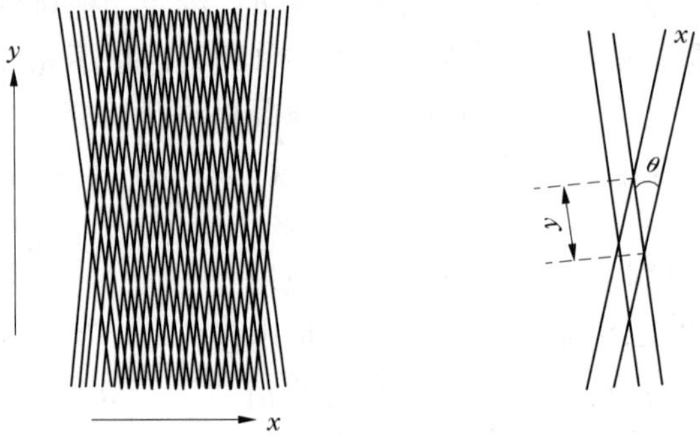

图 1-7　莫尔干涉条纹

光栅度盘有三个特点:

(1)两光栅之间的倾角 θ 越小则条纹越粗,即相邻明(或暗)条纹之间的间隔越大。

(2)在垂直于光栅构成平面的方向上,条纹亮度呈正弦周期变化。

(3)当光栅水平移动时,莫尔干涉条纹上、下移动。当两光栅倾角甚小时,设 x 是光栅度盘相对于固定光栅的移动量,y 是莫尔干涉条纹在径向的移动量,两光栅间的夹角为 θ,则有关系式:

$$y = x\cot\theta \tag{1-2}$$

由式(1-2)可知,只要光栅夹角小,则很小的光栅移动量就会产生很大的条纹移动量。当 $\theta = 20'$ 时,约可放大 172 倍。由于 y 的宽度较大,容易用接收元件累计出条纹的移动量,从而推导出光栅的移动量,即角度值。虽然刻在圆盘上径向光栅的条纹是互不平行的,若将经纬仪度盘作为主光栅,另用相同栅距的光栅作为指示光栅,同样利用干涉条纹可实现测角。增量式光栅度盘的测角原理如图 1-8 所示。

指示光栅、接收管、发光管位置固定在照准部上。当度盘随照准部转动时,莫尔干涉条纹落在接收管上。度盘每转动一条光栅,莫尔干涉条纹在接收管上移动一周,流过接收管的电流变化一周。当仪器照准零方向时,让仪器的计数器处于零位,而当度盘随照准部转动照准某目标时,流过接收管电流的周期数就是两方向之间所夹的光栅数。由于光栅之间的夹角是已知的,计数器所计的电流周期数经过处理就可以显示出角度值。如果在电流波形的每一周期内再均匀内插 n 个脉冲,计数器对脉冲进行计数,所得的脉冲数就等于两个方向所夹光栅数的 n 倍,相当于把光栅刻划线增加了 n 倍,角度分辨也就提高了 n 倍。当使用增量

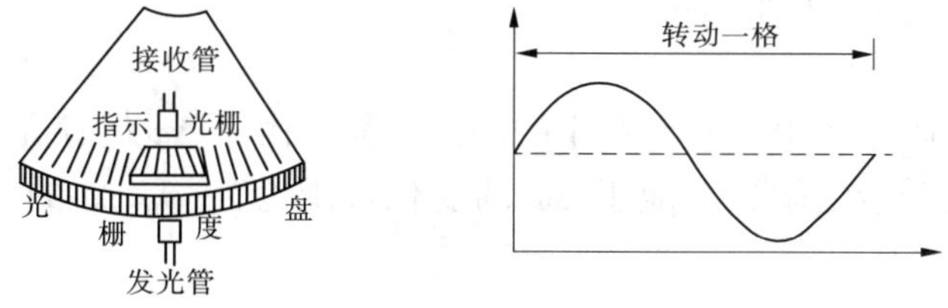

(a)相互关系 (b)光电流图

图 1-8 增量式光栅度盘的测角原理

式光栅度盘测角时,照准部转动的速度要均匀,不可突快或太快,以保证计数的正确性。

(三)动态光栅度盘测角原理

前面介绍的电子测角原理中,无论是用编码度盘还是光栅度盘,其度盘相对于经纬仪的水平轴和竖直轴固定不变,测角时仅仅用到整个度盘的一部分,测角精度受到度盘上编码或光栅位置分划误差的影响。为了提高测角精度,必须通过适当的角度测微技术来提高测角分辨率。

另一种与之相反的测角技术,是在测角时仪器的度盘分别绕垂直轴和横轴恒速旋转,称为动态式。目前,采用动态测角原理的仪器很多,如 LEICA 的 T2000。

如图 1-9 所示,T2000 的度盘直径为 52 mm,在该度盘上刻有 1 024 条分划,内含栅线和缝隙,相应为不透光和透光区,则每一分划区间(包含一条透光和一条不透光部分)所对应的角度值 φ_0 为:

$$\varphi_0 = \frac{360°}{1\ 024} = 21'05.625'' \tag{1-3}$$

其栅距分划值为 21′05.625″,设为 φ_0。盘上有两个计数光栅,如图 1-9 所示,R 为固定光栅,安置在度盘外缘;S 为可动光栅,随照准部旋转,安置在度盘内缘;φ 为照准某方向后 R 与 S 之间的角度。读 φ 角时,度盘开始旋转,计取通过两个光栅间的栅条数,即可求得角度值。

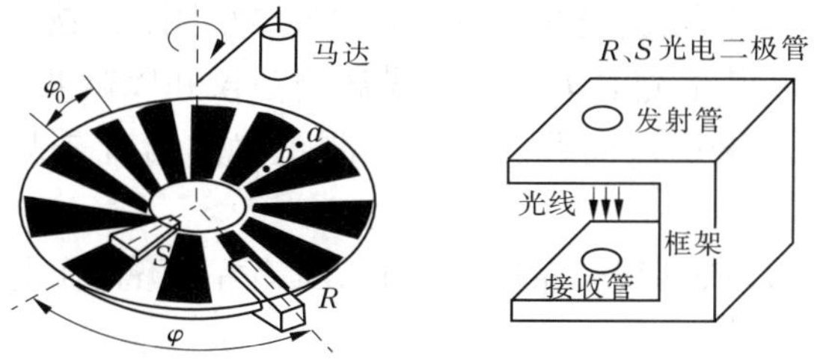

图 1-9 动态光栅度盘测角原理

由图 1-9 可知,$\varphi = n\varphi_0 + \Delta\varphi$,即 φ 角等于 n 个周期 φ_0 和不足整周期的 $\Delta\varphi$ 分划值之和,它们分别由粗测和精测求得。

1. 粗测

如图 1-9 所示,在度盘的同一径向的内、外缘上设有 a、b 两个标记,相距 90°处同一径向的内外缘上另设有 c、d 两个标记。度盘旋转时,从 a 标记通过 R 光栅时计数器开始计取 φ_0 的个数,当 b 标记通过 S 光栅时,计数器停止计数,此时所计值即为 φ_0 的个数 n。同理,c、d

两个标记可获取另一组值，两组值可作校核。

2. 精测

如图1-10所示，通过光栅 R 和 S 产生的两组信号。由于 $\Delta\varphi$ 的存在，它们之间存在一个时间延迟 Δt（方波上升沿之间），对应于 $\Delta\varphi$ 的变化范围为 $0\sim\varphi_0$，Δt 的变化范围为 $0\sim T_0$，由于马达转速一定，故有

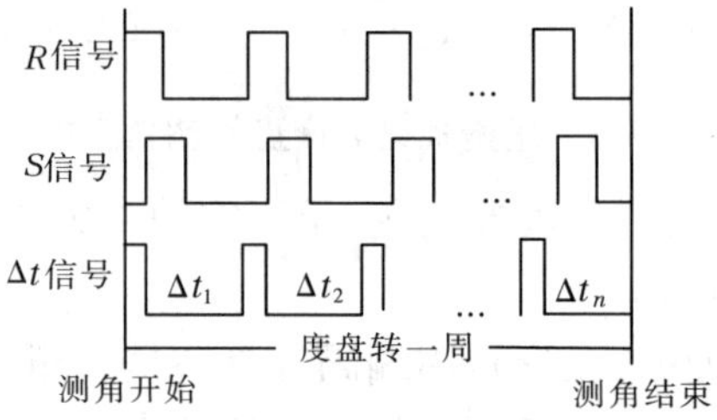

图1-10　信号测定

$$\Delta\varphi = \frac{\Delta T}{T_0}\varphi_0 \tag{1-4}$$

式中　T_0 ——动态度盘旋转过角度 φ_0 所用的时间；

ΔT—— 转过 $\Delta\varphi$ 所用的时间。

Δt 可用脉冲填充法精确测定。每隔一条栅线检测出一个 $\Delta\varphi$，度盘转动一周，则可取512个独立的 $\Delta\varphi$，求其平均值，即取得高精度的 $\Delta\varphi$ 值。

动态测角除具有前述两种测角方式的优点外，最大的特点在于消除了度盘刻划误差等，因此在高精度（0.5″级）的仪器上常采用这种方式。但动态测角需要马达带动度盘，因此在结构上比较复杂，耗电量也大些。

四、光电测距原理

随着各种新颖光源（激光、红外光等）的相继出现，物理测距技术也得到了迅速的发展，并出现了以激光、红外光和其他光源为载波的光波测距仪和以微波为载波的微波测距仪，通称为电磁波测距仪（光电测距仪），简称测距仪。测距仪的出现是测距方法的革命，开创了距离测量的新纪元。

光电测距与传统的钢尺或基线丈量距离相比，具有精度高、作业迅速、受气候及地形影响小等优点。

（一）测距仪的测程和测距精度

测距仪是以电磁波作为载波和调制波进行测量长度的一门技术，其主要技术指标为测程和测距精度。

1. 测距仪的测程

测距仪一次所测得的最远距离称为测距仪的测程。一般认为：

（1）短程测距仪——测程在5 km以内；

（2）中程测距仪——测程在5～30 km；

（3）远程测距仪——测程在30 km以上。

2. 测距仪的测距精度

测距仪的测距精度是仪器的重要技术指标之一。测距仪的测距精度为:

$$m_D = \pm (a + b \times 10^{-6} D) \tag{1-5}$$

式中　m_D——测距中误差,mm;

a——固定误差,mm;

b——比例误差;

D——距离,km。

例如,RED mini 短程红外测距仪的测距精度为:

$$m_D = \pm (5\ \mathrm{mm} + 5 \times 10^{-6} D)$$

当距离 D 为 0.6 km 时,测距精度是 $m_D = \pm 8$ mm 。

(二)测距的基本原理

测距仪是通过测量光波在待测距离上往返传播的时间 t_{2D} 来计算待测距离 D 的,如图 1-11 所示。

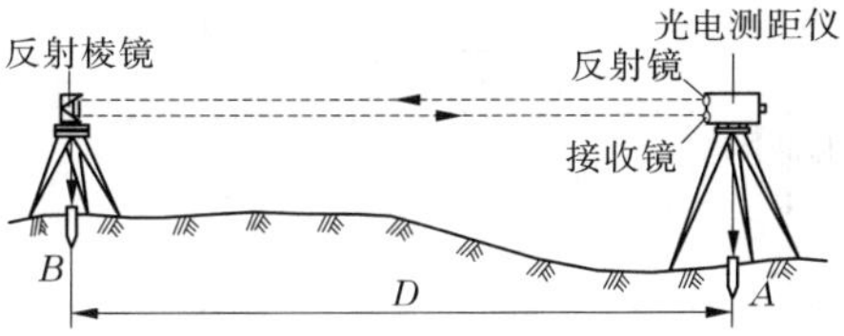

图 1-11　测距的原理

在 A 点安置光电测距仪,B 点安置反射棱镜,测距仪发射的光波经反射棱镜反射后,被测距仪所接收,测量出光波在 A、B 之间往返传播的时间 t_{2D}。利用光波在空气中的传播速度约为 3×10^8 m/s 这一特性,则

$$D = \frac{1}{2} c t_{2D} \tag{1-6}$$

式中　c——光在大气中的传播速度,约为 3×10^8 m/s。

t_{2D}——测距信号(光波)在两点之间往返传播的时间,s。

由式(1-6)可知,光电测距仪测距的关键是测定测距信号(光波)在两点之间往返传播的时间 t_{2D}。若时间有 1 μs($\times 10^{-6}$s)的误差,距离就会有 150 m 的误差,所以光电测距仪对时间的要求非常高。只要能精确地测出电磁波往返传播的时间 t_{2D},就可以求出距离 D。

按测定时间 t_{2D} 的方法,电磁波测距仪主要可区分为以下两种类型:

1. 脉冲式测距仪

脉冲式测距仪是直接测定仪器发出的脉冲信号往返于被测距离的传播时间 t_{2D},进而按式(1-6)求得距离值的一类测距仪。

2. 相位式测距仪

相位式测距仪是测定仪器发射的测距信号往返于被测距离的滞后相位 φ 来间接推算信号的传播时间 t_{2D},从而求得所测距离的一类测距仪。

因为

$$t_{2D} = \frac{\varphi}{\omega} = \frac{\varphi}{2\pi f} \tag{1-7}$$

所以

$$D = \frac{1}{2}c \times \frac{\varphi}{2\pi f} = \frac{C\varphi}{4\pi f} \tag{1-8}$$

式中　f——调制信号的频率。

根据式(1-8),取 $c=3\times10^8$ m/s,$f=15$ MHz,当要求测距误差小于1 cm时,通过计算可知,用脉冲法测距时,计时精度须达到 0.667×10^{-6} s;而用相位法测距时,测定相位角的精度达到0.36°即可。

当前电磁波测距仪中相位式测距仪居多。

(三)脉冲法测距基本原理

脉冲法测距就是直接测定仪器所发射的脉冲信号往返于被测距离的传播时间,从而得到待测距离。其工作原理如图1-12所示。

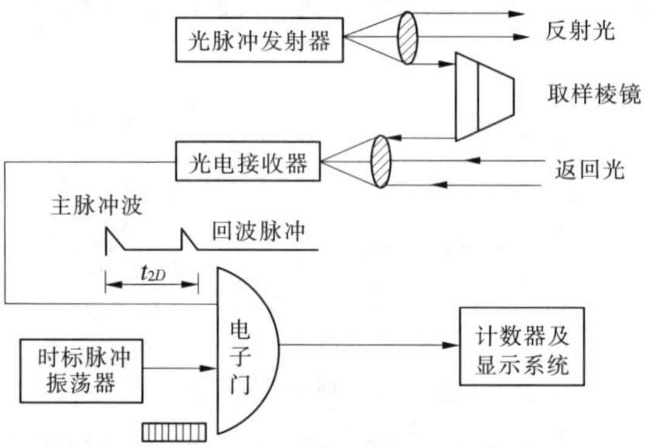

图1-12　脉冲法测距基本原理

由光电脉冲发射器发射出一束光脉冲,经发射光学系统投射到被测目标。与此同时,由棱镜取出一小部分光脉冲送入光电接收系统,并由光电接收器转换为电脉冲(称为主脉冲波),作为计时的起点;从被测目标反射回来的光脉冲通过光电接收系统后,由光电接收器转换为电脉冲(也称回脉冲波),作为计时的终点。可见,主脉冲波和回脉冲波之间的时间间隔是光脉冲在测线上往返传播的时间 t_{2D},而 t_{2D} 是通过计数器并由标准时间脉冲振荡器不断产生的具有时间间隔(t)的电脉冲数 n 来决定的。

因为

$$t_{2D} = nt \tag{1-9}$$

则

$$D = \frac{c}{2}nt = nd \tag{1-10}$$

式中　n——标准时间脉冲的个数;

d——在时间 t 内,光脉冲往返所走的一个单位距离。其中

$$d = \frac{c}{2}t \tag{1-11}$$

所以,只要事先选定一个 d 值(例如10 m、5 m、1 m等),记下送入计数系统的脉冲数目 n,就可以直接把所测距离($D=nd$)用数码显示器显示出来。

在测距之前，“电子门”是关闭的，标准时间脉冲不能进入计数系统。测距时，在光脉冲发射的同一瞬间，主脉冲把“电子门”打开，标准时间脉冲就一个一个地经过“电子门”进入计数系统，计数系统就开始记录脉冲数目。当回波脉冲到达，把“电子门”关上后，计数器就停止计数，可见计数器记录下来的脉冲数目就代表了被测距离。

目前的脉冲式测距仪一般用固体激光器作光源，能发射出高频率的光脉冲，因而这类仪器可以不用合作目标（如反射器），直接用被测目标对光脉冲产生的漫反射进行测距，在地形测量中可实现无人跑尺，从而减轻劳动强度，提高作业效率，特别是在悬崖陡壁的地方进行地形测量，此种仪器更具有实用意义。

（四）相位法测距基本原理

所谓相位法测距，就是通过测量连续的调制信号在待测距离上往返传播产生的相位变化来间接测定传播时间，从而求得被测距离。

相位法测距工作原理，如图 1-13 所示。

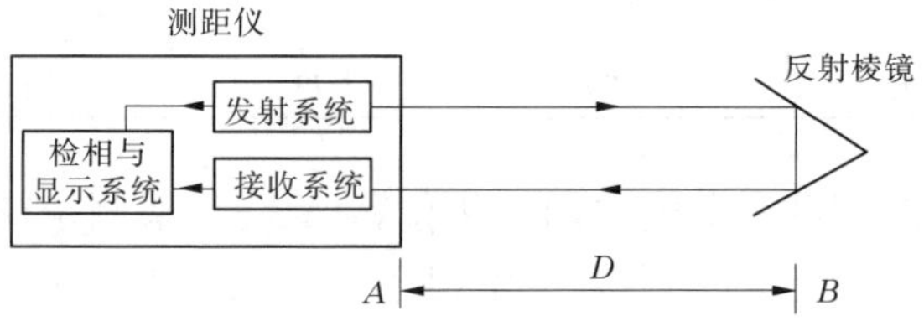

图 1-13 相位法测距基本原理

如图 1-14 所示，由测距仪发射系统向反射棱镜方向连续发射角频率 ω 的调制光波，并由接收系统接收反射回来的光波，然后由检相器对发射信号相位和接收信号相位进行相位比较，并测出相位移 φ，根据 φ 可间接推算时间 t_{2D}，从而计算距离。由物理学知

$$\varphi = \omega t_{2D} = 2\pi f t_{2D} \tag{1-12}$$

则

$$t_{2D} = \frac{\varphi}{2\pi f} \tag{1-13}$$

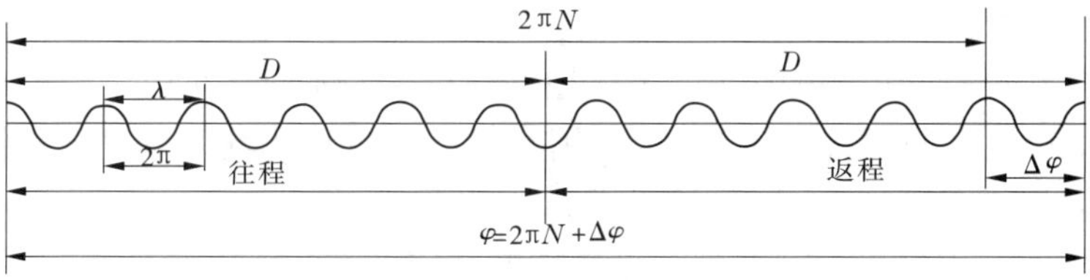

图 1-14 正弦波展开后的图形

如图 1-14 所示，它是将返程的正弦波以棱镜站为中心对称展开后的图形。

因为正弦光波振荡一个周期的相位移是 2π，设发射的正弦光波经过 $2D$ 距离后的相位移为 φ，则可以分解为 N 个 2π 整数周期和不足一个整数周期的相位移 $\Delta\varphi$，即

$$\varphi = 2\pi N + \Delta\varphi \tag{1-14}$$

故

$$t_{2D} = \frac{2\pi N + \Delta\varphi}{2\pi f} \tag{1-15}$$

则

$$D = \frac{c}{2f}(N + \frac{\Delta\varphi}{2\pi}) = \frac{\lambda}{2}(N + \Delta N) \tag{1-16}$$

式中　$\Delta N = \frac{\Delta\varphi}{2\pi}, 0 < \Delta N < 1$；

λ ——调制波波长。

由此可知,相位式测距相当于使用一把长度为 $\lambda/2$ 的光电尺去丈量距离,由 N 个整尺长度加上不足 1 个整尺的余长就是被测距离。

取 $c = 3 \times 10^8$ m/s,则不同的调制频率 f 对应的测尺长如表 1-1 所示。可见,调制频率越大,测尺长度越短,测距精度越高。

表 1-1　不同的调制频率对应的测尺长

测尺频率	15 MHz	1.5 MHz	150 MHz	15 kHz	1.5 kHz
测尺长度	10 m	100 m	1 km	10 km	100 km
测尺精度	1 cm	10 cm	1 m	10 m	100 m

由于检相器只能测出不足一个整周期的相位移 $\Delta\varphi$,无法测定整周期数 N(整相位 2π 的个数),好比一个人记不住已丈量了多少整尺子长度,只记住最后不足 1 个整尺子的余长,所以测距仪只能测出不足 1 个整尺子长度的距离,因此式(1-16)计算值便产生多值,使距离 D 无法确定。只有待测距离长度小于 $\lambda/2$ 时,才能得到确定的距离值。

为了求得完整距离,在测距仪上采用多把测尺(多个调制频率)的方法来解决,即相当于设置 n 把长度不同、最小分划读数值也不同的尺子,将它们组合使用就能获得单一的精确距离。这就与钟表上用时、分、秒互相配合来确定 12 h 内的准确时刻相似。每台测距仪可根据仪器的最大测距与精度要求,设置调制频率的个数,即选定测尺个数和测尺精度。对于短程测距仪,一般采用两个测尺频率。

由表 1-1 可以看出,当测距仪的测距较大时,各调制频率值相差很大。如将测距扩大到 100 km,则高低频率相差达 10 000 倍,这就造成电路上的放大器、调制器难以实现对各种测尺频率具有相同的增益及稳定性。

一般测距较大的相位式测距仪都不采用上述直接与测尺长度相对应的测尺频率,而采用一组数值上比较接近的间接测尺频率,利用其差频频率作为测尺频率,常用的测尺频率方式如表 1-2 所示。

表 1-2　常用的测尺频率方式

间接测尺频率 f_i	相对应测尺频率 f_s	测尺长度	测尺精度
$f_1 = 15$ MHz	$f_1 = 15$ MHz	10 m	1 cm
$f_2 = 0.9 f_1$	$f_{s2} = f_1 - f_2 = 1.5$ MHz	100 m	10 cm
$f_3 = 0.99 f_1$	$f_{s3} = f_1 - f_3 = 150$ MHz	1 km	1 m
$f_4 = 0.999 f_1$	$f_{s4} = f_1 - f_4 = 15$ kHz	10 km	10 m
$f_5 = 0.999\,9 f_1$	$f_{s5} = f_1 - f_5 = 1.5$ kHz	100 km	100 m

由表1-2可见，采用这种方式，各间接测尺频率值的大小非常接近，最高与最低的频率差仅1.5 MHz。因而在中、远程测距仪中使用仍能使放大器对各个测尺频率都能有相同的增益性和稳定性。目前，多种型号的精密测距仪都采用这种间接测尺频率。

（五）无棱镜测距原理

无棱镜测距又称为无接触测距，是指全站仪发射的光束经过自然表面反射后直接测距。在特殊点或危险点的测量中有着广泛的应用，不仅使作业强度和危险性大大降低，而且对被测量目标起到一定的保护作用。常见的无棱镜全站仪参数如表1-3所示。

表1-3 常见的无棱镜全站仪参数

仪器型号	Trimble5600	南方 NTS－962R	GPT－8000A	TCRA
测程	600 m	300 m	120 m	80 m
测距精度	$\pm(5\ \mathrm{mm}+3\times10^{-6}D)$	$\pm(5\ \mathrm{mm}+3\times10^{-6}D)$	$\pm(5\ \mathrm{mm}+2\times10^{-6}D)$	优于3 mm

TCRA全站仪无棱镜测距的基本原理是在全站仪测距头中安装两个同轴的发射管，一种是IR(Infra Red)测距方式，可以发射利用棱镜和反射片进行测距的红外光束，波长为780 mm，单棱镜测距为300 m；另一种是RL(Red Laser)测距方式，可以发射可见的红色激光束，波长为670 mm，无棱镜全站仪的测距可达到80 m。

两种测量模式可以通过键盘操作控制内部光路进行切换，由此引起的不同常数改正会由系统自动修正后对测量结果进行改正，两种方法均为相位法测距原理。精测频率为100 MHz，精测尺长为1.5 m。

由于相位法测距采用很细的激光束就可以完成测量任务，相邻非常近的两个点位也能被准确地测定出来，因此有棱镜测距和无棱镜测距具有几乎相等的测距精度。

TCRA采用激光作为发光源，提供了更强大的信号功率来进行无棱镜测距，其准确度采用动态频率校正技术来保证，在100 m范围内进行无棱镜测距，5 000 m以上的距离用单棱镜测距，精度仍可达到$\pm(3\ \mathrm{mm}+3\times10^{-6}D)$。

【小贴士】

本任务主要介绍全站仪的基本知识，为一个认知性任务，没有专门的配套实训，学生可以自己到网上搜一些各种型号的全站仪，自学其说明书，拓展认识领域。

任务二 全站仪常规功能操作

一、全站仪使用

全站仪的功能很多，通过显示屏和操作键盘来实现。不同型号的全站仪操作键盘不同，大致可区分为两大类，一类是操作按键比较多(15个左右)，每个键都有2～3个功能，通过按某个键执行某个功能；另一类是操作按键比较少，只有几个作业模式按键和几个软键(功能键)，通过选择菜单达到执行某项功能。最近几年研制的全站仪，通常带有数字(字母)键盘，以方便坐标和编码的输入，一般均采用中文菜单，操作更直观。

下面分别以拓普康GTS－211D全站仪(进口)和南方NTS－370全站仪(国产)为例，介绍全站仪的使用方法。

(一)拓普康 GTS－211D 全站仪

1. GTS－211D 简介

拓普康 GTS－211D 全站仪有两面操作按键及显示窗,操作很方便。能自动进行水平和垂直倾斜改正,补偿范围为 $-3' \sim +3'$。测角最小读数为 1″,测角精度为 5″;测距最小读数为 1 mm,测距精度为 $\pm(3\ \text{mm} \pm 2 \times 10^{-6}D)$。单棱镜测距为 1.1～1.2 km,三棱镜测距为 1.6～1.8 km。内有自动记录装置,可记录 2 000 个测量点。GTS－211D 全站仪除能进行角度测量、距离测量、坐标测量、偏心测量、悬高测量和对边测量外,还能进行数据采集、放样及存储管理等。GTS－211D 全站仪面板只有 10 个按键,如图 1-15 所示,其名称与功能见表 1-4。

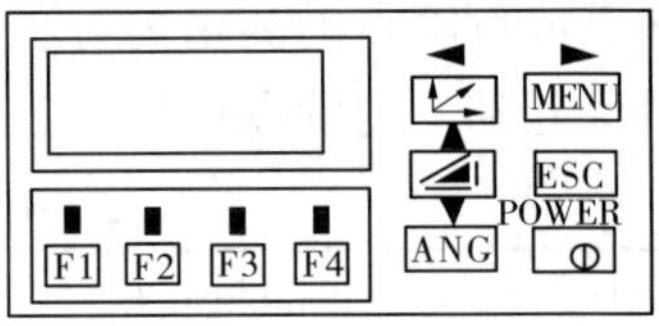

图 1-15　GTS－211D 全站仪面板

表 1-4　GTS3－211D 全站仪按键名称与功能

按键	名称	功能
	坐标测量键	坐标测量模式
	距离测量键	距离测量模式
AGN	角度测量键	角度测量模式
MENU	菜单键	菜单模式和正常测量模式切换,在菜单模式下设置应用测量
ESC	退出键	(1)返回测量模式或上一层模式 (2)从正常测量模式进入数据采集模式或放样模式
POWER	电源键	电源开关
F1～F4	软键(功能键)	对应于显示的软键信息

GTS－211D 可显示 4 行,每行 20 个字符。通常前三行显示测量数据,最后一行显示随测量模式变化的软键功能。前三行常见显示符号的含义,如表 1-5 所示。

表 1-5　GTS－211D 显示窗内常用符号的含义

显示	内容	显示	内容
V	竖直角	E	东向坐标
HR	水平角(右)	Z	高程
HL	水平角(左)	*	EDM(电子测距)正在进行
HD	水平距离	M	以米为单位
VD	高差	Ft	以英尺为单位
SD	斜距	Fi	以英尺与英寸为单位
N	北向坐标		

软键的有关信息显示在最后一行，各软键（功能键）的功能见相应的显示信息。各软键（功能键）在角度测量、距离测量和坐标测量模式下的功能如表1-6～表1-8所示。

表1-6　角度测量模式

页码	软键	显示符号	功能
1	F1	0 SET	水平角置为0°00′00″
	F2	HOLD	锁定水平角
	F3	HSET	通过键入数字设置水平角
	F4	P1↓	显示第2页软键功能
2	F1	TILT	设置倾斜改正，如果选择ON，则显示倾斜改正数
	F2	REP	角度重复测量模式
	F3	V%	坡度模式
	F4	P2↓	显示第3页软键功能
3	F1	H－BZ	对每隔90°水平角设置蜂鸣声
	F2	R/L	变换水平角的右/左旋转计数方向
	F3	CMPS	变换天顶距/高度角
	F4	P3↓	显示第1页软键功能

表1-7　距离测量模式

页码	软键	显示符号	功能
1	F1	MEAS	启动测量
	F2	MODE	设置测量模式：精测/粗测/跟踪
	F3	S/A	设置音响模式
	F4	P1↓	显示第2页软键功能
2	F1	OFSET	偏心测量模式
	F2	S·O	放样测量模式
	F3	M/f/I	米、英尺或者英尺、英寸单位的变换
	F4	P2↓	显示第3页软键功能

表1-8　坐标测量模式

页码	软键	显示符号	功能
1	F1	MEAS	开始测量
	F2	MODE	设置测量模式：精测/粗测/跟踪
	F3	S/A	设置音响模式
	F4	P1↓	显示第2页软键功能
2	F1	R·HT	通过输入设置棱镜高度
	F2	INS·HT	通过输入设置仪器高度
	F3	OCC	通过输入设置测站点坐标
	F4	P2↓	显示第3页软键功能

2. 测量准备

将GTS－211D全站仪对中、整平后，按下【POWER】键，即打开电源，显示器初始化两秒后,显示零指示设置指令(0 SET)、当前的棱镜常数(PSM)、大气改正值(PPM)以及电池剩余容量,如图1-16所示。

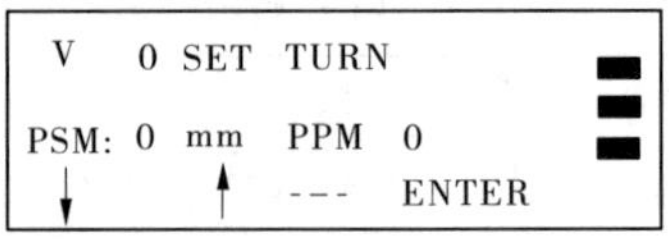

图1-16 GTS-211D全站仪开机屏幕

图中PPM表示大气改正值。“▬”表示电池容量,有3个“▬”表示电池电量充足,有1个“▬”表示电池电量不足,但还可以测量。当“▬”出现闪烁或显示“Battery empty”(电量空)时,必须换上充好电的电池,方能进行测量。

纵转望远镜,使望远镜的视准轴通过水平线,立即显示竖直度盘读数和水平度盘读数。若仪器没有整平(超出自动补偿范围),又设置了自动倾斜模式,则此时不显示度盘读数。

使用GTS-211D全站仪输入字母、数字是借助软键(F1、F2、F3、F4)和光标移动键(↑、↓、←、→)来实现的。按【INPUT】(F1)键输入开始,按【END】(F4)键输入结束。

3. 角度测量

开机设置好读数指示后,进入角度测量模式。按【ANG】键也可进入角度测量模式。

1)水平角和竖直角测量

如图1-17所示,欲测OA、OB两方向的水平夹角,在O点安置仪器后,照准目标A,按【0 SET】(F1)键和【YES】键,可设置目标A的水平盘读数为0°00′00″。旋转仪器照准目标B,直接显示AOB的水平角H和目标B的竖直角V。

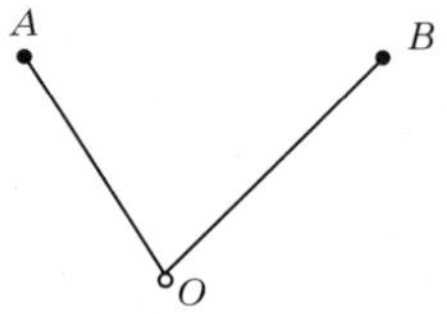

图1-17 水平角测量示意图

2)水平盘读数设置

水平盘读数设置有两种方法:

(1)通过锁定水平盘读数进行设置。

先转动照准部,使水平盘读数接近要设置的读数,接着水平制动,转动水平微动螺旋旋转至所需要的水平读数,然后按【HOLD】(F2)键,使水平读数不变,再转动照准部照准目标,按【YES】键完成水平读数设置。

(2)通过键盘输入进行设置。

先照准目标,再按【HSET】(F3)键,按照提示输入所要设置的水平读数即可。

在测角模式下,可进行角度复测、水平角90°间隔蜂鸣声的设置、竖直角与百分比(坡度)的切换、天顶距与高度角切换等。

4. 距离测量

距离测量可设为单次测量和N次测量。一般设为单次测量,以节约电量。距离测量有精测、粗测、跟踪等三种测量模式。一般情况下用精测模式测量,最小显示单位为1 mm,测量时间约2.5 s。粗测模式最小显示单位为10 mm,测量时间约0.7 s。跟踪模式用于观测移动目标,最小显示单位为10 mm,测量时间约0.3 s。

1)直接距离测量

当距离测量模式和观测次数设定后,在测角模式下,照准棱镜中心,按距离测量键,即开始连续测量距离,显示内容从上往下为水平角(HR)、平距(HD)和高差(VD)。若再按距离测量键一次，显示内容变为水平角（HR）、竖直角（V）和斜距（SD）。当连续测量不再需要时，按【MEAS】（F1）键，按设定的次数测量距离，最后显示距离平均值（注意：当光电测距正在工作时，HD 右边出现“＊”标志）。

2）偏心测量

当棱镜直接架设有困难时，例如要测定电线杆中心位置，偏心测量模式是十分有用的。欲测量到电杆中心的平距，只要在与仪器平距相同的点安置棱镜，在设置仪器高度、棱镜高后，用偏心测量（第 2 页 F1）即可测得被测物中心的距离和被测物的中心坐标。

在距离测量模式下，选择偏心测量（OFSET）模式，接着照准棱镜，按【MEAS】（F1）键，测定仪器到棱镜的水平距离；再按【SET】（F4）键，确定棱镜的位置；接着用水平制动螺旋照准目标点，然后每按一次距离测量键，平距（HD）、高差（VD）和斜距（SD）依次显示。若在偏心测量之前设置了仪器高、棱镜高、测站点坐标，每按一次坐标测量键，N、E、Z 坐标依次显示。最后按【ESC】键返回前一个模式。

5. 坐标测量

GTS－211D 全站仪可在坐标测量模式下直接测定碎部点（立棱镜点）坐标。在坐标测量之前必须将全站仪进行定向，输入测站点坐标。若测量三维坐标，还必须输入仪器高和棱镜高。具体操作如下：

在坐标测量模式下先通过第 2 页的【F1】（R·HT）、【F2】（INS·HT）、【F3】（OCC）分别输入棱镜高、仪器高和测站点坐标，再在角度测量模式下，照准定向点（后视点），测定测站点到定向点（后视点）的水平度盘读数（测站点到定向点的方位角），完成全站仪的定向。然后照准立于碎部点的棱镜，按坐标测量键，开始测量，显示碎部点坐标（N，E，Z），即（X，Y，H）。

6. 工作模式设定

角度测量、距离测量和坐标测量模式下设定作业模式（或参数），关机后不能保留，通常在使用全站仪之前，在专门的作业模式设置状态下选择工作模式，按【F2】键的同时打开电源，仪器进入作业模式状态，可进行单位设置（UNIT SET）、模式设置（MODE SET）和其他设置（OTHERS SET）。具体内容可参考 GTS－211D 全站仪说明书。

7. 储存管理

选择主菜单下【F3】（MENU），进入储存管理模式，共有三项八条菜单，内容如下：

（1）文件状态（FILES TATUS）。显示已储存测量数据（MEAS.）文件和坐标数据（COORD.）文件总数和数据个数。

（2）查阅（SEARCH）。查阅记录数据，即可查阅测量数据（MEAS. DATA）、坐标数据（COORD. DATA）和编码库（PLODE. LAB）。共有三种查阅方式：查阅第一个数据（FIRST DATA），查阅最后一个数据（LAST DATA），按点号或登记号查阅（PT # DATA）。在查阅模式下，点名（PT #，BS #）、标识符 ID、编码 PCODE 和高度数据（INS. HT，R. HT）可以更正，但观测数据不能更改。

（3）文件管理（FILE MAINTAN）。删除文件（DEL）/编辑文件名（REN）/查阅文件中数据（SRCH）。

（4）输入坐标（COORD INPUT）。将控制点或放样点坐标数据输入并存入坐标数据文件。

(5)删除坐标(DELETE COORD)。删除坐标数据文件中的坐标数据。

(6)输入编码(PCODE INPUT)。编码数据输入并存入编码库,共有1~50的编号。

(7)数据传送(DATA TRANSFER)。可以直接将内存的测量数据或坐标数据或编码库数据传送到计算机,也可以从计算机将坐标或编码库数据直接装入仪器内存,还可进行通信参数设置。

(8)初始化(INITIALIZE)。用于内存初始化,可对所有测量数据和坐标数据文件(FILE DATA)初始化,对编码数据(PCODE DATA)初始化及对文件数据和编码数据(ALL DATA)初始化,但对测站点坐标而言,仪器高和棱镜高不会被初始化。

(二)南方 NTS-370 全站仪

1. NTS-370 全站仪技术特色

NTS-370 全站仪是南方测绘全新推出的一款 Win CE 全站仪,是一款高档次、高性能、性价比极高的产品。该产品的问世,真正实现了全站型电子速测仪的电脑化、自动化、信息化、网络化。Win CE(R)系列全站型电子速测仪的 Win CE 界面与 PC 机上的 Windows 界面非常相似,因此可以非常直观地与基于 Windows 的 PC 机进行信息的存取、处理和交换。

南方 NTS-370 全站仪技术特色主要体现在以下几个方面。

(1)NTS-370 采用了 Windows CE 操作系统,触摸屏代替传统液晶键盘,可视化的操作桌面代替枯燥难记的菜单。

(2)NTS-370 使用双轴补偿技术,激光测距测程可达5 km,近距离可免棱镜达300 m,反射片可达1 km;有激光指向功能,采用激光下对点,可准确无误地将仪器安置在预定位置;系统内集成了 SD 卡,由于仪器采用了 Windows CE 操作系统,用户使用 SD 卡就像对硬盘操作一样,直接复制粘贴就可完成数据导入导出。NTS-370 还新增了通过 SD 卡重装系统的功能,在不用计算机连接的情况下,简单操作就可将系统升级或者还原。

(3)NTS-370 抛弃了传统仪器菜单式的操作,采用 Windows 桌面操作,不用再去记忆枯燥的操作菜单,各种功能一目了然。触摸屏加键盘的组合使仪器操作起来十分方便灵活,输入数据可使用硬件键盘,也可使用系统软键盘通过触摸屏完成。NTS-370 将测角、测距功能用更人性化的界面、更稳定的系统支持实现,使用户操作起来更方便。

PC 机一样的桌面,只要熟悉 Windows 操作系统,就可以轻松使用 NTS-370 系列全站仪。所有测量相关功能都在测量程序"WINTS"主界面中,只要选择相应功能,系统会引导用户完成所有操作。测量程序可安装南方测绘自主研发的测图精灵、工程精灵、控制精灵、公路精灵、房产精灵、管线精灵等软件。

NTS-370 全站仪面板如图1-18所示,其按键名称及功能见表1-9。

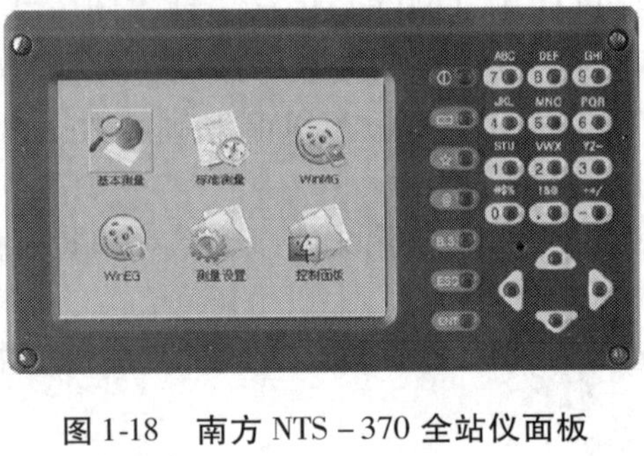

图1-18　南方 NTS-370 全站仪面板

表 1-9　NTS－370 全站仪按键名称及功能

按键	名称	功能
⏻	电源键	控制电源的开/关
0～9	数字键	输入数字,用于预置数值
A～/	字母键	输入字母
⊡	输入面板键	显示输入面板
★	星键	用于仪器若干常用功能的操作
α	字母切换键	切换到字母输入模式
B. S	后退键	输入数字或字母时,光标向左删除一位
ESC	退出键	退回到前一个显示屏或前一个模式
ENT	回车键	数据输入结束并认可时按此键
◀▲▼▶	光标键	上下左右移动光标

2. 测量准备

在测站上将 NTS－370 全站仪对中、整平后,按下【POWER】键开机,进入 Win CE 全站型电子速测仪欢迎界面,如图 1-18 所示。

1)设置

在如图 3-18 所示界面中点击"控制面板"图标,可设置背景光调节、触摸屏校准等;按下"★"键可调整电子圆水准器图形显示,设置温度、气压、大气改正值(PPM)和棱镜常数值(PSM),目标类型、十字丝照明和接收光线强度(信号强弱)显示等。

2)输入数字和字母的方法

NTS－370 支持两种输入模式:一种是使用仪器的键盘,输入方法类似于手机,一个按键上有三个字母,按一次按键显示第一个字母,按两次显示第二个字母,按三次显示第三个字母;另一种方法是采用软键盘进行输入,按"⊡"进入输入界面。

3. 基本测量

在全站仪功能主菜单界面单击图标"　",进入基本测量功能界面,如图 1-19 所示。

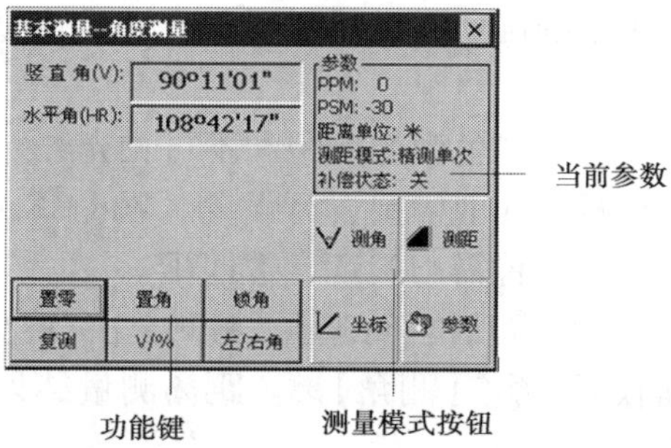

图 1-19　基本测量功能界面

功能键随测量模式的不同而改变,各测量模式下功能键的功能如表 1-10 所示。

表 1-10　NTS－370 全站仪各测量模式下的功能键

模式	显示	软键	功能
测角	置零	1	水平角置零
	置角	2	预置一个水平角
	锁角	3	水平角锁定
	复测	4	水平角重复测量
	V%	5	竖直角/百分度的转换
	左/右角	6	水平角左角/右角的转换
测距	模式	1	设置单次精测/*N* 次精测/连续精测/跟踪测量模式
	m/ft	2	距离单位米/国际英尺/美国英尺的转换
	放样	3	放样测量模式
	悬高	4	启动悬高测量功能
	对边	5	启动对边测量功能
	线高	6	启动线高测量功能
坐标	模式	1	设置单次精测/*N* 次精测/连续精测/跟踪测量模式
	设站	2	预置仪器测站点坐标
	后视	3	预置后视点坐标
	设置	4	预置仪器高度和目标高度
	导线	5	启动导线测量功能
	偏心	6	启动偏心测量(角度偏心/距离偏心/圆柱偏心/屏幕偏心)功能

4. 角度测量

(1)确认在角度测量模式下,照准第一个目标(*A*)、单击“置零”键,在弹出的对话框选择【OK】键确认,将目标 *A* 的水平角读数设置为 0°00′00″。

(2)照准第二个目标(*B*),仪器显示目标 *B* 的水平角和竖直角,如图 3-19 所示。

在测角模式下,单击【V%】键,可将竖直角转换为百分度模式。

5. 距离测量

在基本测量初始界面中,单击【测距】键进入距离测量模式。在弹出的界面中点击【测距】键,仪器将对在光路内的目标进行距离测量。

注意:当进行测距时,如有行人、汽车、动物、摆动的树枝等通过测距光路,会有部分光束反射回仪器,从而导致距离结果不准确。在无反射器测量模式及配合反射片测量模式下,测量时要避免光束被遮挡干扰。

Win CE R 系列全站仪可设置为红色激光测距和不可见光红外测距,可选用的反射体有棱镜、反射片及无棱镜。用户可根据作业需要自行设置。Win CE 系列全站型电子速测仪只具有红外测距功能,使用时所用的棱镜需与棱镜常数匹配。

单击【模式】键进入测距模式设置功能,可选择“精测单次/精测 *N* 次/精测连续/跟踪测量”等模式。要返回角度测量模式,可按【测角】键。距离测量结果显示,如图 1-20 所示,单击【m/ft】键,可转换距离单位。

6. 坐标测量

1)设置测站点

设置好测站点(仪器位置)相对于原点的坐标后,仪器便可求出显示未知点(棱镜位置)

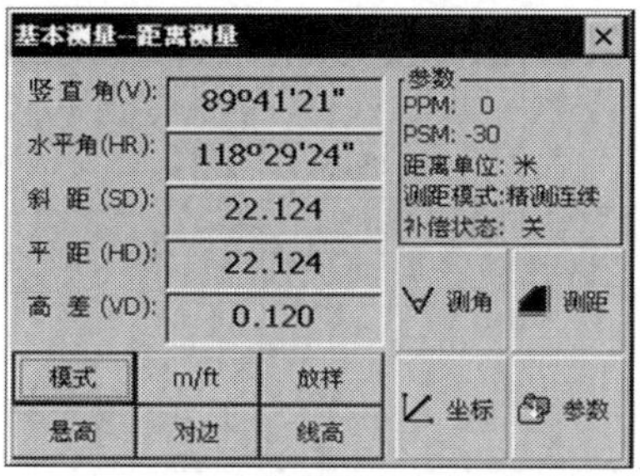

图 1-20　距离测量结果显示界面

的坐标。

(1)单击【坐标】键,进入坐标测量模式。

(2)单击【设站】键,在弹出的界面中输入测站点坐标,输入完一项,单击【确定】或按【ENT】键将光标移到下一输入项。所有输入完毕,单击【确定】或按【ENT】键返回坐标测量界面。

2)设置后视点

(1)在坐标测量界面单击【后视】键,进入后视点设置功能。在弹出的界面中输入后视点坐标,输入完一项,单击【确定】或按【ENT】键将光标移到下一输入项。输入完毕,单击【确定】,系统弹出如图 1-21 所示后视照准确认界面。

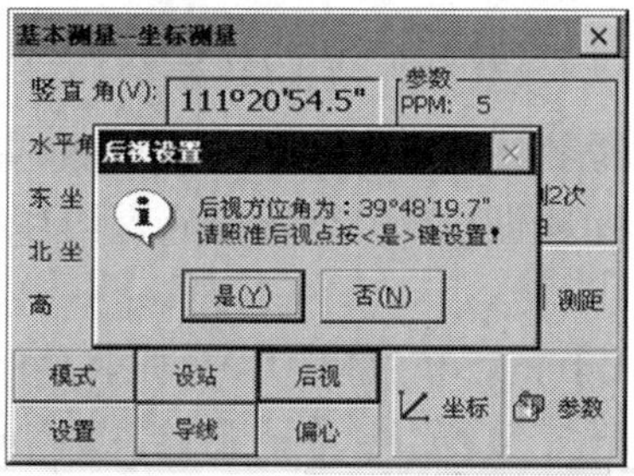

图 1-21　后视照准确认界面

(2)照准后视点,单击【是(Y)】。系统设置好后视方位角,并返回坐标测量屏幕。屏幕中显示刚才设置的后视方位角。

3)设置仪器高/棱镜高

坐标测量须输入仪器高与棱镜高,以便直接测定未知点坐标。

(1)单击【设置】键,进入仪器高、目标高设置功能。

(2)在弹出的界面中输入仪器高和目标高,输入完一项,单击【确定】或按【ENT】键将光标移到下一输入项。

(3)所有输入完毕,单击【确定】或按【ENT】键返回坐标测量界面。

4)目标点坐标测量

照准目标点,单击【坐标】键,测量结束并显示结果,如图 1-22 所示。

单击【模式】键,可更换测距模式(单次精测/*N* 次精测/重复精测/跟踪测量)。

要返回正常角度或距离测量模式可单击【测角】或【测距】键。

7. 文件管理

在启动界面中,选择【标准测量】图标,打开【标准测量】程序主菜单,单击【工程】键,打

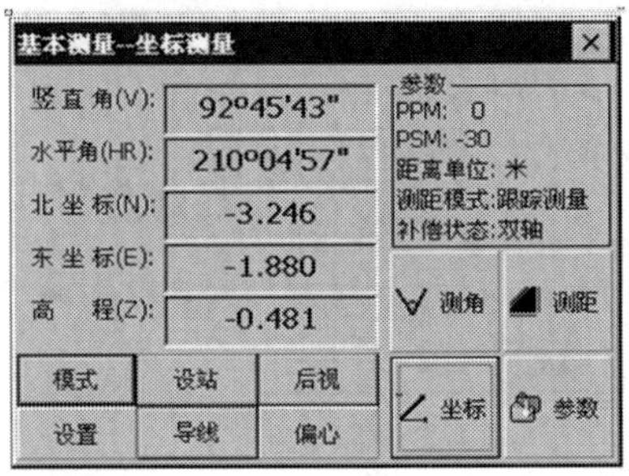

图 1-22 坐标测量结果显示界面

开【工程】菜单,该子菜单可以实现作业文件的建立、打开和删除;作业选项的设置;格网因子设置;数据的导入/导出等功能,如图 1-23 所示。

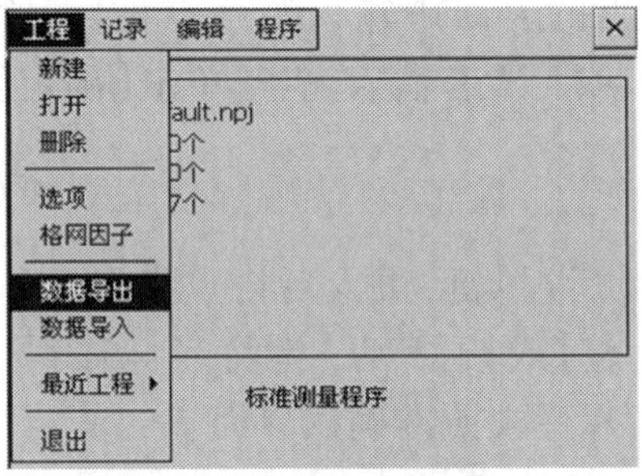

图 1-23 “工程”菜单

标准测量程序要求在每次测量时建立一个作业文件名,如不建立文件名,系统会自动建立一个缺省文件名(DEFAULT),测量中的所有观测成果均存入该文件中。

8. 数据导出/导入

【工程】菜单下的【数据导出】子菜单,如图 1-23 所示,可将测量数据、坐标、填挖数据和横断面数据传输到指定的路径下;【数据导入】子菜单,可将放样坐标文件、固定点库文件、编码库文件以及用于放样的定线和横断面文件拷贝到全站中。

(三)全站仪操作注意事项

(1)仪器应由专人使用、保管。迁站、装箱时只能握住仪器的支架,而不能握住镜筒,以免对仪器造成损伤,影响观测精度。

(2)日光下测量应避免将物镜直接瞄准太阳。若在太阳下作业应安装滤光器。

(3)避免在高温和低温下存放仪器,亦应避免温度骤变(使用时除外)。在高温天气作业时,必须撑伞,否则仪器内部温度容易升到 60 ~ 70 ℃,从而缩短仪器的使用寿命。

(4)仪器不使用时,应将其装入箱内,置于干燥处,注意防震、防尘和防潮。

(5)若仪器工作处的温度与存放处的温度差异太大,应先将仪器留在箱内,直至它适应环境温度后再使用仪器。

(6)仪器长期不使用时,应将仪器上的电池卸下,分开存放。

(7)仪器运输时应将仪器装于箱内进行,运输时应小心避免挤压、碰撞和剧烈震动,长途运输最好在箱子周围使用软垫。

(8)仪器安装至三脚架或拆卸时,要一只手先握住仪器,以防仪器跌落。

(9)外露光学件需要清洁时,应用脱脂棉或镜头纸轻轻擦净,不可用其他物品擦拭。

(10)仪器使用完毕后,用绒布或毛刷清除仪器表面灰尘。仪器被雨水淋湿后,切勿通电开机,应用干净软布擦干并在通风处放一段时间。

(11)作业前应全面仔细检查仪器,确信仪器各项指标、功能、电源、初始设置和改正参数均符合要求时再进行作业。

(12)即使发现仪器功能异常,非专业维修人员不得擅自修理,以免发生损坏。

(13)电池使用专用充电器充电。尽管充电器有过充电保护回路,但过充电会缩短电池寿命,因此在电池充满电后应及时结束其充电。电池应每月充电一次,要在0~45°温度范围内充电,超出此范围可能出现充电异常。充电电池可重复充电300~500次,电池完全放电会缩短其使用寿命,为更好地获得电池的最长使用寿命,不要将电池存放在高温、高热或潮湿的地方,更不要将电池短路,否则会损坏电池。

【小贴士】

本任务主要介绍全站仪的常规功能、仪器参数的设置。通过该任务的学习,学生应该认识全站仪的常规功能有哪些,各项功能如何操作,并能在各项功能开始前进行相应参数设置。特别注意与后续的配套课间实验进行融会贯通,做到理论联系实际,实现既懂理论,也能动手。

任务三　全站仪专项功能操作

NTS-370全站仪具有丰富的测量程序,如放样、悬高测量、对边测量、线高测量、导线测量、偏心测量等,具体操作方法请参阅NTS-370全站仪说明书。

一、悬高测量

为了得到不能放置棱镜的目标点的高度,只须将棱镜架设于目标点所在铅垂线上的任一点,然后进行悬高测量(适用于无法在其上安置棱镜的物体,如高压线、悬空电缆、桥梁等高度的测量)。

二、距离放样测量

放样测量用于在实地上测出所要求的点位,通过对目标点的测量,仪器将显示出预先输入的放样值与实测值之差以指导放样。

该功能可显示出测量的距离与输入的放样距离之差(显示值=测量距离-放样距离)。

三、坐标放样测量

在给定了放样点的坐标后,仪器能自动计算出放样的角度和距离值,利用角度和距离放样功能则可测算出放样点的位置。

具体步骤:

(1)置测站点。

(2)置后视点,确定方位角。

(3)输入所需的放样坐标,开始放样(或者调入已知点的坐标开始放样)。

四、偏心测量

当棱镜直接架设有困难时,如要测定电线杆中心位置,采用偏心测量模式,即测量到电线杆中心的平距,只要在与仪器平距相同的点安置棱镜,设置仪器高、棱镜高后,用偏心测量就可测得被测物中心的距离和被测物的中心坐标。

【小贴士】

本任务主要介绍全站仪的专项功能。通过该任务的学习,学生应该认识全站仪的专项功能有哪些,各项功能如何操作。特别注意与后续的配套课间实验进行融会贯通,做到理论联系实际,实现既懂理论,也能动手,对全站仪的各个部件操作更加熟练,为全站仪数据采集做好准备。

任务四　全站仪检验

一、全站仪常规项目检验

(一)照准部水准管轴垂直于竖轴的检验与校正

1. 检验方法

先将仪器大致整平,转动照准部使水准管与任意两个脚螺旋连线平行,转动这两个脚螺旋使水准管气泡居中。

将照准部旋转180°,如气泡仍居中,说明条件满足;如气泡不居中,则需进行校正。

2. 校正方法

(1)转动与水准管平行的两个脚螺旋,使气泡向中心移动偏离值的一半。用校正针拨动水准管一端的上、下校正螺丝,使气泡居中。

(2)此项检验和校正需反复进行,直至水准管旋转至任何位置时水准管气泡偏离居中位置不超过1格。

(二)圆水准轴平行于仪器旋转轴的检验与校正

1. 检验方法

安置全站仪后,转动脚螺旋使圆水准器气泡居中,然后将仪器旋转180°,如果气泡仍居中,则表示该几何条件满足,不必校正,否则须进行校正。

2. 校正方法

(1)全站仪不动,旋转脚螺旋,使气泡向圆水准器中心方向移动偏移量的一半,然后先稍松动圆水准器底部的固定螺丝,按整平圆水准器的方法,分别用校正针拨动圆水准器底部的三个校正螺丝,使圆气泡居中。

(2)重复上述步骤,直至仪器旋转至任何方向圆水准气泡都居中。最后把底部固定螺丝旋紧。

(三)十字丝竖丝垂直于横轴的检验

整平仪器,用十字丝竖丝照准一清晰小点,固定照准部,使望远镜上下微动,若该点始终沿竖丝移动,说明十字丝竖丝垂直于横轴。否则,条件不满足,需进行校正。

（四）视准轴垂直于横轴的检验

整平仪器，选择一与仪器同高的目标点 A，用盘左、盘右观测。盘左读数为 L'、盘右读数为 R'，若 $R' = L' \pm 180°$，则视准轴垂直于横轴，否则需进行校正。

（五）横轴垂直于竖轴的检验

（1）在离墙 20 ~ 30 m 处安置仪器，盘左照准墙上高处一点 P（仰角 30°左右），放平望远镜，在墙上标出十字丝交点的位置 m_1。

（2）盘右再照准 P 点，将望远镜放平，在墙上标出十字丝交点位置 m_2。如 m_1、m_2 重合，则表明条件满足；否则需计算 i 角。

$$i = \frac{d}{2D\tan\alpha}\rho \tag{1-17}$$

式中 D——仪器至 P 点的水平距离

d——m_1、m_2 的距离；

α——照准 P 点时的竖直角；

$\rho = 206''265''$。

当 i 角大于 60″时，应校正。

（六）竖盘指标差的检验与校正

（1）选择平坦位置安置全站仪，并进行仪器的整平。

（2）将望远镜置于盘左位置，瞄准与望远镜大致等高的目标点 A，读取天顶距 L。

（3）倒转望远镜将其置于盘右位置，瞄准 A 点，读取天顶距 R。

（4）计算竖盘指标差：

$$x = \frac{1}{2}[(L + R) - 360°] \tag{1-18}$$

若 x 超出限制要求，则需要对仪器进行校正。

（七）全站仪的视准轴误差、指标差、横轴倾斜误差的电子校正

全站仪一般可一次性完成补偿器零位误差、视准轴误差、指标差和横轴倾斜误差的电子校正。具体校正方法可参见相关全站仪操作手册。

（八）光学对中器的检验与校正

1. 光学对中器的检验

（1）选择平坦位置放置一平板，平板上标注一 A 点，在平板上方安置全站仪（仪器架设高度约 1.3 m）并对中整平，全站仪的分划板中心与 A 点重合，如图 1-24 所示。

（2）绕竖轴旋转光学对中器 180°，若分划板中心与另一点 B 重合，做第一次校正，使分划板中心与 AB 的中点重合，再进行下一步检验；若分划板中心仍与 A 点重合，则可进行下一步检验。

（3）改变 A 点距光学对中器的距离（例如将平板向上移动，由 1.3 m 缩短为 1.0 m），按照上步重新检验。若光学对中器旋转 180°之后，分划板中心仍与 A' 点重合，则表明条件已经满足；若分划板中心并不与 A' 点重合而与 B' 点重合，则应校正，使分划板中心与 $A'B'$ 的中点重合。

（4）上述检验和校正工作需反复进行，直到满足要求为止。

2. 光学对中器的校正

打开光学对中器望远镜目镜端的护罩，可以看见四颗校正螺丝，利用校正针旋转四颗校

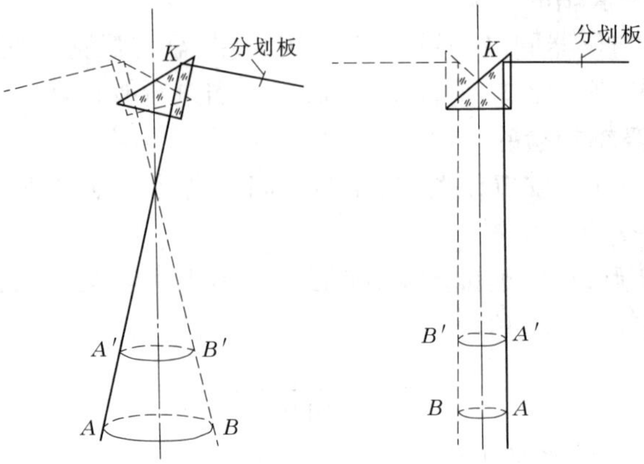

图 1-24　光学对中器检校图

正螺丝,使分划板中心与 AB 或 A′B′中心重合。

二、全站仪的校正

由于全站仪价格昂贵,又属于精密仪器,因此一般仪器的校正需由专业人员进行调试。同时,现在很多厂家生产的全站仪本身就带有仪器误差自动校正程序,只需检测人员按相应型号的全站仪的规定步骤操作仪器后即可完成仪器的校正,各院校可根据实际配备的仪器型号通过实验课进行练习,这里不再敷述。

【小贴士】

本任务主要介绍全站仪的常规检校项目。通过该任务的学习和后续配套的课间实验,学生应该能对学校所配备的全站仪进行常规项目的检验,并能巩固理解基本的检验原理。

【知识链接】

学习本项目时,学生应结合教师的讲解,思考为什么全站仪是最适用的数字测图硬件设备? 它与曾经学习过的经纬仪有何区别与联系? 并结合本校配备的全站仪的具体型号,自行到网上下载相应的说明书,以获取更多的有用知识。

小　结

本项目主要学习了全站仪初步认识、全站仪常规功能操作、全站仪专项功能操作、全站仪检验这 4 个任务。通过本项目的学习,学生应能简要说明全站仪的组成及测角、测距、测高差、测坐标的基本原理;能阐述全站仪坐标放样、悬高测量等专项功能的基本原理及实施;能简要说明全站仪常规项目检验的原理及方法。具备正确使用全站仪各部件,并进行参数设置;操作全站仪实现常规功能(测角、测距、测高差、测坐标);操作全站仪实现专项功能(坐标放样、悬高测量等);对全站仪进行常规项目检验的能力。

复习与思考题

1. 全站仪主要由哪几部分组成? 其基本功能有哪些?

2. 电子测角系统分为哪几类？各有何特点？

3. 简述相位式测距仪测距原理。

4. 简述全站仪三维坐标测量之前应进行的操作步骤。

5. 在操作使用全站仪时应注意些什么？

【技能训练】

一、技能训练题目及训练目的

在学习完本项目的理论学习内容和配套实训之后，请学生务必利用课余和周末的时间，在校园练习独立操作全站仪的常规功能及专项功能，目的在于多多练习全站仪的操作及使用，争取对全站仪的使用由会上升到熟悉的程度。

二、技能训练要求

1. 教师给学生配备全站仪、脚架、棱镜、棱镜杆、小钢尺。

2. 教师给学生提供校园内足够数量的已知点数据。

3. 学生根据自己的学习情况自行练习全站仪常规功能及专项功能。

4. 学生应记录碰到的问题向教师请教或与任课教师共同探讨。

项目二　RTK及其应用

项目概述

通过本项目2个任务(RTK初步认识;RTK使用与操作)的学习,掌握3项能力(正确连接、操作RTK各部件,且能进行参数设置;能进行RTK校正;能正确判别各项指标,并能测定指定点坐标)。

学习目标

知识目标

1. 能简要说明RTK系统的组成。
2. 能阐述RTK测量原理。

技能目标

1. 能正确连接全套RTK,并能正确操作RTK各部件,且能进行各种模式的设置。
2. 能使用RTK进行校正,并能正确判别各项指标,校正后能测定指定点的坐标。

【课程导入】

RTK也是大比例尺地形图数字测绘项目中非常实用的硬件设备之一,作为每一位测绘类专业毕业的学生,都必须掌握RTK的基本原理及使用,那么,RTK是怎么组成的?它的基本测量原理与全站仪相同吗?怎么使用?等问题都是学习本项目必须解决的。

任务一　RTK初步认识

全球定位系统(Global Positioning System,GPS)是美国国防部主要为满足军事部门对海上、陆地和空中设施进行高精度导航和定位的要求而建立的。GPS系统由GPS卫星星座(24颗工作卫星)、地面监控系统(1个主控站、5个卫星监控站和3个注入站)和GPS信号接收机(用户部分)三部分组成。GPS作为新一代导航与定位系统,不仅具有全球性、全天候、连续的精密三维导航与定位能力,而且具有良好的抗干扰性和保密性。目前,GPS精密定位技术已经渗透到经济建设和科学技术的许多领域,尤其对经典测量学的各个方面产生极其深刻的影响。

GPS定位分为绝对定位和相对定位,在测量中主要使用相对定位。GPS相对定位在施测中主要有静态相对定位、快速静态相对定位和动态相对定位之分。静态相对定位主要用于精密控制测量,快速静态相对定位主要用于较小范围的控制测量(应用越来越少,逐渐被RTK取代),动态相对定位主要用于数据采集、图根控制和施工放样等。动态相对定位又可区分为实时差分动态定位 RTK(Real Time Kinematic)、后处理差分动态定位 PPK 和网络(多基准站、单基准站)RTK,其中实时差分动态定位 RTK 在野外数据采集中有广泛的应用。

一、GPS 静态相对定位

(一)静态相对定位原理与应用

GPS 静态相对定位在测量中主要用于测定各种用途的控制点。其中,较为常见的是利用 GPS 建立各种类型和等级的控制网,在这些方面,GPS 技术已基本上取代了常规的测量方法,成为了主要手段。

GPS 的工作原理,简单地说,就是利用我们熟知的几何与物理上的一些基本原理。首先假定卫星的位置为已知,而我们又能准确测定我们所在地点 A 至卫星之间的距离,那么 A 点一定是位于以卫星为中心、所测得距离为半径的圆球上。其次如又测得点 A 至另一卫星的距离,则点 A 一定处在前后两个圆球相交的圆环上。同理,还可测得与第 3 个、第 4 个卫星的距离等,就可以确定点 A 只能是在 3 个圆球相交的两个点上。

大地控制测量对 GPS 的利用是进行相对定位,具体做法是将两台 GPS 接收机安置于相距不太远的(相对于整个地球而言)A、B 点上,同时观测几颗卫星的信号(称为同步观测),利用两点同步观测形成的无线电载波相位差分观测值,消除多种误差(包括未知精码等因素)的影响,获得两点间的高精度 GPS 基线向量——三维坐标差:

$$\begin{cases}\Delta X = X_b - X_a \\ \Delta Y = Y_b - Y_a \\ \Delta Z = Z_b - Z_a\end{cases}$$

在 GPS 控制网中,根据许多点与点之间测定的基线向量,由已知点推算待定点位,其定位精度就能满足大地控制测量的要求。

与常规方法相比,GPS 在布设控制网方面具有测量精度高,选点灵活、不需要觇标、费用低;不要求测站间相互通视,不需要建造觇标,作业成本低,大大降低布网费用;全天候作业,观测时间短,观测、处理自动化等一系列特点。采用 GPS 布设控制网,观测工程和数据处理过程均是高度自动化的。

目前,GPS 静态定位在测量中广泛地用于大地测量、工程测量、地籍测量、物探测量及各种类型的变形监测等,在以上这些应用中,其主要还是用于建立各种级别、不同用途的控制网。在数字化测图中,静态 GPS 主要用来做控制测量。

(二)静态相对定位接收机系统

静态相对定位所使用的用户设备为 GPS 信号接收机系统,其功能是用来捕获按一定卫星高度截止角所选择的待测卫星的信号,并跟踪这些卫星的运行,对所接收到的 GPS 信号进行变换、放大和处理,以便测量出 GPS 信号从卫星到接收机天线的传播时间,解译出 GPS 卫星所发送的导航电文,实时地计算出测站的三维位置,甚至三维速度和时间。

GPS 接收机系统由天线单元、接收单元和数据采集单元三部分组成,一般常将各单元整合为一体,具有防水的外壳,电磁兼容性能较好,操作较为简便。

目前,接收机的种类越来越多,且一般的 RTK GPS 都可以实现动态与静态模式的互换,可做到一机两用,不同类型的 GPS 信号接收机在结构和外形上会有所不同,但使用方法却大同小异。如图 2-1 所示为南方 S60 静态 GPS 接收机。

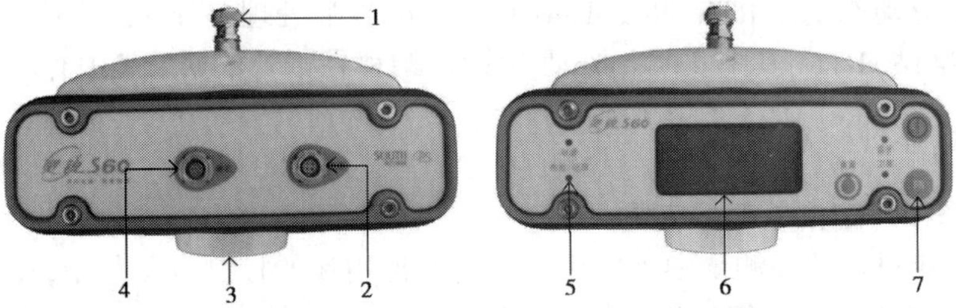

1—数据链天线连接口;2—充电器接口,为四针口;3—基座连接器;对中杆连接器(RTK 专用);
4—通信电缆接口,为七针口;5—指示灯;6—液晶显示屏;7—操作按键

图 2-1　南方 S60 静态 GPS 接收机

GPS 测量工作的实施方法取决于工程的具体要求,实际上,GPS 测量工作与经典测量工作非常类似(只不过是仪器设备及技术手段更先进罢了),同样可以分为外业和内业两大部分。其中,外业工作主要包括选点、建立测站标志、野外观测作业以及成果质量的检核等;内业工作主要包括 GPS 测量的技术设计、测后数据的处理以及技术总结等。

具体作业方法是采用两台(或两台以上)接收机,分别安置在一条(或数条)基线的端点,根据基线长度和要求的精度,同步观测 4 颗以上的卫星,观测时段从 30 min 至几个小时不等。观测结束后,利用 PSION 数据传输软件将采集到的 *.STH 文件传入电脑中进行处理,用专用软件解算后可得到观测点三维坐标。

关于静态 GPS 接收机的操作使用,将在有关课程中述及。

二、实时差分动态定位(RTK GPS)

(一)实时差分动态定位(RTK GPS)测量原理

RTK GPS 测量系统是集计算机技术、数字通信技术、无线电技术和 GPS 测量定位技术为一体的一种运用载波相位差分技术进行实时定位的 GPS 测量系统。在这一系统中,基准站以及移动站同时接收 4 颗以上的卫星(初始化则要求 5 颗)进行载波相位观测。而设置在精确坐标已知点上的基准站,在跟踪载波相位测量的同时,通过数据链将测站坐标、观测值、卫星跟踪状态及接收机工作状态发射出去。另一台或若干台接收机则作为移动站在各待定点上依次设站观测,移动站在接收 GPS 信号进行载波相位观测的同时,还通过数据链接收来自基准站的载波相位差分及其他的数据,现场实时解算 WGS-84 坐标系的坐标,并根据控制器上设置的转换参数以及投影方法实时计算出移动站的北京 1954 年坐标系、国家 1980 大地坐标系、2000 国家大地坐标系(CGC 2000)或任意定义的工程坐标系的平面坐标和高程。

载波相位差分分为修正法和差分法两类:

1. 修正法

基准站将载波相位修正量通过数据链通信发送给流动站,流动站以其改正本站的载波相位观测值,然后求解流动站的坐标。

2. 差分法

差分法是将基准站采集的载波相位观测值通过数据链通信完整地发送给流动站,流动站的工作手簿(亦称控制器)将其和自己同步得到的载波相位观测值求差,并对相位差分观测值进行实时处理,求得流动站的坐标。RTK GPS 主要为差分法。

(二)RTK GPS 系统组成

RTK GPS 用户系统由一台基准站(亦称参考站)接收机和一台或多台流动站接收机以及用于数据实时传输的数据链系统构成,如图 2-2 所示。

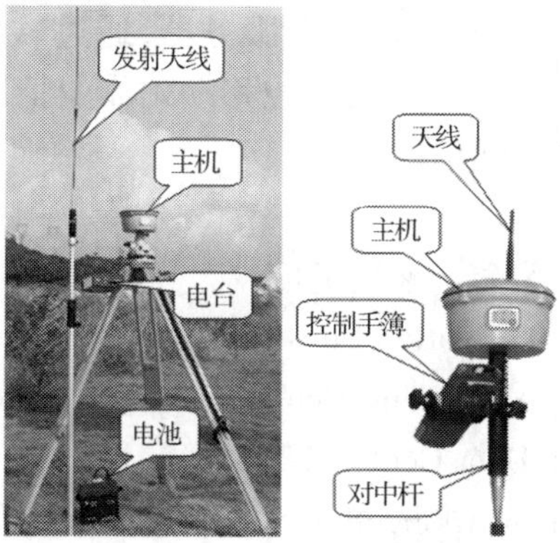

(a) 基准站　　(b) 移动站

图 2-2　南方灵锐 S82 型 RTK GPS 系统

基准站的设备有 GPS 接收机、GPS 天线(通常与接收机合为一体)、GPS 无线数传电台、数据链发射天线、电瓶、连接电缆等;流动站的设备有 GPS 接收机、GPS 天线(通常与接收机合为一体)、数据链接收电台(现在大部分已将接收电台模块放置在主机内)、数据链接收天线、工作手簿(控制器)等,流动站主机与工作手簿之间越来越多地采用蓝牙无线通信。

通过大量的实践证明,在开阔区域,RTK 定位技术较常规测量技术有着不可比拟的优势,如速度快、精度高、不要求通视等,所以在数字测图中 RTK 技术已得到了越来越广泛的应用,成为野外数据采集的主要设备。本项目任务二将以南方灵锐 S82 型 RTK GPS 系统为例,介绍 RTK 使用与操作方法及测点过程。

三、网络 RTK GPS 系统

近几年来,一些大城市开始建立网络 RTK GPS 系统,这种系统被称为连续运行参考站(Continuously Operating Reference Stations,CORS)。CORS 由一个或若干个连续运行的基准站、数据处理中心、数据发布中心和用户流动站组成。

常规 RTK GPS 是建立在流动站与基准站误差强相关这一假设基础上的,当流动站离基准站较远(超过 15 km)时,这种误差强相关性随流动站与基准站的间距增加变得越来越差。

CORS 采用虚拟参考站法,其基本工作原理是在一个市区(较大的区域)均匀地布设多个连续运行的参考站,根据各参考站长期跟踪的观测结果,反演出区域内 GPS 定位的一些主要误差模型,如电离层、对流层、卫星轨道等误差模型;系统运行时,将这些误差从参考站的观测值中减去,形成所谓的"无误差"观测值,再利用无误差观测值与用户流动站观测值的有效组合,在流动站附近(几米到几十米)建立起一个虚拟参考站。

将流动站和虚拟参考站进行载波相位差分改正,就实现了 RTK 定位。

CORS 差分改正值是多个基准站的观测资料平差的结果,已有效地消除了定位中的各种误差,亦可达到厘米级的定位精度。

连续运行参考站包括单基站、多基站网络 CORS 等多种类型。下面对南方 CORS 系统进行简单介绍。

(一)南方单基站 CORS 系统

单基站 CORS 就是只有一个连续运行参考站。类似于 1 +1 的 RTK,只不过基准站由一个连续运行的基准站代替,基站同时又是一个服务器,通过软件实时查看卫星状态、存储静态数据、实时向 Internet 发送差分信息以及监控移动站作业情况。移动站通过 GPRS、CDMA 网络通信方式与基站服务器进行通信。

1. 系统组成

单基站 CORS 系统由以下 5 个子系统组成:

(1)基准站子系统(Reference Station Sub – System,RSS)

(2)系统控制中心(System Monitoring Center,SMC)

(3)用户数据中心(User's Data Center,UDC)

(4)用户应用子系统(User's Application Sub – System,UAS)

(5)数据通信子系统(Data Communication Sub – System,DCS)

单基准站 CORS 系统各子系统的定义与功能如表 2-1 所示。

表 2-1 单基准站 CORS 系统各子系统的定义与功能

系统名称	主要工作内容	设备构成	技术实现
基准站子系统(RSS)	卫星信号的捕获、跟踪、采集与传输,设备完好性监测	单个基准站	5 个基准站
系统控制中心(SMC)	数据分流与处理,系统管理与维护,服务生成与用户管理	计算机、网络设备、数据通信设备、电源设备	1 个中心
用户数据中心(UDC)	向用户提供数据服务	Internet、GSM	因特网、GSM
用户应用子系统(UAS)	按照用户需求进行不同精度定位	GPS 接收设备、数据通信终端、软件系统	适于 DGPS、WADGPS、RTK、PSP 软件系统
数据通信子系统(DCS)	把基准站 GPS 观测数据传输至系统控制中心	有线网络	SDH

2. 系统原理

南方单基站 CORS 系统的原理如图 2-3 所示。

3. 系统运作流程

基准站连续不间断地观测 GPS 卫星信号获取该地区和该时间段的"局域精密星历"及其他改正参数,按照用户要求把静态数据打包存储并把基准站的卫星信息送往服务器上 Eagle 软件的指定位置。

移动站用户接收定位卫星传来的信号,并解算出地理位置坐标。

移动站用户的数据通信模块通过局域网从服务器的指定位置获取基准站提供的差分信息后输入用户单元 GPS 进行差分解算。

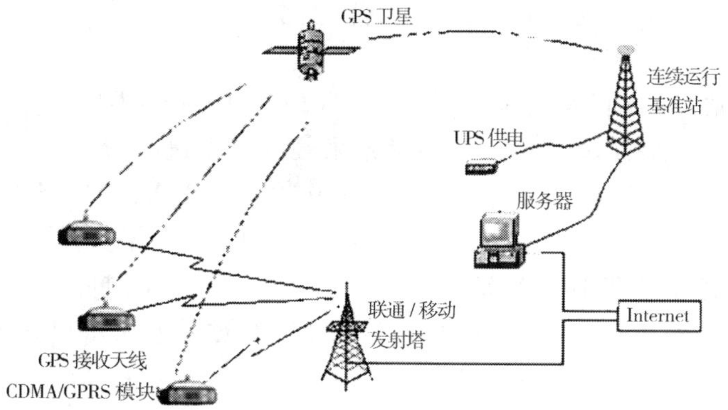

图 2-3　南方单基准站 CORS 系统原理

移动站用户在野外完成静态测量后,可以从基准站软件下载同步时间的静态数据进行基线联合解算。

南方单基站 CORS 系统数据流程,如图 2-4 所示。

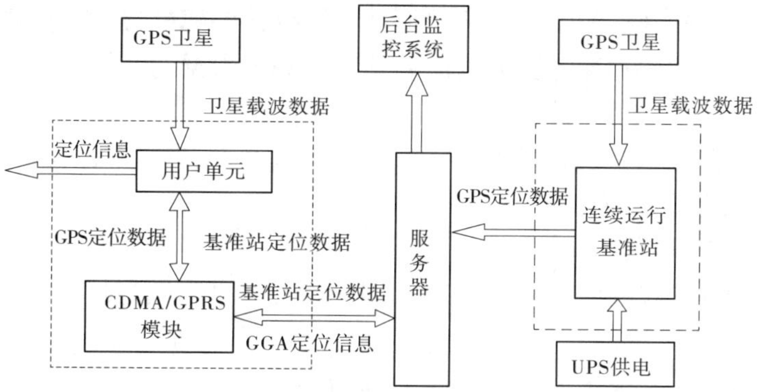

图 2-4　南方单基准站 CORS 系统数据流程

4. 系统构成

1)基站主机——South - Base

South - Base 参考站接收机实现了工控机硬件平台与最新型 GPS 主板的完美结合,可用于 CORS 系统的单基站、多参考站的 GPS 数据接收平台。带有多种通信接口,可持续长时间稳定工作;内部安装 Windows XP 操作系统,操作简单方便;80 G 的硬盘可充分满足存储操作系统、应用软件和 GPS 接收数据;操作者可通过网络、串口、USB 设备及鼠标/键盘对基准站进行管理和设置。

2)大地型扼流圈天线

南方大地型扼流圈天线支持精确度为毫米,能够有效地抑制多路径效应的影响,结合不妥协的稳定的相位中心(小于 0.8 mm)且可以抑制射频干扰。天线建于大地测绘研究标准的基础上,采用铝材质的扼流圈和一个 Dome#Margolin 偶极元件,低噪声、低消耗,还拥有同步频率选择功能。

3)基站数据采集和传输软件——Base Trans

Base Trans 软件是 South - Base 接收机的内置主控程序,它能够实现接收机的参数配置,卫星状况的监控,GPS 静态数据的采集和传输,端口的设置等功能。既管理 South - Base

的运行状况,又可以为静态事后差分定位提供静态数据。

4)信息发布平台——Eagle

Eagle是单基站CORS的信息发布平台,为TCP/IP、GPRS、CDMA访问提供网络服务;同时又是整个系统的“中央处理中心”,对参考站采集的数据进行统一的管理和处理,可以为RTK实时定位提供多种格式实时差分数据(RTCM、RTCM 2.X、RTCM3.0、CMR),软件可监测数据质量,实时查看当前用户固定解情况。可以管理流动站用户,根据需要可设定用户登录密码、用户可使用时间;监控移动站的工作情况,加入地图,随时可以看到登录移动站所在位置;而且Eagle软件可以连接不同的TCP/IP地址,管理员或用户可通过互联网查看各台站运行情况,以确保系统连续运行的可靠性。

(二)南方多基站CORS系统

多基站CORS是指分布在一定区域内的多台连续运行的基站,每个基站都是一个单基站系统,由控制软件自动计算流动站与基站间的距离,选择距离最近的CORS基站作为RTK差分作业的参考站。

南方网络CORS可以在一个较大的范围内均匀地布设参考站,利用南方网络参考站系统软件(NRS),将参考站网络的实时观测数据进行系统误差建模,建立电离层、对流层、轨道误差等综合误差模型,然后对覆盖区域内流动站用户观测数据的系统误差进行计算,获得厘米级实时定位结果。

工作时,系统根据流动站位置模拟出该点的综合误差,相当于在流动站点位上生成一个“虚拟参考站”,做短基线解算。

1. 网络CORS系统构成

网络CORS系统包括控制中心,固定站和用户部分(RTK GPS接收机)以及通信系统。系统工作原理如图2-5所示:

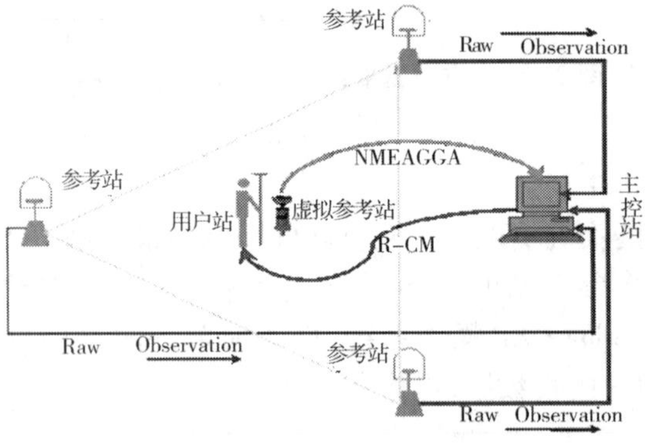

图2-5　网络CORS工作原理

1)控制中心

控制中心是整个系统的核心。它既是通信控制中心,也是数据处理中心。它通过通信线(光纤,ADSL)与所有的固定参考站通信;通过Internet、无线网络与移动用户通信。由计算机实时系统控制整个系统的运行,所以控制中心的软件VENUS即是数据处理软件,也是系统管理软件。

2)固定参考站

固定参考站是固定的GPS接收系统,分布在整个网络中,一个虚拟参考站网络可以包含无数个站,但最少需要3个站,站与站之间的距离可达70 km(传统高精度网络,站间距离不超过10~20 km)。固定参考站与控制中心之间由通信线相连,数据实时传送到控制中心。

3)用户部分

用户部分就是用户的GPS接收机,加上无线通信模块(CDMA/GPRS)。接收机通过无线网络将自己的初始位置发给控制中心,并接收中心的差分信号,生成厘米级的位置信息。目前,南方网络CORS采用通用数据格式,支持现有各种常规GPS接收机。

2. 系统作业流程

(1)各个参考站连续采集观测数据,并实时传输到数据处理与控制中心的数据库中,进行网络计算。参考站原始观测数据包括GPS载波相位以及伪距观测数据、参考站精确坐标、广播星历、气象参数、电离层拓扑信息、多路径历史信息等。

(2)计算中心在线解算GPS参考站网内各独立基线的载波相位整周模糊度值。

(3)利用各参考站相位观测值计算每条基线上各种误差源的实际或综合误差影响值,并依此建立电离层、对流层、轨道误差等距离相关误差的空间参数模型。

(4)流动用户将单点定位或DGPS确定的用户概略坐标(NAME GGA格式),通过无线移动数据链传送给数据处理中心,中心在该位置创建一个虚拟参考站,利用中央计算服务器结合用户、基站和GPS卫星的相对几何关系,通过内插得到虚拟参考站上各误差源影响的改正值,并按RTCM格式发给流动用户。

(5)流动用户站与虚拟参考站构成短基线。流动用户接收控制中心发送的虚拟参考站差分改正信息或者虚拟观测值,进行差分解算得到用户的位置。

上述概念适用于静态用户或仅在小区域范围活动的用户,在整个虚拟参考站定位过程中仅给出一个流动站概略位置,即虚拟参考站位置保持不变。但是对于高动态用户或者活动范围较大的流动用户而言,随着流动站与初始虚拟参考站间的实际距离的增大,仍然会产生系统误差相关性减少的现象,残余的误差会影响整周模糊度的解算以及流动站与虚拟参考站间基线的定位精度。因此,不仅需要用户不断更新自己的概略位置,虚拟参考站位置也需要更新,即沿着用户运动轨迹运动。

但是,如果每个历元为每个动态用户建立一个动态虚拟参考站,会大大增加数据处理中心的数据处理和网络数据传输负担,增大系统实施的难度和复杂度,尤其当流动用户的数量较大且无线网络传输链路不稳定时。上述情况会大大降低系统运行的完好性和可靠性指标。通常的解决方法是设定在流动站处于一定运动范围内时,虚拟参考站位置保持不变。当流动站接收机运动到与上一个点较远距离时,则重新建立一个虚拟参考站,这就是半动态虚拟参考站。

3. CORS系统的优点

(1)个人测量系统,不需要架参考站,无须引点,作业更方便。

(2)所有用户共享已经建立的统一坐标框架。

(3)提供数据采集过程完整性监控。

(4)使用确定的通信,缩短了初始化时间,作业距离更远。

(5)显著地降低系统误差,提高精度,精度更均匀。

(6)排除依靠单一的参考站作业所带来的风险。

(7)比传统大地控制网均匀而且精度更高。

4. CORS 用途

CORS 系统的服务不再局限于测绘领域,也可以用于监测地壳运动,提供测量控制,支持测量、GIS 数据采集、机械控制以及精密定位和监测等。在数字测图中,主要用 CORS 系统进行野外数据采集。

【小贴士】

本任务主要介绍 RTK 的基本知识,为一个认知性任务,各学校将根据本校配备的 RTK 的型号安排一次认知实训课,使学生认识 RTK 的组成和基本的连接。学生也可以自己到网上搜一些常见型号的 RTK,自学其说明书,拓展认识领域。

任务二 RTK 使用与操作

一、南方灵锐 S82 型 RTK GPS 使用

(一)安置基准站

1. 安置基准站方法

基准站可以安置在已知控制点上,也可安置在任意合适的位置。具体步骤如下:

(1)安置脚架于控制点上(或未知点上),安装基座,再将基准站主机装上连接器置于基座之上,对中整平。

(2)安置发射天线和电台,建议使用对中杆支架,将连接好的天线尽量升高,再在合适的位置安放发射电台,连接好主机、电台和蓄电池。

(3)检查连接无误后,打开电池开关,再打开电台和主机,并进行相关设置(主机设置为动态模式、电台通道则根据经验设置)。

2. 安置基准站应遵循的原则

(1)基准站要尽量选在地势高、视野开阔的地带。

(2)要远离高压输电线路、微波塔及其他微波辐射源,其距离不小于 200 m。

(3)要远离树林、水域等大面积反射物。

(4)要避开高大建筑物及人员密集地带。

3. 安置基准站特别注意事项

(1)蓝色基座、灰白色基座分别安置在两个脚架架头上,基站接收机装好电池后固定于蓝色基座上,天线安置于灰白色基座上,然后进行数据线的连接,插针有 5 孔(长端连基站接收机,短端连电台)和 1 孔(由天线连电台),连好后接电源,先接正极(红色夹子),再接负极(黑色夹子),然后开电台(ON/OFF),调换通道号顺序为 1→2→3→4→1,最后再开主机(轻按电源键,灯亮马上松手)。

(2)安置脚架要保证稳定,风大时作业要用其他物体固定脚架,避免被大风吹倒。

(3)电源线及连接电缆要完好无损,以免影响信号发射与接收。

(4)电瓶要时常检查电解液,电量不足或电解液不足要及时充电或填充电解液。

(5)开机后要随时观察主机及电台信号灯状态,从而判断主机与电台工作是否正常。

(6)基准站留人看守,以便及时发现基准站工作状态及避免基站被他人损坏或丢失。

(7)安置基准站时要检查箱内所有附件的数量及位置，工作结束后要“归位”，避免影响日后工作。

(二)安置移动站

(1)连接碳纤对中杆，移动站主机和接收天线，完毕后主机开机。

(2)安装手簿托架，固定数据采集手簿，打开手簿，进行蓝牙连接，连接完毕后即可进行仪器设置操作。

(三)设置

在进行校正之前必须对主机、移动站、手簿中“工程之星”软件进行设置。

1. 用手工设置

首先让接收机处于开机状态，刚开机的主机需要等一段时间，使接收机完成初始化过程，观察仪器是处于静态还是动态，再进行操作。

若为静态模式，数据链灯和电源灯会长亮，等待搜星达到要求时，开始记录历元，状态指示灯会按采集时间间隔闪烁(如果不设置，默认为 5 s)。手动切换，参数则沿用默认设置参数。

1)动态与静态模式切换

若为静态模式，长按电源键，几秒钟之后，蜂鸣器首先会鸣响 3 声，接着沉寂 6 s(电源灯也熄灭)，再接着鸣响一声，这时再松开电源键，主机变为关机状态，再开机，主机的工作模式将被设置为动态。

若为动态模式，长按电源键，几秒钟之后，蜂鸣器首先会鸣响 3 声，接着沉寂 6 s(电源灯也熄灭)，再接着鸣响两声，这时再松开电源键，主机变为关机状态，再开机，主机的工作模式将被设置为静态。

2)基准站与移动站设置

若为动态模式，则进行以下操作：

(1)基准站。模式设置好后开机，两种条件下，基准站会自动进入发射模式，一个条件是 $PDOP<2.5$；另一个条件是接收卫星数 >8 颗且 $PDOP<4.5$，基准站会自动进入发射状态，数据链灯每隔 5 s 快闪两次、状态指示灯每秒闪一次表明基准站正常发射，发射间隔为 1 s。如果需要改变发射间隔，或重设发射条件，需将手簿与主机连接来设置基准站。

(2)移动站。动态模式下直接开机，系统会自动搜索差分信息，并锁定通道。

(3)蓝牙初始化。长按电源键几秒后，蜂鸣器首先鸣响 3 声，接着沉寂 6 s(电源灯也熄灭)，再接着鸣响 3 声，这时才松开电源键，主机变为关机状态，再开机，主机的蓝牙完成初始化。

2. 用手簿设置

为进行坐标数据采集，通常装好手簿电池后，需将已安装有“工程之星”软件的手簿与移动站和电台进行连接，并进行必要的设置。

手簿能对移动站接收机进行动态、静态、数据链的设置，但不能进行静态转动态的设置。用手簿切换其他模式后，要对各模式的参数进行设置。如静态模式设置包括点名、采集间隔、卫星截止角、天线高和开始采集的 *PDOP* 条件。

(四)新建工程

按【ENTER】键打开手簿，双击【我的电脑】→【FLASH - DISK】→【SETUP】→【工程之

星】图标,出现界面“新建工程”,如图2-6所示。

执行【工程】→【新建工程】命令,出现“新建作业”对话框,如图2-7所示。

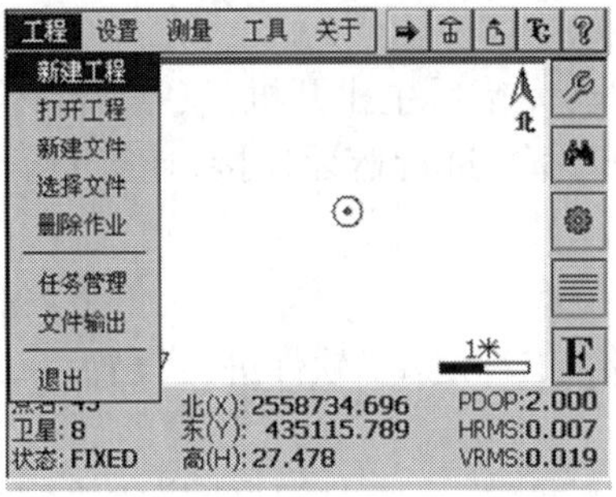

图2-6　新建工程

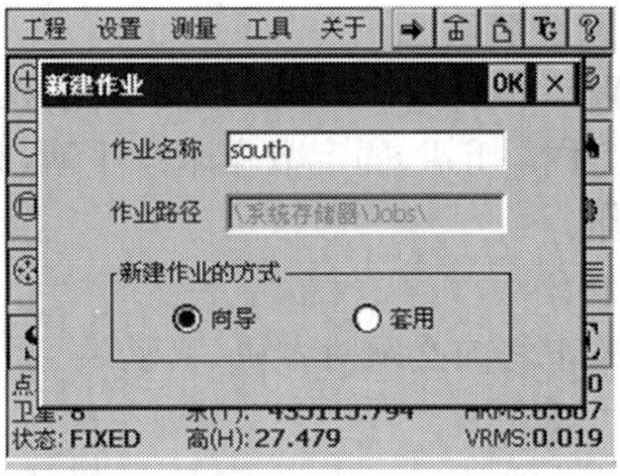

图2-7　“新建作业”对话框

在对话框中输入作业名称,一般为工程名称或日期命名(可个性化输入),新建作业的方式有向导和套用两种。

1. 向导方式新建工程

新建的工程(作业)将保存在默认的作业路径“\系统存储器(或SystemCF)\Jobs\”文件夹中,在图2-7所示界面中,选择“向导”选项,单击【OK】按钮,进入参数设置向导,如图2-8所示,可进行参数设置。

2. 套用方式新建工程

在图2-7所示界面中,输入工程名称后,选择“套用”选项,然后单击【OK】,出现“打开”界面,如图2-9所示,选择要套用参照的工程文件,然后单击【确定】,工程已经建立完毕,该新建工程的有关参数与已选的参照工程参数相同。

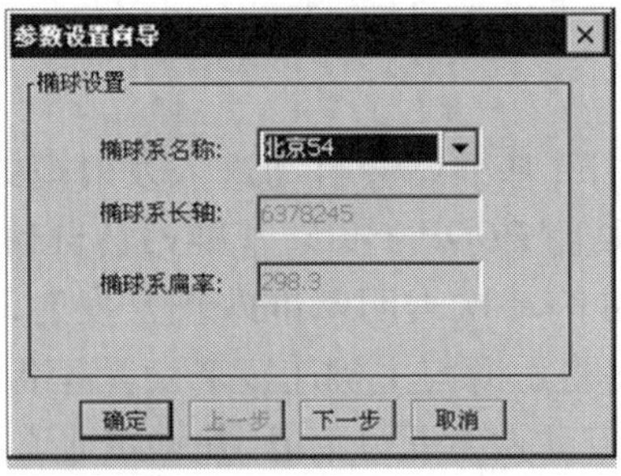

图2-8　参数设置向导(一)

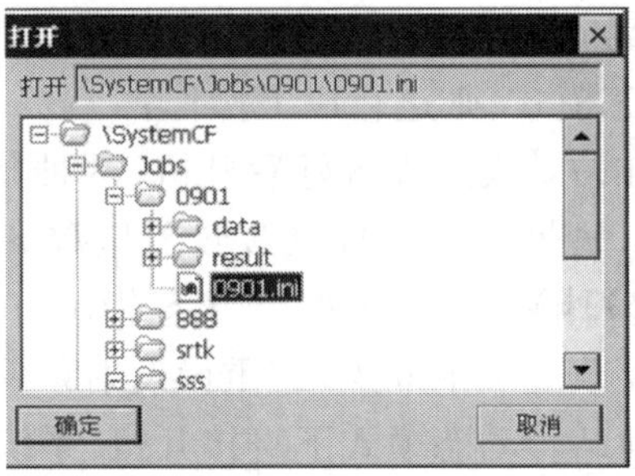

图2-9　选择要套用参照的工程文件

(五)建立坐标系并设置投影参数

在如图2-8所示的“参数设置向导”界面,单击“椭球系名称”下拉按钮,选择工程所用的椭球系(系统默认的椭球为北京1954年坐标系,可供选择的椭球系有国家1980坐标系、WGS－84坐标系、WGS－72坐标系和自定义坐标系一共5种)。然后单击【下一步】,进入如图2-10所示的“参数设置向导”界面。如果选择的是常用的标准椭球系(如北京1954年坐标系),椭球系的参数已经按标准设置好并且不可更改。如果选择用户自定义,则需要用户输入自定义椭球系的长轴和扁率以定义椭球。输入设置参数后单击【确定】。根据提示选择目标坐标系,并输入相应中央子午线经度(格式为度.分秒,如114.0000)。如果没有四参数、七参数和高程拟合参数,可以单击【确定】,则工程已经建立完毕。如果需要继续,则单击【下一步】(进入是否启用四参数和七参数界面),如果不需要,则单击【确定】,转入到设置菜单下进行电台连接、仪器连接,再设置卫星限制、仪器设置(设杆高为2 m)。

(六)测站校正

校正的目的是将GPS所获得的WGS-84坐标转换至工程所需要的当地坐标。根据不同校正方法,有时需要先求出转换参数,再进行校正。

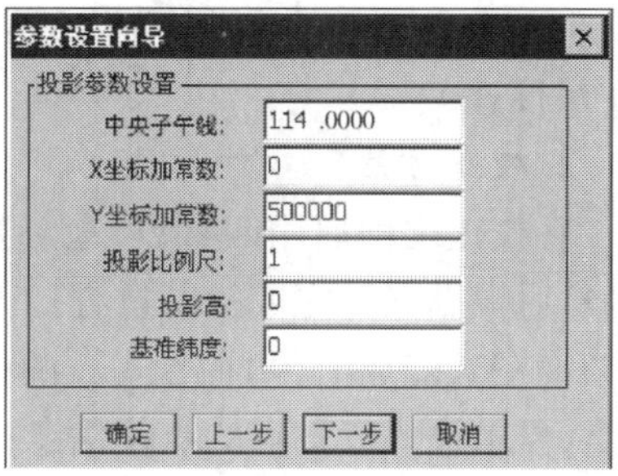

图2-10 参数设置向导(二)

1. 求转换参数(四参数、七参数)

四参数是同一个椭球系内不同坐标系之间进行转换的参数。在工程之星软件中的四参数指的是在投影设置下选定的椭球内GPS坐标和施工测量坐标系之间的转换参数。工程之星提供的四参数的计算方式有"工具→参数计算→计算四参数"和"控制点坐标库"两种计算方式。参与计算的控制点原则上至少要用两个或两个以上的公共点,控制点等级的高低和分布直接决定了四参数的控制范围。经验上四参数的理想控制范围一般都在5~7 km以内。四参数的四个基本项分别是X平移、Y平移、旋转角和缩放比例(尺度比)。其操作与计算步骤如下:

工具→参数计算→计算四参数→增加→输入转换前和转换后坐标(两个公共点)→计算→保存→启用四参数。如图2-11~图2-14所示。

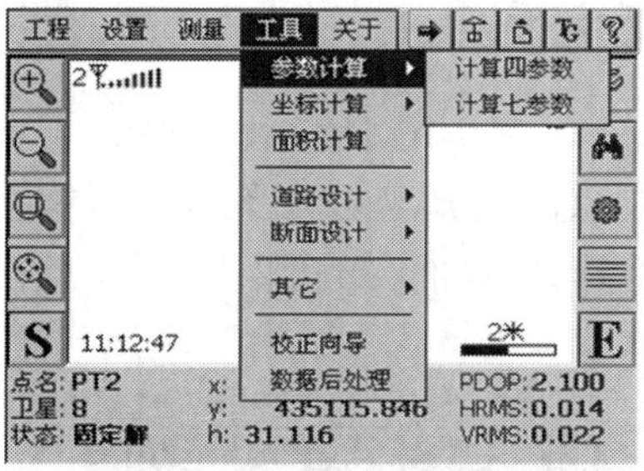

图2-11 参数设计子菜单

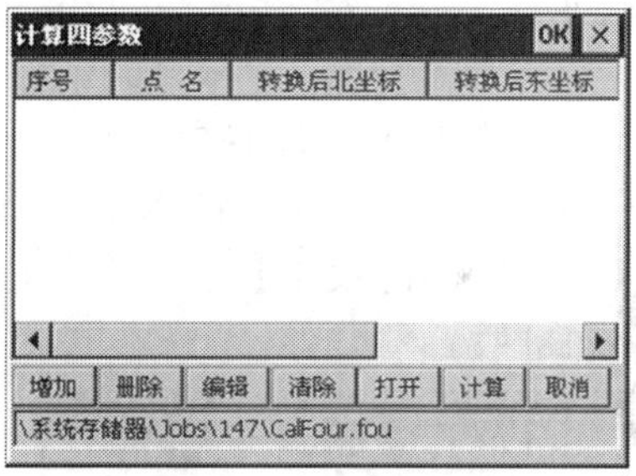

图2-12 四参数计算

图2-13 四参数录入

图2-14 四参数计算完毕

七参数是分别位于两个椭球内的两个坐标系之间的转换参数。在工程之星软件中的七参数指的是GPS测量坐标系和施工坐标系之间的转换参数。工程之星提供了一种七参数的计算方式,七参数计算时至少需要三个公共的控制点,且七参数和四参数不能同时使用。三个点组成的区域最好能覆盖整个测区,这样的效果较好。七参数的控制范围可以达到10

km 左右。七参数的七个基本项是 X 平移、Y 平移、Z 平移、X 旋转、Y 旋转、Z 旋转和缩放比例（尺度比）。

2. 校正方法

在校正之前启用四参数（七参数）或者在新建工程一项启用四参数（七参数）并输入参数值，然后根据向导完成校正过程。南方灵锐 S82 的校正分“基准站架设在已知点上”和“基准站架设在未知点上”两种方式。两种校正方法的操作基本相同，主要区别是基准站架设在已知点上，要求输入已知点的点位信息；基准站架设在未知点上，要求输入未知点的信息。

1）基准站架设在已知点的校正步骤

（1）在参数浏览里先检查所要使用的转换参数是否正确，然后执行【工具】→【校正向导】命令项，如图 2-15 所示。

（2）打开“校正模式选择”界面，如图 2-16 所示，在界面中选择“基准站架设在已知点”，点击【下一步】，打开“输入基准站坐标”界面，如图 2-17 所示。

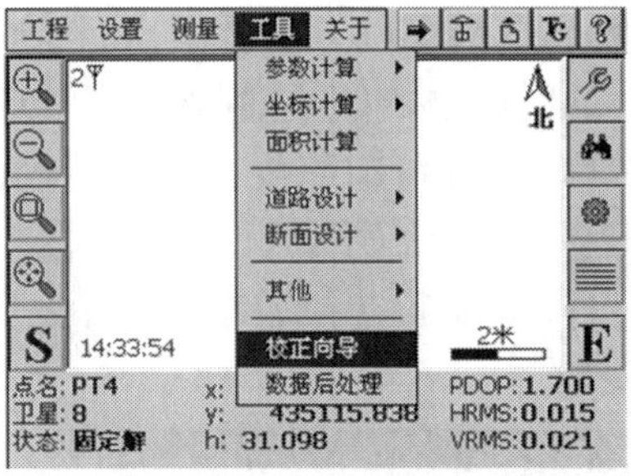

图 2-15　校正向导

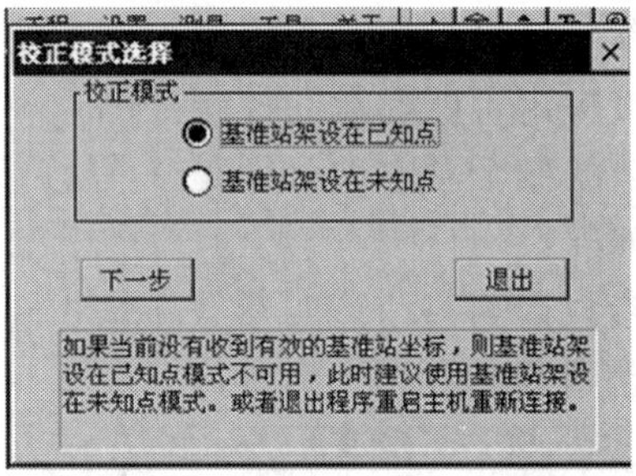

图 2-16　校正模式选择

（3）在图 2-17 所示的界面中输入基准站架设点的已知坐标及天线高，并且选择天线高形式，输入完后即可点击【校正】，进入“校正向导提示”界面，如图 2-18 所示（注意直高与斜高的正确区分和量取）。

图 2-17　输入基准站坐标

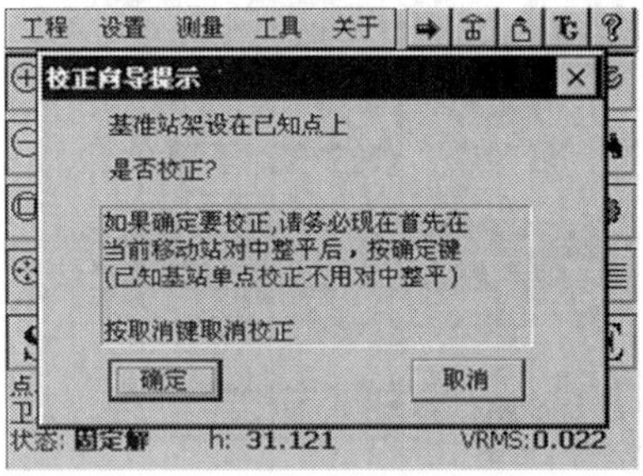

图 2-18　校正确认

（4）系统会提示是否校正，并且显示相关帮助信息，检查无误后点击【确定】按钮，校正完毕。

2）基准站架在未知点的校正步骤

（1）首先在至少 2 个已知控制点上测定各点 WGS－84 坐标系统下的坐标，各点转动对中杆在互为 90°的 4 个方向采集得 4 次坐标（按手簿上的 A 键即可）、修改点名（每次采集与实际点名一致，且不会发生覆盖）并按【ENTER】键进行存储。

（2）采集完后选择“设置”菜单下的求转换参数→增加→录入已知控制点的坐标（注意

认真核对)→按【OK】键→选择从坐标管理库中选点→导入→选择刚才所建的工程文件中的 RTK 坐标数据(文件后缀为.RTK),从导入的坐标数据中合理选取对应控制点采集的 4 次坐标值中的一组后确定。

用同法增加第 2 个、第 3 个控制点,然后选择屏幕下方的保存键,输入一文件名确定,最后点击【应用】(必须选应用,否则重新纠正)。此种校正方法是非常常用的一种。

(七)检查

校正完成后,为确定参数求解的正确性,并避免给后续工作带来不必要的麻烦,必须测定其他控制点的坐标,与已知坐标比较,若水平误差在 2 cm 以内、高程误差在 3 cm 以内,则可进行后续工作(数据采集、点位放样等具体测量工作)。

二、南方网络 RTK 操作

(一)连接主机和手薄

打开主机和手薄,双击运行"工程之星"(首次运行桌面上可能没有相应的快捷方式,可以到设备中的"Fash disk\setup\"目录下查找,便可在桌面上直接运行)。默认情况下软件会自动进行蓝牙连接,如果弹出"端口打开失败,请重新连接"提示窗口,则点击"设置"菜单下的"连接仪器"选项,然后用光笔点中输入端口项,在文本框中输入 7(数字 7 取决于蓝牙搜索设备后随机分配的端口号),再点击"连接"按钮,就可连接手薄和主机。连接成功后,软件有一个自动搜索过程,若是网络 RTK,屏幕左上角会出现"R"标志,"设置"菜单中会显示"网络连接",否则会显示"电台设置"。若显示无数据,表明蓝牙没有连接(或运行了两次工程之星),请检查蓝牙设置或重新进行连接。

(二)新建工程

一般情况下,新建工程只需要输入工程名和中央子午线,转换参数可以暂时不理。运行工程之星,软件默认打开上一次工程文件。

(三)配置网络参数

1. 参数配置

此设置只需初始时设置一次即可,无须反复设置。当手簿与 GPS 主机(GPRS 模块)连通之后,手簿读取了主机的模块类型,则"设置"下拉菜单下面"电台设置"功能自动变为"网络连接",如图 2-19 所示。

点击"网络连接"选项,出现如图 2-20 所示"网络连接"界面,点击"设置"按钮,打开如图 2-21 所示的"设置"界面。

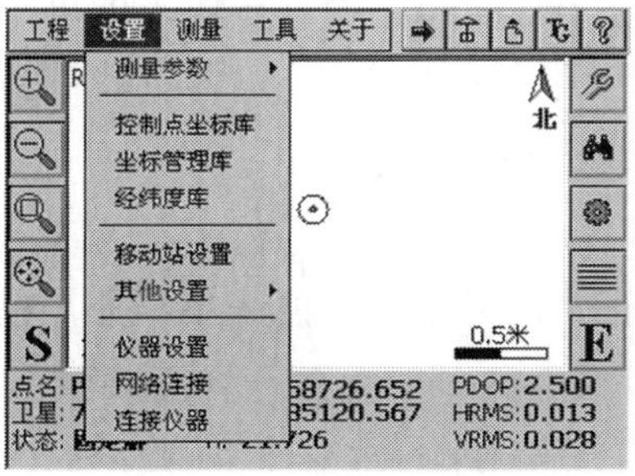

图 2-19 "设置"菜单

图 2-20 "网络连接"界面

在如图2-21所示界面中,“连接方式”根据手机卡类型点击下拉箭头,选择GPRS或CDMA,“模式”选择VRS-NTRIP,然后输入IP地址、域名、端口、用户名和密码(联系CORS中心申请),设置完成后点击设置按钮,提示设置成功后退出即可。该设置只需要输入一次,以后无须重复设置。

此时软件上的网络参数已设置完毕,只要参数设置正确,一般情况下很快就可以看到读取的基站距离,同时很快在屏幕左上角即可看到基准站播发的差分信息。

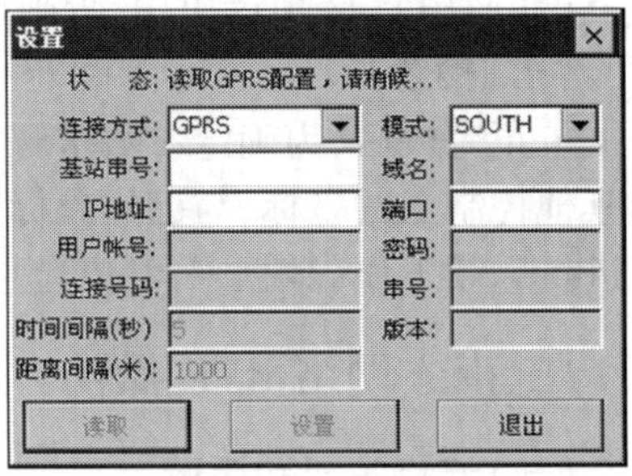

图2-21 “设置”界面

2. 注意事项

1)收不到差分信息的处理

网络RTK依托无线网络进行数据传输,有时很久都收不到差分信息,这时要从以下方面进行常见问题的诊断和处理:

(1)通过“设置→网络连接”设置,进行网络参数读取,查看参数设置是否正确。

(2)查看“设置”菜单下的“移动站设置”,检查差分格式是否正确,选择正确的差分格式。

(3)检查手机卡是否欠费(如为新卡检查所开通的上网业务是否为NET方式,而不是WAP方式)。

(4)检查所使用的GPRS或CDMA网络是否覆盖作业区域。

2)无固定解的处理

如果可以收到差分信息,但一直处于浮点解,无法达到固定解,则进行以下处理:

(1)检查作业地区的网络是否稳定,网络延迟是否严重。

(2)检查可用卫星分布及状态是否满足要求。

(3)检查流动站距主参考站的距离是否过远。

(4)检查作业地区周围是否有较大的电磁场干扰源。

(5)如果没有上述问题,则重新启动主机重新初始化。

(6)如经过以上检查仍然有差分信息但无法固定,请联系CORS中心。

(四)求转换参数

如果已经获得测区参数,可以在“设置”菜单下的“测量参数”中进行输入即可。如果没有转换参数,则需要用控制点来求,转换参数有四参数和七参数之分,二者只能用其一。求转换参数的操作方法与常规RTK GPS(如S82)相同,这里不再赘述。

(五)数据采集

转换参数求好之后,进行测站校正,便可以开始正常的碎部点信息采集作业。在作业过程中,可以随时按两下字母B键,进行测量点查看。

(六)成果输出

操作:【工程】→【文件输出】。

野外作业完成后,要把测量成果以不同的格式输出(不同的成图软件要求的数据格式不一样,例如南方 CASS 的数据格式为:点名,属性,y,x,h)。打开“文件输出”后,在数据输出格式选择框中选择所需格式,如图 2-22 所示。

文件转换为所需要的格式后,到系统文件夹下的工程文件夹中,打开“data”文件夹,找到转换后的文件,复制到 SD 卡上,即可转存到 PC 机,可供内业成图用。

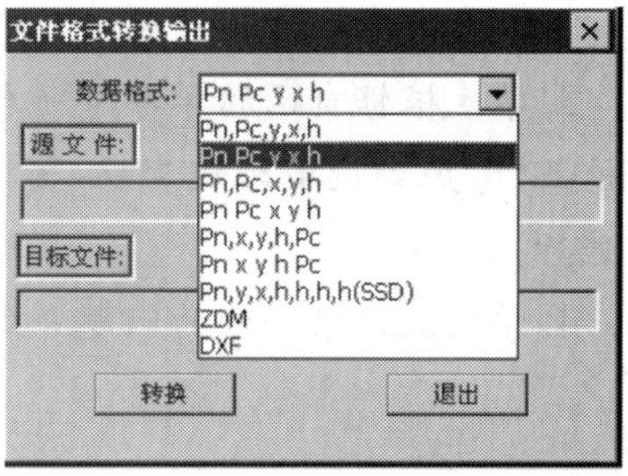

图 2-22 “文件格式转换输出”对话框

【小贴士】

本任务主要以南方灵锐 S82 为例介绍 RTK 的连接,基准站、移动站的设置,RTK 校点过程的基本原理。通过该任务的学习,学生应该认识 RTK 的连接,基准站、移动站的设置,并能理解 RTK 校点过程的基本原理。特别注意与后续的配套课间实验进行融会贯通,做到理论联系实际,实现既懂理论,也能动手操作。

【知识链接】

学习本项目时,学生应结合教师的讲解思考为什么 RTK 在投产后很快就成为数字测图项目中广泛推广和首选的硬件设备?它与曾经学习过的经纬仪、全站仪有何区别与联系?并结合本校配备的全站仪的具体型号,自行到网上下载相应的说明书,以获取更多的有用知识。

小　结

本项目主要学习了 RTK 初步认识、RTK 使用与操作这两个任务。通过本项目的学习,学生应能简要说明 RTK 系统的组成,能阐述 RTK 测量原理,具备正确连接全套 RTK,并能正确操作 RTK 各部件,且能进行各种模式的设置;使用 RTK 进行校正,并能正确判别各项指标,校正后能测定指定点的坐标的能力。

复习与思考题

1. 简述 RTK GPS 系统的基本原理与基本组成。
2. 基准站的选择一般应注意哪些事项?
3. 简述南方灵锐 S82 型 RTK 的校点过程及注意事项。
4. 与常规 RTK 测点相比,CORS 系统定位有何优点?

【技能训练】

一、技能训练题目及训练目的

在学习完本项目的理论学习内容和配套实训之后,请学生务必利用课余和周末的时间,根据教师给定的校园内的控制点,2 人一组用 RTK 在校园内加密适当数量的图根控制点,目的在于多多练习 RTK 的操作及使用,争取对 RTK 的使用由会上升到熟练的程度。

二、技能训练要求

1. 教师给学生配备1 +3的RTK设备全套。

2. 教师给学生提供校园内足够数量的已知点数据。

3. 学生根据自己的学习情况自行练习基准站、移动站的连接与使用,并能独立进行采点和校正(考虑到设备比较贵重,接口容易损坏,该技能训练一般要求在教师或实验员的指导下进行)。

4. 学生应记录碰到的问题并向教师请教或与任课教师共同探讨。

项目三 数字测图准备

项目概述

通过本项目2个学习任务(数字测图的基本认识、数字测图技术方案编制)的学习,掌握3项能力(能说明数字测图的实质、流程、各种模式及其相应特点,能说明数字测图技术设计的编写内容,能编制数字测图技术方案)。

学习目标

知识目标

1. 能说明数字测图的实质、流程、各种模式及其相应特点。
2. 能说明数字测图技术设计的编写意义、依据和内容。

技能目标

能初步编制数字测图技术方案。

【课程导入】

会操作全站仪、RTK等主要的数字测图硬件设备,是否就意味着已经会进行数字测图了呢?如果提供全套的数字测图设备,请大家完成校园1:500数字地形图测绘,你知道这个项目从哪里开始着手吗?数字测图到底是什么?数字测图的作业模式都有哪些呢?如何组织实施呢?这些问题都是学习本项目必须要解决的。

任务一 数字测图的基本认识

一、数字测图的有关概念

(一)数字测图

地图是一种古老而有效并一直沿用至今的精确表达地表现象的方式,是记录和传达关于自然世界、社会和人文的位置与空间特性信息最卓越的工具。它对人类社会发展的作用如同语言和文字对社会发展的作用一样,具有不言而喻的重要性。从本质上讲,地图是对客观存在的特征和变化规则的一种科学的概括与抽象。与早期用半符号、半写景的方法来表示和描述地形的地图相比,现代地图是按照一定的数学法则,运用符号系统概括地将地面上各种自然和社会现象表示在平面上,因此现代地图具有早期地图无法比拟的优点,即现代地图具有可量测性。

传统的图解法测图是利用测量仪器对地球表面局部区域内的各种地物、地貌特征点的空间位置进行测定,并以一定的比例尺按图示符号将其绘制在图纸上。在测图过程中,其精度由于刺点、绘图及图纸伸缩变形等因素的影响会有较大的降低,而且工序多、劳动强度大、质量管理难。特别是在当今的信息时代,纸质地形图已难以承载更多的图形信息,图纸更新也极为不便,难以适应信息时代经济建设的需要。

随着科学技术的进步和计算机技术的迅猛发展及其在测绘领域的广泛应用,20 世纪 80 年代产生了电子全站仪和 GPS 及电子数据终端,并逐步构成了野外数据采集系统。同时,测绘科技人员将其与内业机助制图系统相结合,形成了从野外数据采集到内业成图全过程数字化和自动化的测量制图系统,人们通常将这种测图方式称为野外数字测图或地面数字测图(简称数字测图)。广义地讲,制作以数字形式表示的地图的方法和过程就是数字测图,主要包括地面数字测图、地图数字化成图、数字摄影测量与遥感数字测图等;狭义的数字测图指地面数字测图。目前,数字测图技术得到了突飞猛进的发展,并以高自动化、全数字化、高精度的显著优势逐步取代了传统的手工图解法测图方式。

数字测图实质上是一种全解析机助测图方法,在地形测绘发展过程中它是一次根本性的技术变革,这种变革主要体现在:图解法测图的最终目的是地形图,图纸是地形信息的唯一载体;数字测图地形信息的载体是计算机的存储介质(磁盘或光盘),其提交的成果是可供计算机处理、远距离传输、多方共享的数字地形图数据文件,通过数控绘图仪可输出数字地形图。

(二)数字测图系统

数字测图是通过数字测图系统来实现的。数字测图系统是以计算机为核心,在外连输入、输出的硬件和软件设备支持下,对地形空间数据进行采集、输入、处理、绘图、存储、输出和管理的测绘系统。数字测图系统需要有一系列硬件和软件组成,用于野外数据采集的硬件设备主要有全站仪、GPS 接收机等;用于室内输入的设备有数字化仪、扫描仪、解析测图仪等;用于室内输出的设备主要有磁盘、显示器、打印机和绘图仪等。便携机或微机是数字测图系统的硬件控制设备,既用于数据处理,又用于数据采集和成果输出。

数字测图系统的作业过程与所使用的设备和软件、数据源及图形输出的目的有关。目前,大多数数字化测图系统内容丰富,具有多种数据采集方法、有多种功能和多种应用范围,能输出多种图形和数据资料。

(三)数字地图

数字测图地形信息的载体是计算机的存储介质(磁盘或光盘),其提交的成果是可供计算机处理、远程传输、多方共享的数字地形图数据文件,如果使用打印机或绘图仪,则可以在印刷介质上输出相应的地形图。

将绘制地形图的全部信息存储在设计好的数据库中,经绘图软件处理,可在屏幕上将需要的地形图显示出来,用这种方式来阅读的地图称为电子地图。电子地图的优点是直接在屏幕上阅读,利用计算机技术可将地形图放大或缩小变化,用漫游功能可阅读任意区域的内容,且不受图幅边界的限制。由于地形图全部信息的存储是用数字方式实现的,因而称为数字地图,即数字地图是以数字形式存储全部地形信息的地图,是用数字形式描述地图要素的属性、定位和关系信息的数据集合,用以表达地物、地貌特征点的空间集合形态,是存储在具有直接存取性能的介质(软盘、光盘、硬盘等)上的关联数据文件。在电子绘图系统的支持下,将“数字地图”视觉化后就成为“电子地图”,通过打印机或者绘图仪视觉化,则“电子地图”就成为传统的“模拟地图”。利用数字地图可以生成电子地图和数字地面模型(DTM),以数学描述和图像描述的数字地形表达方式,可以实现对客观世界的三维描述。更具深远意义的是,数字地形信息作为地理空间数据的基本信息之一,已成为地理信息系统(GIS)的重要组成部分。

二、数字地图与纸质地图

(一)数字地图与纸质地图的区别

传统的地图是把地理元素按图式符号展绘到白纸(绘图纸或聚酯薄膜)上,称为纸质地图,数字地图是以数字的形式表达和描述地理元素特征的集合形态,二者的区别主要体现在以下几个方面。

1. 载体

纸质地图载体是图纸,而数字地图的载体是磁盘等计算机存储介质。

2. 表现形式

纸质地图是通过绘制在图纸上的符号、线条、文字等形式来模拟表现地理元素的位置、形状、大小和属性的,而数字地图则是通过数据来加以描述的。

当然,数字地图中的数据文件格式的定义在不同的软件系统中会有所不同,但基本思路是一致的,这些描述地理元素的数据,会在软件的支持下用图式符号的形式表现出来(显示或绘制),形成电子地图,但是数据才是其根本。

3. 管理和维护

纸质地图对应于手工的管理模式,大量的图纸保存在专门设计的柜、架中,查询困难,加上由于图纸不同程度地存在着变形,长期保存和使用必然导致图纸的破损和变形加大;而数字地图则从根本上解决了图纸破损、变形问题,存储在计算机中的数字地图永不变形。上千张的地图数字化后可存储在一张普通的光盘中,通过文件名任意调用和拼接,更加方便、快捷。此外,为保持地图的现势性,需要经常对地图修测、补测,对于纸质地图的更新需要在原图上重新手工修改、绘制,跟踪不及时,更新周期长;对于数字地图来讲,在计算机上增加或删除一地物是非常简单的操作,所以数字地图易于管理和更新。

4. 应用

由于地形图是一个地区最基础的图件资料,用户涉及城建、规划、土地、地质、铁路、电力、电信等诸多部门,这些部门需要地形图,但对其内容的要求不一样,如交通设计部门关心的是地形图中道路及附属设施部分,而规划部门则关心道路交通、建筑物、地下管线等内容。

传统的纸质地图只能给用户提供原图的蓝晒图,用户对图纸的内容、比例尺、用途区域等无法选择。而数字地图则不然,由于数字地图中地图元素是按编码分类存储和管理的,空间位置数据均为地物的实际坐标值,因此可以为用户提供任意内容、任意比例尺的地图,如把相邻四幅 1∶500 地形图中涉及道路、建筑、水系等内容的图形拼接在一起,按 1∶1 000 地形图输出,并且用户可任意指定绘图区域(可以是任意多边形)。所以,数字地图真正做到了多用途服务,可提供各种专题地图。

此外,数字地图还可以直接为用户提供数据文件服务功能,可以为地理信息系统提供基础地理数据。

（二）数字地图的获取

数字地图有纸质地图所无法比拟的优越性，常通过如下手段和方法来获取数字地图。

1. 野外数字化测图

用全站仪、RTK GPS等设备进行实地测量，将野外采集的数据自动传输到电子手簿、磁卡或便携机内记录，并在现场绘制地形（草）图，到室内将数据自动传输到计算机，人机交互编辑后，由计算机自动生成数字地图，并控制绘图仪自动绘制地形图。这种方法是从野外实地采集数据的，又称地面数字测图。由于测绘仪器测量精度高，而电子记录又如实地记录和处理，所以地面数字测图是几种数字测图方法中精度最高的一种，也是城市地区的大比例尺（尤其是1∶500）测图中最主要的测图方法。

现在，各类建设使城市面貌日新月异，在已建（或将建）的城市测绘信息系统中，多采用野外数字测图作为测量与更新系统，发挥地面数字测图机动、灵活、易于修改的特点，局部测量，局部更新，始终保持地形图的现势性。

2. 地图数字化成图

在已进行过测绘工作的测区，有存档的纸质（或聚酯薄膜）地形图，即原图，也称底图。为了计算机存档和修测，以建立该区的GIS或进行工程CAD，就必须将原图数字化，才能将原图输入计算机。数字化的方法有以下两种。

1）手扶跟踪数字化

手扶跟踪数字化即用数字化仪对原图的地形特征点逐点进行采集，将数据自动传输到计算机，并处理成数字地图。图形数字化仪是一种将图示坐标转换为数字信息的设备。数字化图的精度一般低于原图的精度，尤其当作业员疲劳时，效率低，精度更易受影响。这种方法正逐渐被扫描矢量化取代。

2）扫描矢量化

扫描矢量化即使用扫描仪对原图进行扫描。扫描仪实质是图像（图形）数字化仪，仪器沿 x 方向扫描，沿 y 方向走纸，原图在扫描仪上走一遍，即完成图的扫描数字化，将数据输入计算机，存储、处理，并可再回放成图。扫描数字化速度较快，但获取的仅为栅格数据，一般还要利用矢量化软件进行矢量化处理。

（三）数字摄影测量与遥感数字测图

以航空摄影获取的航空像片作数据源，即利用测区的航空摄影测量获得的立体像对，在解析测图仪上或在经过改装的立体量测仪上采集地形特征点，自动传输到计算机内，经过软件处理，自动生成数字地形图，并控制绘图仪绘制地形图。

三、数字测图基本原理

（一）数字测图的基本思想

传统的地形测图（白纸测图）实质上是将测得的观测值（数值）用图解的方法转化为图形。这一转化过程几乎都是在野外实现的，即使是原图的室内整饰，一般也要在测区驻地完成，因此劳动强度较大。在信息剧增、经济建设日新月异的今天，一纸之图已难载诸多图形信息，变更、修改也极不方便，实在难以适应当前经济建设的需要。

数字测图就是要实现丰富的地形信息和地理信息数字化、作业过程的自动化或半自动化。它希望尽可能缩短野外测图时间，减轻野外劳动强度，而将大部分作业内容安排到室内去完成。与此同时，将大量手工作业转化为电子计算机控制下的自动操作，这样不仅能减轻劳动强度，而且会提高成图的精度。

数字测图的基本思想是将地面上的地形和地理要素（或称模拟量）转换为数字量，然后由电子计算机对其进行处理，得到内容丰富的电子地图，需要时由图形输出设备（如显示器、绘图仪）输出地形图或各种专题图图形。将模拟量转换为数字这一过程通常称为数据采集。

数字测图就是通过采集有关的绘图信息并记录在数据终端（或直接传输给便携机），然后在室内通过数据接口将采集的数据传输给电子计算机，并由计算机对数据进行处理，再经过人机交互或全自动化的屏幕编辑，形成绘图数据文件。最后由计算机控制绘图仪自动绘制所需的地形图，最终由磁盘、光盘等存储介质保存电子地图。数字测图的生产成品虽仍然是以提供图解地形图为主，但它却是以数字形式保存着地形模型及地理信息。

（二）地图图形的描述

1. 数字图形的表示

计算机中图形数据按照数据获取和成图方法的不同，可区分为矢量数据和栅格数据两种数据格式，对应的图形通常称为矢量图形和栅格图形。

矢量数据是图形的离散点坐标(x,y)的有序集合，栅格数据是图形像元值按矩阵形式的集合。由野外采集的数据、解析测图仪获得的数据和手扶跟踪数字化仪采集的数据是矢量数据，由扫描仪和遥感获得的数据是栅格数据。据估计，一幅1∶1 000一般密度的平面图只有几千个点的坐标对，一幅1∶10 000地形图矢量数据多则可达几十万甚至上百万个点的坐标对，矢量数据量与比例尺、地物密度有关。而一幅地形图(50 cm × 50 cm)的栅格数据，随栅格单元（像元）边长（一般小于0.02 mm）的不同而不同，通常达上亿个像元点。故一幅地图图形的栅格数据量一般情况下比矢量数据量大得多。

矢量图形是指用直角坐标(x,y)值绘出的图形。例如一条直线段，已知线段两端点$A(x_A,y_A)$、$B(x_B,y_B)$时即可绘出，且线段中间有任意一点P，x_P在x_A、x_B之间，则y_P可由直线方程式计算而得。可见，由A至B（或由B至A）的一串构成直线的连续点的坐标均可求得，如图3-1(a)所示。

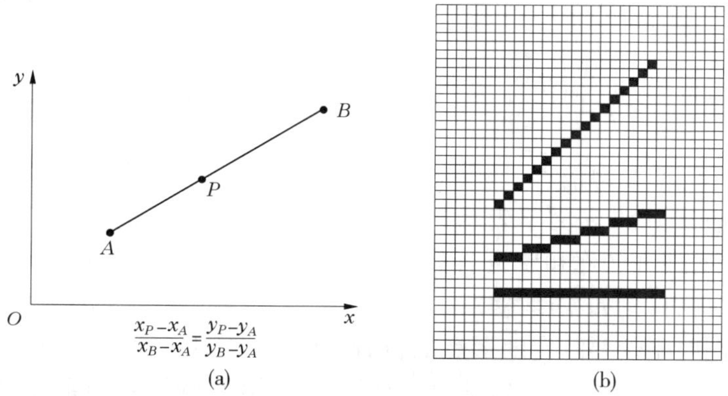

$$\frac{x_P-x_A}{x_B-x_A}=\frac{y_P-y_A}{y_B-y_A}$$

图3-1　矢量图形与栅格图形的表示

栅格图形是指用格网点绘出的图形，因称格网为栅格而得名。形成图形的方法是在平面上先设定一个格网，每个小格可以由不同的颜色填充，称为一个像元（或像素），由于每个像元的不同颜色而使此平面显示出某种图形。图3-1(b)是像元中用黑色表示的几条不同方向的直线栅格图形。

矢量图形的特点是图形上的每个点均用坐标表示,这样就便于用函数来计算,图形的放大、缩小、旋转等变化都不会使图形产生变形。栅格图形的特点是对图形的存储较为简单,只需按行、列顺序记下各像元的值[见图3-1(b),空白用"0",黑色用"1"表示]即可。但是要使图形作放大、缩小、旋转等变化则较为复杂。由图3-1也可以看出,如果将图3-1(b)的栅格看成是坐标格网,那么栅格图形的黑色像元亦可以用坐标来表示;同样,如果将图3-1(a)的坐标线看成是栅格格网,那么矢量图形亦可用栅格图形来表示,这就是说,栅格图形和矢量图形的数据可以通过某种方法(编程)进行相互转换,以便于在图形处理中发挥各自的长处。

2. 绘图信息

传统的测图方法是用仪器测量水平角、竖直角和距离来确定点位,然后由绘图员按计算所得坐标(或角度与距离)将点展绘到图纸上,跑尺员根据实际地形向绘图员报告,测的是什么点(如房角点),这个点(房角)应该与哪个点(房角)连接等,绘图员则当场依据展绘的点位按图式符号将地物(房屋)描绘出来,这样一个点一个点地测和绘,一幅地形图也就生成了。

数字测图是利用计算机软件通过人机交互或自动处理(自动计算、自动识别、自动连接、自动调用图式符号等),自动绘出地形图。地形图的图形由点、线、面三种要素组成,由点按一定顺序相连构成线,由线可以围成闭合的面状图形,所以点要素是最基本的图形要素。因此,对地形点(碎部点/细部点),数字测图时必须采集绘图信息,它包括点的定位信息、连接信息和属性信息。

1) 定位信息

定位信息亦称点位信息,是用仪器在外业测量中测得的,最终以 x、y、$z(H)$ 表示的三维坐标。点号在一个数据采集文件中是唯一的,根据它可以提取点位坐标,因此点号也属于定位信息。

2) 连接信息

连接信息指测点之间的连接关系,包括连接点号和连接线型,据此可将相关的点连接起来。

上述两种信息合称为几何信息,以此可以绘制房屋、道路、河流、地类界、等高线等图形。

3) 属性信息

属性信息又称为非几何信息,是用来描述地形点的特征和地物属性的信息,一般用拟定的特征码(或称地形编码)和文字表示。有了特征码就知道它是什么点,对应的图式是什么;用文字可以注明地理名称和单位名称(权属主)等。另外,用来说明地图要素的数量或强度的,也是属性信息,例如温度、楼层、人口、流速等,一般用数字表示。

进行数字测图时不仅要测定地形点的位置(坐标),还要知道是什么点,是道路还是房屋等,当场记下该测点的编码和连接信息。计算机成图时,利用测图系统中的图式符号库,只要知道编码,就可以从库中调出与该编码对应的图式符号成图。

四、数字测图系统

(一)数字测图系统的基本组成

数字测图是通过数字测图系统来实现的。数字测图系统是以计算机为核心,在外连输入、输出的硬件和软件设备的支持下,对地形空间数据进行采集、输入、处理、绘图、存储、输出和管理的测绘系统。数字测图系统由一系列硬件和软件构成。用于野外数据采集的硬件设备主要有全站仪、GPS 接收机等;用于室内输入的设备有数字化仪、扫描仪、解析测图仪等;用于室内输出的设备主要有磁盘、显示器、打印机和数控绘图仪等;便携机或微机是数字测图系统的硬件控制设备,既用于数据处理,又用于数据采集和成果输出。目前,根据数据采集方法的不同,数字测图系统主要区分为以下三种。

1. 基于现有地形图的数字成图系统

已有的纸质地形图是十分宝贵的地理信息资源,通过地图数字化的方法可以将其转化成数字地形图。从图上获取数据的过程称为图数转换或模数转换,也称数字化。实现这种转换的仪器称为数字化仪。从纸质地形图上进行数据采集,是数字化测图获取数据的一个重要手段,它可加速实现测图、管图、用图的数字化、自动化。地图数字化的方法主要有两种:一种是手扶跟踪数字化,即在数字化仪上对原图各地图要素的特征点通过手扶跟踪的方法逐点进行采集,将采集结果自动传输到计算机中,并由相应的成图软件处理成数字地图;另一种是扫描数字化,即首先通过扫描仪将原图扫描成数字图像,再在计算机屏幕上进行逐点采集或半自动跟踪,也可直接对各种地图要素进行自动识别与提取,最后由相应的成图软件处理成数字地图。基于现有地形图的数字成图系统如图 3-2 所示。

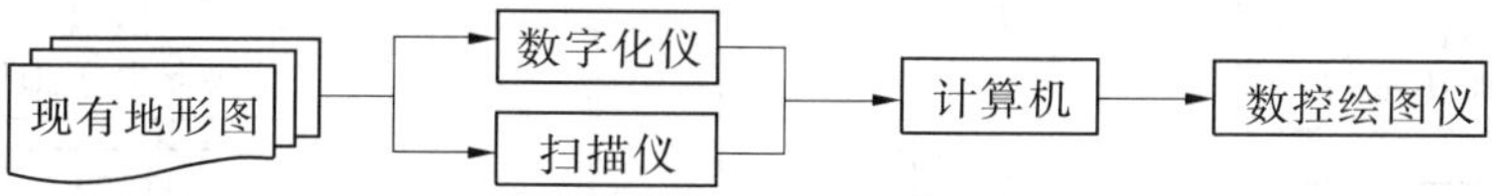

图 3-2 基于现有地形图的数字成图系统

地图数字化的两种方法中,手扶跟踪数字化精度低、速度慢、劳动强度大、自动化程度低,尽管在地图数字化技术发展的初期曾是地图数字化的主要方法,但目前已不适宜大批量现有地形图的数字化工作。而地图扫描数字化法则可充分利用数字图像处理、计算机视觉、模式识别和人工智能等领域的先进技术,提供从逐点采集、半自动跟踪到自动识别与提取的多种互为补充的采集手段,具有精度高、速度快和自动化程度高等优点,已经成为地图数字化的主要方法。

2. 基于影像的数字测图系统

这种数字测图系统是以航空像片或卫星像片作为数据来源,即利用摄影测量与遥感的方法获得测区的影像并构成立体像对,在解析测图仪上采集地形特征点并自动传输到计算机中或直接用数字摄影测量方法进行数据采集,用软件进行数据处理,自动生成数字地形图,并由数控绘图仪进行绘图输出。基于影像的数字成图系统如图 3-3 所示。

3. 地面数字测图系统

地面数字测图(亦称野外数字测图)系统是利用全站仪或 RTK GPS 接收机在野外直接采集有关绘图信息并将其传输到计算机中,通过测图软件进行数据处理形成绘图数据文件,

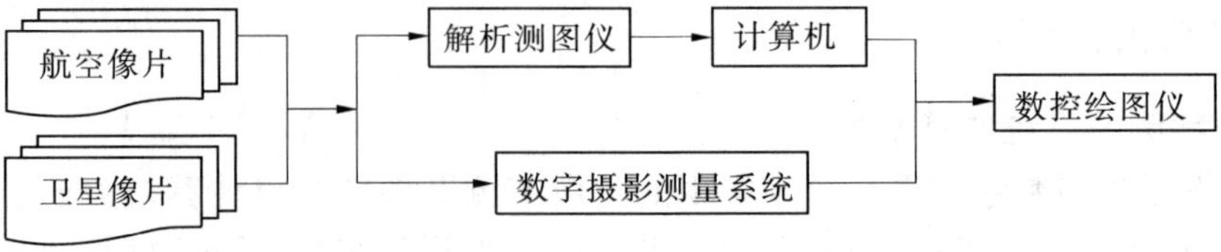

图 3-3　基于影像的数字成图系统

最后由数控绘图仪输出地形图。地面数字测图系统如图 3-4 所示。

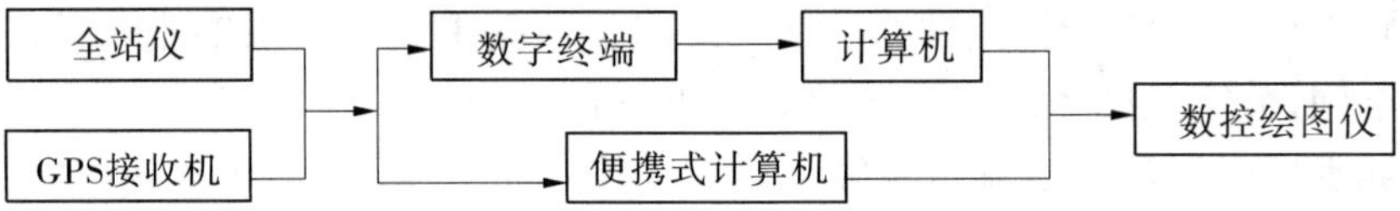

图 3-4　地面数字测图系统

由于全站仪、RTK GPS 接收机具有较高的测量精度,这种测图方式又具有方便灵活的特点,因而在城镇大比例尺测图和小范围大比例尺工程测图中有广泛的应用。随着我国国民经济的发展和城市化的进程,许多城市都在建立城市测绘信息系统和土地信息系统,在此过程中,一般都采用野外数字测图的方法作为地理信息的获取和更新手段。

目前,大多数数字化测图系统具有多种数据采集方法,多种功能和多种应用范围,能输出多种图形和数据资料,如图 3-5 所示。

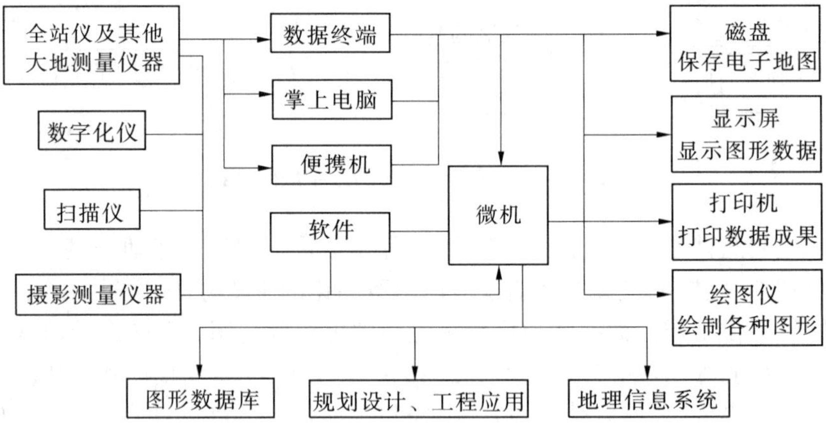

图 3-5　数字测图综合系统

(二)数字测图硬件系统

数字测图硬件系统主要包括电子计算机、全站仪、GPS 卫星信号接收机、电子手簿、图形数字化仪、扫描仪、绘图仪等。

(三)数字测图软件系统

数字测图的软件是数字测图系统的关键,一个功能比较完善的数字测图系统软件,应集数据采集、数据处理(包括图形数据的处理、属性数据及其他数据格式的处理)、图形编辑与修改、成果输出与管理于一身，且通用性强，稳定性好，并提供与其他软件进行数据转换的接口。

目前，国内测绘行业使用的数字测图软件较多，比较集中的数字测图系统主要有以下几种。

1. 传统的测记模式成图软件

采用此模式的测图软件，以武汉瑞得信息工程有限责任公司的 RDMS 系统、南方测绘仪器公司的 CASS 系统为代表，该类软件保留了传统测图的作业模式。由于外业只能处理数据或某个图块，无法实时显示和处理图形，图形信息很大程度上靠数据来体现，这就给测绘地面情况比较复杂的地形图、地籍图等带来困难，作业时在现场需要点号与地物一一对应绘制草图。但该系统具有测量灵活，系统硬件对地形、天气等条件的依赖性较小，易形成规模化生产等优点。

2. 电子平板模式测图软件

采用此模式的系统有南方测绘仪器公司的 CASS 系统、北京清华山维新技术开发有限公司的 EPSW 系统、广州开思测绘软件有限公司的 SCS 系统、北京威远图易数字科技有限公司的 SV300 系统和道亨有限公司的 SVCAD 系统等。电子平板测绘系统是在传统数字化成图系统的基础上开发而成，其数据采集与图形处理在同一环境下完成，实时处理所测数据，具有现场直接生成地形图，“即测即显，所见即所得”等优点。由于电子平板测绘系统是基于室内环境开发的一种系统，野外作业时，对阴雨天、暴晒或灰尘等条件难以适应。另外，把室内编辑的工作量放到外业完成有悖于减少外业工作量的原则。

1）南方 CASS 系列软件

南方地形地籍成图软件 CASS 是广州南方测绘仪器公司基于 AutoCAD 平台开发的 GIS 前端数据采集系统。主要应用于地形成图、地籍成图、工程测量应用三大领域。它全面面向 GIS，彻底打通了数字化成图系统与 GIS 的接口，使用骨架线实时编辑、简码用户化、GIS 无缝接口等先进技术。CASS 软件推出以来，在我国大部分地区已经成为主流成图软件，其详细的使用操作将在项目六　数字地形图绘图部分做详细介绍。

南方 CASS 系列软件的主要技术特色为：

（1）采用 CELL 技术的人机交互界面，数据编辑管理、系统设置更方便快捷。

（2）方便灵活的电子平板多测尺功能，更符合测量习惯。

（3）完全可视化的断面设计功能，图数互动，设计过程更直观。

（4）方便的图幅管理功能，地形图分幅管理更规范。

（5）数据质量全程控制，与主流 GIS 系统无缝接口。

2）清华山维 EPSW 全息测绘系统

EPSW 全息测绘系统，是北京清华山维新技术开发有限公司开发的面向地形、地籍、房产、管网、道路、航道、林业等多行业的数据采集与管理系统，系统主要特点为：

（1）工程模板使数据生产标准化和规范化，保证大规模生产各作业组作业规格一致。

（2）利用数据库存储技术，突破数据量瓶颈，可进行任意面积测绘。

（3）支持测站碎部坐标重算，控制与碎部测绘可同时进行。

（4）支持曲线桥、转弯楼梯等超复杂地物符号表示。

（5）支持多媒体属性，支持 OLE 链接与嵌入。

(6)支持三维显示和空间查询。

(7)数据能被 EPSW 系列软件直接调用,直接进入 SunwayGIS,经转换可进入其他 GIS 系统(如 ArcInfo、MapInfo、MapGIS、SuperMAP、Sex. tar、MGE 等)。

3)RDMS(瑞得)数字测图系统

RDMS 系统是武汉瑞得信息工程有限责任公司开发的一套集数字采集、数据处理、图形编辑于一体的数字化测图系统。

RDMS 系统广泛应用于城市规划、土地管理、水利、交通、地矿、房地产等部门,它不仅可以满足各种地形测量、地籍测量、房产测量、管线测量等,还可进行三维图形的显示漫游、土方工程计算等。系统主要特点如下:

(1)灵活多样的数据采集方式。电子手簿作业、可移动式电子图板作业、直接读取全站仪内存数据成图。支持全站仪数据的多样化以及其他方式采集数据,使用地面摄影等方式采集数据成图。

(2)强大的图形及数据处理功能。全新的操作界面,支持多视图的编辑操作,多方式的窗口排列;菜单配合工具条、对话框,易学易用,无须记忆任何命令和操作;操作可视化、图数合一;符号库开放;动态属性连接;自动拓扑检查;逼真的三维漫游;在生成等高线时,可任意选择三维显示或二维平面显示,无须任何特殊处理,系统自动形成逼真的三维图形,并可自由地进行漫游、水面淹没等模拟操作。

(3)完备的事务处理功能。标准数据交换,开放的数据接口,地籍、房产及管线数据的自动处理。

(4)支持一体化的地类体系。地籍报表的输出支持一体化地类,可使用瑞得报表格式进行编辑和输出,亦可直接导入到 Excel 表格中输出。

4)SV300 R2002 数字制图软件

SV300 R2002 是威远图公司采用 AutoCAD 2002i 开发技术全面升级,此软件将地形测绘、地籍测绘、扫描矢量化等统一到同一环境中,兼备土方计算、线路测设等工程量算功能;实现了大中比例尺地形图成图的全部规范要求,图式图例包括 1:500 ~ 1:10 000,成图方法有草图法、野外电子平板法、扫描矢量化等。

整个系统将数据采集、地图编辑加工、等高线生成、数据存储、面向对象的符号实体进行了集成,并依据图式规范设计了文字注记工具,理想地实现了不同比例尺图形变换,实现了自动分幅和灵活的图廓定制和图廓外整饰。其主要特点为:

(1)采用最新的 ObjectARX、ObjectDBX SDK 技术。SV300 R2002 应用 AutoCAD 2002i 最新的 ObjectARX、ObjectDBX SDK 技术。ObjectDBX SDK 是 AutoCAD 2002i 为宿主程序(ACAD)、图形文件(DWG)、用户应用程序(ARX)和用户对象文件(DBX)之间的接口。SV300 R2002 应用这种手段,开发了从 1:500 到 1:10 000 比例尺的国标地形图图式符号,增强了符号的可移植性和开放性。

(2)多种数据采集方式。

(3)提供 ASCII 格式的接口文件,其中包括了空间数据和属性数据及空间实体的连接关系。在此基础上,提供了转换接口,可进行与主流数据的交换。

3. 掌上电子平板软件

便携机最大的问题是内置电池容量有限,整机价格昂贵,野外环境恶劣,易于损坏。故目前采用掌上电脑代替便携机,称为掌上电子平板测绘模式。

1)测图精灵

测图精灵(Mapping Genius)是南方测绘仪器公司全新推出的野外测绘数据采集及成图一体化软件。它充分发挥掌上平板的优点,实现了坐标、图形、属性数据的同步采集、现场成图,做到真正的内外业一体化。可视化界面,人性化设计,操作简单,携带方便,是目前较为理想的野外测绘数据采集及成图工具。特别是目前已和全站仪完美结合,开发了 Win CE 全站仪,内置了测图精灵软件,野外测图更加方便灵活。

2)清华山维 EPSCE 掌上平板测图系统

EPSCE 是浓缩 EPSW 功能的精华,以掌上机为支撑平台的外业测图系统,可完成各种比例尺的地形图、地籍图、管网图等的专业测绘。系统与 EPS 系列软件数据完全双向兼容,与 EPS 系列软件配套使用,可灵活、便捷和高效地实现 GIS 库的更新与修测。

3)PalmRSP 测绘"熊掌"

PalmRSP 是由广州开思测绘软件有限公司研制开发的,主要用于大比例尺野外数字测绘和地形图的修测、补测以及工程放样,也可以单独用于其他数字化测图系统。提供其他测绘数据采集系统的接口,用于完成碎部点、勘丈点、实体信息以及地物属性数据的野外现场数据采集,从而使外业测绘人员避免了以往作业中由草图到内业的成图过程中容易产生的各种错误,方便了外业测绘人员的工作,提高了工作效率。

4. 扫描矢量化软件

扫描矢量化软件是把扫描得到的栅格图像转换为矢量图形的专用软件。

1)南方 CASSCAN5.0

CASSCAN 5.0 是南方测绘仪器公司扫描矢量化软件 CASSCAN4.0 的升级产品,它完全摒弃了 Overlay R14 平台,新增房屋提取、数字识别等强大功能;除了采用流行的 AutoCAD 2002 平台,同时又沿袭了南方地形地籍成图软件 CASS 的精髓,界面友好、流程清晰、操控简单,可以精确捕捉,自动跟踪,结合小幅面扫描仪工作,方便快速地将扫描图数字化,直接得到面向 GIS 的数字化成果。

其工作流程大致如下:

(1)扫描。利用扫描仪将图纸扫描成灰度图或二值栅格图像文件存入磁盘,若是小幅面扫描仪,就将图纸扫描成有一定重叠度的多个图像文件。

(2)图像处理。调入扫描图后要对图像进行处理,将灰度图处理成二值栅格图。

(3)图像纠正、图像合并。采用多种纠正算法,对图像实行平移旋转拉伸,真正实现图像纠正。若有多幅图,还需进行图像拼接合并,将分幅的图重新合成一幅图。

(4)地物绘制。房屋提取——可以直接识别房屋;数字识别——自动识别数字;线条跟踪——自动批量识别多条自由曲线。

(5)出图。图幅整饰后直接用打印机或绘图仪出图。

2)R2V 矢量化软件系统

Raster2Vector5.x(R2V)for Windows95/NT 是一款高级光栅图像矢量化软件系统。该软件系统将强有力的智能自动数字化技术与方便易用的菜单驱动图形用户界面有机地结合到

Windows & NT 环境中,为用户提供了全面的自动化光栅图像到矢量图形的转换,它可以处理多种格式的光栅(扫描)图像,是一个可以以扫描光栅图像为背景的矢量编辑工具。由于该软件具有良好的适应性和高精确度,非常适合于 GIS、测绘、地质、CAD 及科学计算等。

3)ESPCAN 扫描矢量化系统

EPSCAN 是北京清华山维新技术开发有限公司开发的扫描矢量化系统,能实现图像缩放、旋转、校正、修复、擦除、消蓝、平滑、细化等,图像的拼接、接边自动处理,图像色彩和背景随意调整,图像编辑功能丰富。

除此之外,较为成熟的扫描矢量化软件还有武汉瑞得公司开发的 RDScan 2.0 扫描矢量化系统、北京迪瑞斯新技术发展有限公司的 DrScan 扫描矢量化系统、北京东方泰坦科技有限公司的 TITAN ScanIn 地图扫描矢量化软件等。

五、数字测图的基本过程与常见作业模式

(一)数字测图的基本过程

数字测图的作业过程因使用的软件和硬件设备、数据源及图形输出目的的不同而不同,但不论是测绘地形图,还是制作种类繁多的专题图、行业管理用图,只要是测绘数字图,都必须包括数据采集、数据处理和图形输出三个基本阶段。

1. 数据采集

地形图、航空航天遥感像片、图形数据或影像数据、统计资料、野外测量数据或地理调查资料等,都可以作为数字测图的信息源。数据资料可以通过键盘或转储的方法输入计算机;图形和图像资料一定要通过图数转换装置转换成计算机能够识别和处理的数据。在数字测图中,各种信息源数据的采集主要使用以下方式。

1)野外数据采集

野外数据采集通常采用 GPS 法(即通过 RTK GPS 接收机采集野外碎部点的绘图信息数据)或大地测量仪器法(即通过全站仪、测距仪、经纬仪等大地测量仪器实现碎部点野外数据采集)。

野外数据采集是通过全站仪或 RTK GPS 接收机实地测定地形特征点的平面位置和高程,将这些点位信息自动存储在仪器内存储器或电子手簿中,再传输到计算机中(若野外使用便携机,可直接将点位信息存储到便携机中)。每个地形特征点的记录内容包括点号、平面坐标、高程、属性编码和与其他点之间的连接关系等。点号通常是按测量顺序自动生成的;平面坐标和高程是全站仪(或 RTK GPS 接收机)自动解算的;属性编码指示了该点的性质,野外通常只输入简编码或不输编码,用草图等形式形象记录碎部点的特征信息,内业可用多种手段输入属性编码;点与点之间的连接关系表明按何种连接顺序构成一个有意义的实体,通常采用绘草图或在便携机上边测边绘来确定。由于目前测量仪器的测量精度高,很容易达到亚厘米级的定位精度,所以地面数字测图是数字测图中精度最高的一种,是城镇大比例尺(尤其是 1:500)测图中主要的测图方法。

2)室内数据采集

室内数据采集通常采用图形数字化法(即通过数字化仪或扫描仪在已有地图上采集数据)或航测法(即通过航空摄影测量或遥感手段获取地表影像,从影像上采集地形点的绘图信息数据)。

(1)图形数字化法。对于已有纸质地形图的地区,如纸质地形图现势性较好,图面表示清楚、正确,图纸变形较小,则数据采集可在室内通过数字化仪和扫描仪在相应地图数字化软件的支持下进行。用数字化仪可对原图的地形特征逐点进行数据采集(与野外测图类似),对曲线采用手扶跟踪数字化。用数字化仪数字化得到的数字化图的精度一般低于原图,加上作业效率低,这种数字化法逐渐被扫描仪数字化所取代。扫描仪可快速获取原图的数字图像(一幅图只需几分钟),但获得的是栅格数据,要通过矢量化软件处理才能得到地形图的绘图信息。从图上采集数据时,各地物要素通常只需采集其平面位置,而不必采集其高程值,高程值通常作为属性数据进行输入。

(2)航测法。航测法是一种工作量小、速度快的数据采集方法,是我国测绘基本比例尺地形图的主要方法。该法以航空摄影获取的航空像片作为数据源,利用测区的航空摄影测量获得的立体像对,在解析测图仪上或在经过改装的立体量测仪上采集地形特征点并自动转换成数字信息。由于精度原因,航测法在大比例尺(如1:500)测图中受到一定限制,目前该法已逐渐被全数字摄影测量系统所取代。现国内外已有20多家厂商推出数字摄影测量系统,如原武汉测绘科技大学推出的VirtuoZo。基于影像数字化仪、计算机、数字摄影测量软件和输出设备构成的数字摄影测量工作站是摄影测量、计算机立体视觉影像理解和图像识别等学科的综合成果,计算机不但能完成大多数摄影测量工作,而且借助模式识别理论,实现自动或半自动识别,从而大大提高了摄影测量的自动化功能。全数字摄影测量系统的大致作业过程为:

将影像扫描数字化,利用立体观测系统观测立体模型(计算机视觉),利用系统提供的一系列量测功能——扫描数据处理、测量数据管理、数字定向、立体显示、地物采集、自动提取(或交互采集)DTM(数字地面模型)、自动生成正射影像等,使量测过程自动化。全数字摄影测量系统在我国迅速推广和普及,已基本上取代了解析摄影测量。

2. 数据处理

数字测图的全过程都在进行数据处理,此处所讲的数据处理阶段是指在数据采集以后到图形输出之前对图形数据的各种处理。数据处理主要包括建立地图符号库、数据预处理、数据转换、数据计算、图形生成及文字注记、图形编辑与整饰、图形裁剪、图幅接边、图形信息的管理与应用等。数据处理通常通过计算机软件来实现,最后生成可进行绘图输出的图形文件。

地图符号库中的地图符号可以分为三类,即点状符号、线状符号和面状符号。目前建立地图符号库的方法主要有两种,一种是利用C语言等计算机语言开发,另一种是在如AutoCAD等开发平台上进行二次开发。地图符号库是数字测图系统中较为稳定的组成部分,一旦建立就可长期使用。

数据预处理包括坐标变换、各种数据资料的匹配、比例尺的统一、不同结构数据的转换等。

数据转换内容很多,如将碎部点记录数据(距离、水平角、竖直角等)文件转换为坐标数据文件,简码数据文件或无码数据文件转换为带绘图编码的数据文件等。

数据计算主要针对地貌关系。当数据输入到计算机后,为建立数字地面模型绘制等高线,需要进行插值模型建立、插值计算、等高线光滑处理三个过程的工作。数据计算还包括对房屋等呈直角拐弯的地物进行误差调整,消除非直角化误差等。

图形生成是在地图符号的支持下利用所采集的地形数据生成图形数据文件的过程。

要想得到一幅规范的地形图,还要对数据处理后生成的“原始”图形,利用数字测图系统提供的各种编辑功能进行修改、编辑、整理,还需要加上文字注记、高程注记等,并填充各种面状地物符号,这些都属于图形处理。此外、图形处理还包括测区图形拼接、图廓整饰、图形裁剪、图形信息管理与应用等。

数据处理是数字测图的关键阶段,数字测图系统的优劣取决于数据处理功能的强弱。

3. 图形输出

经过图形处理后,即可得到数字地图,也就是形成了一个图形文件,存储在磁盘上,可永久保存。可以将该数字地图转换成地理信息系统的图形数据,建立和更新 GIS 图形数据库,也可将数字地图绘图输出。输出图形是数字测图的主要目的,通过对层的控制,可以编制和输出各种专题地图(包括平面图、地籍图、地形图、管网图、带状图、规划图等),以满足不同用户的需要。可采用矢量绘图仪、栅格绘图仪、图形显示器、缩微系统等绘制或显示数字地图。

(二)数字测图的作业模式

作业模式是数字化测图内、外业作业方法,作业流程的总称。由于软件设计者思路不同,使用的设备不同,测制数字地形图就有不同的作业模式。就目前地面数字测图而言,可区分为数字测记模式(简称测记式)、电子平板测绘模式(简称电子平板)和地图数字化模式等三种。

1. 数字测记模式(简称测记式)

数字测记模式就是用全站仪(或普通测量仪器)、RTK GPS 等设备在野外测量地形特征点的点位,用全站仪内存、电子手簿(或 PC 卡)记录测点的几何信息及其属性信息,或配合草图到室内将测量数据由电子手簿传输到计算机,经人机交互编辑成图。简言之,它是一种野外采集数据、室内成图的作业方法。根据野外采集数据硬件设备的不同,数字测记模式可以有很多种具体组合方式。

1)全站仪 + 电子手簿测图模式

此作业模式为绝大部分软件所支持。该模式使用电子手簿或全站仪内存自动记录观测数据,作业自动化程度较高,可以较大地提高外业工作的效率。采用这种作业模式的关键是地物属性和连接关系的采集。由于全站仪的采用,测站和镜站的距离可以拉得很远,因而测站上就很难看到所测点的属性及其与其他点的连接关系。

属性和连接关系输入不正确会给后期的图形编辑工作带来极大的困难。解决的方法之一是使用对讲机加强测站与立镜(尺)点之间的联系,以保证测点编码(简码)输入的正确性,也可以为采集系统配置一个袖珍绘图仪(A3/A4 幅面),现场按坐标实时展点绘草图。方法之二是将属性和连接关系的采集移到镜站,用手工草图来完成,测站电子手簿或全站仪内存只记录定位数据(坐标),在内业编辑时参照草图或用“引导文件”导入属性和连接关系。这样,既保证了数据的可靠性,又大幅度地提高了外业工作的效率,可以说是一种较理想的作业模式。

2)普通经纬仪 + 电子手簿测图模式

此作业模式适合暂时还没有条件购买全站仪的用户,它采用手工方法将观测数据键入电子手簿,其他与第一种作业模式相同。由于用手工键入数据,其数据可靠性和工作效率显然都存在一定的问题。然而,由于它对仪器设备的要求较低,仍有一些小型单位在采用。

3)平板仪测图+数字化仪数字化测图模式

此作业模式也几乎被所有的数字测图软件所支持。该模式的基本做法是先用平板测图方法测出白纸图,可不清绘,然后在室内用数字化仪将白纸图转为数字地图。这种作业模式所得到的数字地图的精度较低,特别是数字地图用于地籍管理等精度要求较高的工作时,精度问题就突出了。对于测绘数字地籍图,可以用第一种作业模式测量界址点,用平板仪测绘房屋、道路等平面图(不清绘),再用数字化仪将平面图数字化,转绘到界址点展点图(数字图)上,即可得到实用的数字地籍图。

4)RTK GPS 数字测记模式

RTK GPS 数字测记模式是采用 GPS 实时动态定位技术,实地测定地形点的三维坐标,并自动记录定位信息。采集数据的同时,在移动站输入编码、配绘草图或记录绘图信息,为内业成图做准备。目前,移动站的设备已高度集成,接收机、天线、电池与对中杆集于一体,比较轻便,便于携带和使用,也非常利于单人作业。使用 RTK GPS 采集数据最大的优势在于不需要测站和碎部点之间通视,只要能接收到信号即可,且移动站与基准站的距离在 20 km 以内可达厘米级的精度(若采用网络传输数据,则不受传输距离的限制)。实践证明,在非居民区,地表植被较矮或较稀疏的地形,用 RTK GPS 采集数据比用全站仪采集数据效率更高。

测记模式外业设备轻便、操作方便,野外作业时间短。目前,最常用的是全站仪数字测记模式,在开阔的测区,RTK GPS 数字测记模式也已经被广泛采用。但由于测记模式是“盲式”作业,对于较复杂的地形,通常要配绘草图。

2. 电子平板测绘模式(简称电子平板)

电子平板测绘模式就是用“全站仪+便携机(或掌上电脑)+相应测图软件”实施的外业测图模式。这种模式利用便携机(或掌上电脑)的屏幕模拟测图平板在野外直接测图,即把全站仪测定的碎部点实时展绘到便携机屏幕上,用软件的绘图功能边测边绘。这种模式在现场就可以完成绝大多数测绘工作,实现了数据采集、数据处理、图形编辑现场同步完成,外业即测即所见,可及时发现并纠正测量错误,外业工作完成,图也就绘出来了,实现了内外业一体化。但该方法存在对设备要求较高,便携机不适应野外作业环境(如供电时间短、液晶屏幕光强看不清)等主要缺陷。目前,也只能是在测绘一些房屋密集的城镇地区使用。

1)测站电子平板测图模式

此种作业模式即电子平板,它的基本思想是用计算机屏幕来模拟图板,用软件中内置的功能来模拟铅笔、直线笔、曲线笔,完成曲线光滑、符号绘制、线型生成等工作。具体作业时,将便携机移至野外,并与全站仪连接,现测现画,也可不需要作业人员记忆输入数据编码。这种模式的突出优点是现场完成绝大部分工作,因而不易漏测,在测图时观念上也不需大的改变。这种作业模式对设备要求较高,起码要求每个作业小组配备一台档次较高的便携机,但在作业环境较差(如有风沙)的情况下,便携机容易损坏。由于点位数据和连接关系都在测站采集,当测站、镜站距离较远时,属性和连接关系的录入比较困难。这种作业模式适合条件较好的测绘单位,用于房屋密集的城镇地区的测图工作。

2)镜站遥控电子平板测图模式

此种作业模式将现代化通信手段与电子平板结合起来,从根本上改变了传统的测图作业概念。该模式由持便携式电脑的作业员在跑点现场指挥立镜员跑点,并发出指令遥控驱动全站仪观测(自动跟踪或人工照准),观测结果通过无线设备传输到便携机,并在屏幕上自动展点。作业员根据展点即测即绘,现场成图。由于由镜站指挥测站,能够“走到、看到、绘到”,不易漏测;能够同步“测、量、绘、注”,以提高成图质量。镜站遥控电子平板作业模式可形成单人测图系统,只要一名测绘员在镜站立对中杆,遥控测站上带伺服马达的全站仪瞄准镜站棱镜,并将测站上测得的三维坐标用无线设备传输到电子平板仪并展点和注记高程,绘图员迅速实时地把测点的空间关系在电子平板仪上描述(表示)出来。这种作业模式现已实现无编码作业,测绘准确,效率高,代表未来的野外测图发展方向。但该测图模式由于需要数据传输的通信设备、高档便携机及带伺服马达的全站仪(非单人测图时可用一般的全站仪),设备较昂贵。

3)掌上电子平板模式

在基于 Windows CE 的 PDA(掌上电脑)出现以来,许多测绘工作者将其视为更加理想的外业数据采集工具。PDA 体积小、质量轻、待机时间长。针对 PDA 的优势及目前电子平板测图模式的不足,许多公司采用 PDA 取代便携机开发了掌上电子平板测图系统,使电子平板作业模式更加方便、实用。

3. 地图数字化模式

地图数字化模式是指用数字化仪或扫描仪在测区原有纸质地形图基础上进行数据采集的模式。这种作业模式是我国早期(20 世纪 80 年代末和 90 年代初)数字成图的主要作业模式。由于大多数城市都有精度较高、现势性较好的地形图,要制作多功能的数字地图,这些地形图是很好的数据源。1987~1997 年主要用手扶跟踪数字化仪数字化旧图,后来随着扫描矢量化软件的成熟,扫描仪逐渐取代数字化仪数字化旧图。扫描矢量化作业模式,不仅速度快、劳动强度小,而且精度损失较小。

先利用测区的旧图内业数字化成图,再在此基础上进行外业修测,是一种经济的数字成图方法,但得到的数字图的精度与模拟图是一致的。

以上三种作业模式各有特点,在实际作业过程中,应针对测区实际情况合理选择适用的作业方法,合理安排,使成果、成图符合技术标准及用户要求,以获得最大的经济和社会效益。

近几年出现了视频全站仪和三维激光扫描仪等快速数据采集设备,快速测绘数字景观图成为可能。通过在全站仪上安装数字相机(视频全站仪)的方法,可在对被测目标进行摄影的同时,测定相机的摄影姿态,经过计算机对数字影像处理,得到数字地形图或数字景观图;利用三维激光扫描仪,通过空中或地面激光扫描获取高精度地表及构筑物三维坐标,经过计算机实时或事后对三维坐标及几何关系的处理,得到数字地形图或数字景观图。这种快速测绘数字景观的成图模式可能成为今后建立数字城市的主要手段。

(三)数字测图的优点

地面数字测图虽然是在白纸测图的基础上发展起来的,但它与传统的平板仪白纸测图有着许多本质的区别。地面数字测图取代白纸测图,主要是因为它具有如下诸多优点。

1. 测图过程自动化

数字测图使野外测量自动解算、自动记录,使内业数据自动处理、自动成图、自动绘图,并向用图者提供可处理的数字地图,用户可自动提取图数信息。数字测图具有效率高,劳动强度低,错误(读错、记错、展错)概率小的优点,且可得到精确、美观、规范的地形图。

2. 图形实现数字化

用磁盘保存的数字地图,存储了图中具有特定含义的数字、文字、符号等各类数据信息,可方便地传输、处理和供多用户共享。数字地图不仅可以自动提取点位坐标、两点间距离、方位,自动计算面积、土方,自动绘制纵横断面图,还可以方便地将其传输到 AutoCAD 等软件设计系统中,以便工程设计部门进行计算机辅助设计。数字测图成果以数字信息保存,避免了图纸变形(伸缩)带来的各种误差。数字地图的管理既节省空间,操作又十分方便。

3. 点位精度高

传统的平板仪白纸测图,地物点平面位置的误差主要受解析图根点的测定误差和展绘误差,测定地物点的视距误差、方向误差,地形图上地物点的刺点误差等影响,综合影响使地物点平面位置的测定误差图上约为 ±0.5 mm(1∶1 000 比例尺)。经纬仪视距高程法测定地形点高程时,即使在较平坦地区(0°~6°),视距 150 m,地形点高程测定误差也达 ±0.06 m,而且随着倾斜角的增大,高程测定误差会急剧增加。

用全站仪采集数据,测定地物点距离在 450 m 内的误差约为 ±22 mm,测定地形点的高程误差约为 ±21 mm;若距离在 300 m 以内,则测定地物点误差约为 ±15 mm,测定地形点的高程误差约为 ±18 mm。在数字测图中野外采集的数据精度毫无损失,并与测图比例尺无关。

数字测图的高精度为地籍、管网、房产测量,工程规划设计等工作提供了保障。

4. 测图作业劳动强度低

传统测图方式主要是手工作业,外业测量人工记录,人工绘制地形图,在图上人工量算所需要的坐标、距离和面积等,工作烦琐,效率低下,费时费力。而采用全站仪观测碎部点时,观测范围不受视距的限制,碎部点观测可以在很大的范围内进行,从而减少了搬站工作量。另外,电子测量仪器配合电子记录手簿使用,可省却记录工作,快捷、方便、准确,在不同程度上减轻了测绘工作者的劳动强度。

5. 便于成果更新

数字测图的成果是以点的定位信息和属性信息存入计算机的,当实地有变化时,只需输入变化信息的坐标、编码,经过编辑处理,很快便可以得到更新的地图,从而确保地图的可靠性与现势性,可谓"一劳永逸"。

6. 能以各种形式输出成果

计算机与显示器、打印机联机时,可以显示或打印各种需要的资料信息,如用打印机可打印数据表格,当对绘图精度要求不高时,可用打印机打印图形。计算机与绘图仪联机,可以绘制出各种比例尺的地形图、专题图,以满足不同用户的需要。

7. 方便成果的深加工利用

数字测图分层存放,可使地面信息无限存放(这是模拟图无法比拟的),不受图面负载量的限制,从而便于成果的深加工利用,拓宽测绘工作的服务面。比如 CASS 软件中共定义 26 个层(用户还可根据需要定义新层),房屋、电力线、铁路、植被、道路、水系、地貌等均存于不同的层中。通过关闭层、打开层等操作来提取相关信息,可方便地得到所需的测区内各类专题图、综合图,如路网图、电网图、管线图、地形图等。

8. 可作为GIS的重要信息源

GIS以空间信息查询检索功能、空间分析功能及辅助决策功能,在国民经济、办公自动化及人们的日常生活中得到广泛应用。然而,要建立一个GIS,花在数据采集上的时间和精力约占整个工作量的80%。因为GIS要发挥辅助决策的功能,需要现势性强的地理信息资料。数字测图能提供现势性强的地理基础信息,经过一定的格式转换,其成果即可直接进入GIS数据库并更新GIS数据库。一个好的数字测图系统应该是GIS的一个子系统。

【小贴士】

本任务主要介绍数字测图的基本知识,包括数字测图的有关概念、数字地图与纸质地图的区别、数字测图基本原理、数字测图系统的组成、数字测图的基本过程与常见作业模式,没有专门的配套实训,是为后续项目的学习做知识储备。

任务二　数字测图技术方案编制

在数字测图前,为了保证测量工作在技术上合理、可靠,在经济上节省人力、物力,有计划、有步骤地开展工作,一般应精心编写数字测图技术设计书。当然,当测区较小,任务简单,或用图单位无特殊要求时,技术设计可以从简。对于小范围的大比例尺测图、修测或补测等,则可根据实际情况只作简单的技术说明。

所谓技术设计,就是根据测图比例尺、测图面积和测图方法以及用图单位的具体要求,结合测区的自然地理条件和本单位的仪器设备、技术力量及资金等情况,灵活运用测绘学的有关理论和方法,制订在技术上可行、经济上合理的技术方案、作业方法和实施计划,并将其按一定格式编写成技术设计书。

一、技术设计的意义

技术设计的目的是制订切实可行的技术方案,保证测绘成果符合技术标准和用户要求,并获得最佳的经济效益和社会效益。为此,每个测绘项目作业前都应进行技术设计。

数字测图技术设计规范了整个数字测图过程中的技术环节。从硬件配置到软件选配,从测量方案、测量方法及精度等级的确定到数据的记录计算、图形文件的生成、编辑及处理,直到各工序之间的配合及协调及检查验收要求等,以及各类成果数据和图形文件符合规范、图示要求和用户的需要。各项工作都应在数字测图技术设计的指导下开展。

数字测图技术设计是数字测图最基本的工作。技术设计书须呈报上级主管部门或测图任务的委托单位审批,并按规定向测绘主管部门备案,未经批准不得实施。当技术设计需要作原则性的修改或补充时,须由生产单位或设计单位提出修改意见或补充稿,及时上报原审批单位核准后方可执行。

二、数字测图技术设计的主要依据

数字测图技术设计的主要依据有国家及部门现行的有关技术规范、规程、图式,经上级部门批准的有关部门制定的适合本地区的一些技术文件、测量任务书或合同书。

(一)上级下达的测量任务书或合同书

测量任务书或测量合同是测量施工单位上级主管部门或合同甲方下达的技术要求文

件。这种技术文件是指令性的，它包含工程项目或编号、设计阶段及测量目的、测区范围（附图）及工作量、对测量工作的主要技术要求和特殊要求，以及上交资料的种类和时间等要求。

数字测图技术设计一般是依据测量任务书或测量合同提出的数字测图的目的、精度、控制点密度、提交的成果和经济指标等，结合规范（规程）规定和本单位的仪器设备、技术人员状况，通过现场踏勘，具体确定加密控制方案、数字测图方式、野外数字采集方法以及时间、人员安排等内容。

（二）有关技术规范、规程、图式

数字测图测量规范、规程、图式是国家测绘管理部门或行业部门制定的技术法规，目前数字测图技术设计依据的规范、规程、图式主要有：

（1）《工程测量规范（附条文说明）》（GB 50026—2007）或《城市测量规范》（CJJ/T 8—2011）。

（2）《国家基本比例尺地图图式　第 1 部分：1∶500　1∶1 000　1∶2 000 地形图图式》（GB/T 20257.1—2017）。

（3）《1∶500　1∶1 000　1∶2 000 外业数字测图规程》（GB/T 14912—2017）。

（4）《1∶500　1∶1 000　1∶2 000 地形图数字化规范》（GB/T 17160—2008）。

（5）《地籍测绘规范》（CH 5002—1994）和《地籍图图式》（CH 5003—1994）、《房地产测量规范　第 1 单元：房产测量规定》（GB/T 17986.1—2000）、《房地产测量规范　第 2 单元：房产图图式》（GB/T 17986.2—2000）。

（6）《城市基础地理信息系统技术标准》（CJJ 100—2017）。

（7）测量任务书或合同中要求执行的其他技术规范（规程）等。

此外，还包括地形测量的生产定额、成本定额和装备标准，测区已有的资料等。

三、技术设计的基本原则

技术设计是一项技术性和政策性非常强的工作，设计时应遵循以下原则：

（1）技术设计方案应先考虑整体而后局部，且顾及今后发展；既要满足用户的需求，又要重视社会效益和经济效益。

（2）要从测区的实际情况出发，考虑作业单位的人员素质和装备情况，选择最佳作业方案。

（3）广泛收集、认真分析及充分利用已有的测绘成果和资料。

（4）尽量采用新技术、新方法和新工艺，合理选用成图软件。

（5）当测图面积非常大，需要的工期较长时，可根据用图单位的规划和轻重缓急，将测区划分为几个小区域，分别进行技术设计；当测区较小时，技术设计的详略可根据具体情况确定。

四、技术设计书的主要内容

设计人员必须明确任务的要求和特点、工作量和设计依据及设计原则，认真做好测区情况的踏勘，调查和分析工作，对设计书负责。在此基础上做出切实可行的技术设计。

数字测图的技术设计是根据测区的自然地理条件，本单位拥有的软、硬件设备，技术力量及资金等情况,运用数字测图的理论和方法制订合理的技术方案、作业方法并拟订作业计划。最后制订的技术设计书是数字测图全过程的技术依据。要求其内容明确,文字简练;对作业中容易混淆和忽视的问题,应重点叙述;使用的名词、术语、公式、代号和计量单位等应与有关规范和标准一致。技术设计书包括以下具体内容。

(一)概述

1.任务概述

说明任务名称、来源、测区范围、地理位置、行政隶属、测图比例尺、拟采用的技术依据、要求达到的主要精度指标和质量要求、计划开工日期和完成期限等。

2.测区概况

重点介绍测区的社会、自然、地理、经济、人文等方面的基本情况。主要需说明测区高程、相对高差、地形类别和居民地、道路、水系、植被等要素的分布及主要特征,说明气候特点、风雨季节、冻土情况、交通情况及生活条件等。综合考虑各方面因素并参照有关生产定额,确定测区的困难类别。

3.已有资料利用情况

对测区已有资料情况需作一个简要说明,包括其控制点的等级、精度、数量、分布情况,现有图纸的比例尺、等高距,施测单位和采用的平面、高程系统和图式规范,技术总结等。对已有资料质量分析评价后,要提出已有资料的可利用程度和利用的方案。

对已有资料的利用情况应按照其利用度绘制成表,其格式如表3-1所示。

表3-1 已有资料利用情况

资料名称	数量	资料来源	利用程度	备注

(二)设计方案

1.作业依据

说明测图作业所依据的规范、规程、图式以及有关部门颁发的技术规定。主要包括:

(1)上级下达的测量任务书、数字测图委托书(或合同)。

(2)本工程执行的规范及图式,其中要说明执行的种类定额及工程所在地的地方测绘管理部门制定的适合本地区的一些技术规定等。

(3)收集的测区已有测绘资料。

2.控制测量方案

控制测量方案包括平面控制测量方案和高程控制测量方案。

1)平面控制测量方案

平面控制测量方案首先需要说明平面坐标系的确定、投影带和投影面的选择。原则上应尽可能采用国家统一的坐标系统,只有当长度变形值大于2.5 cm/km时,方可另选其他坐标系统;对于小测区,可采用简易方法定向,建立独立坐标系统。然后阐述首级平面控制网的等级、施测方法、起始数据的选取,加密层次及图形结构,控制点的密度,标石的规格要求,施测方法和使用的仪器、软件,平差方法,各项主要限差要求及应达到的精度指标,并在1:5 000或1:10 000地形图上绘制出测区平面控制网的设计图。

2）高程控制测量方案

测图高程系统的选择应尽量采用国家统一的1985国家高程基准或1956年黄海高程系统。在远离国家水准点的新测区，可暂时建立或沿用地方高程系统，但条件成熟时应及时归算到国家统一高程系统内。高程控制测量方案应说明高程系统的选择，首级高程控制的等级、起始数据的选取，加密层次及图形结构、施测方法，路线长度和点的密度，标石的规格要求，施测方法和使用的仪器，平差方法，各项主要限差要求及应达到的精度指标，并绘制测区高程控制测量路线图。

3. 数字测图方案

数字测图方案需首先介绍数字测图的测图比例尺、基本等高距、地形图采用的分幅与编号方法、图幅大小等，并绘制整个测区的地形图分幅编号图；然后介绍图根控制测量方法及要求、数据采集、数据处理、图形处理和成果输出等主要工序的具体方法，可能碰到的问题及可以采取的应对措施。

1）数据采集

（1）图根控制测量。说明图根控制测量（包括平面、高程）采用的方法、观测要求、图根成果的精度要求及注意事项等。

（2）数据采集作业模式的选择。就地面数字测图而言，采集模式可区分数字测记模式、电子平板测绘模式和地图数字化模式（旧图数字化＋补测）等三种。数字测记模式可根据作业单位的装备情况、测区地形情况和作业习惯，采用全站仪数字测记模式或RTK GPS数字测记模式，采用有码作业或无码作业。若测图精度要求不是很高（即相当模拟测图的精度），又有精度可靠的旧地形图，可以采用旧图数字化加外业补测作业模式，以提高测图效率，降低测图成本。

（3）碎部测量。首先应说明碎部点坐标和高程的测量方法。根据硬件配置不同，采用的方法也可不同，或采用的测量方法相同而具体作业方法也可能不同。极坐标测量方法仍是碎部坐标测量的主要方法。然后说明碎部测量的设站要求、设站检查的限差要求，野外草图的绘制方法与要求，碎部点测量数据的取位、测距最大长度要求，高程注记点的间距、分布、注记位数要求，测绘内容及取舍要求，外业数据文件及其格式要求及其他应注意的事项等。最后对用户有特殊要求的碎部点，要有具体可行的保证措施，并在设计中作相应说明。如若采用新技术、新方法用于碎部测量，应对其方法和精度进行说明和论证。

2）数据处理、图形处理、成果输出

数据、图形的处理及成果的输出是数字测图工作的重要组成部分，其技术性强、用到的知识面广、操作技巧多，应重点叙述。

数据处理是数字化成图的主要工序之一，其目的是将用不同方法采集的数据进行转换、分类、计算、编辑，为图形处理提供必要的绘图信息数据文件。所以，要根据使用的仪器型号、原始数据格式、选用的绘图软件等对数据处理提出一定要求和注意事项，说明数据处理成果包括哪些文件，有哪些要求等。

图形处理是将数据处理成果转换成图形文件。它由软件系统来完成，软件系统应具有图廓整饰、绘制线状符号、绘制面状符号、绘制独立地物符号、绘制等高线、图幅裁剪等功能，其处理成果是图形文件。图形文件要兼容性好，格式要与国家标准统一，要与数据文件保持一一对应关系并可相互转换，要便于显示、编辑和输出，成果可以共享。

成果(地形图)输出就是将图形文件按照选定的分幅与编号方法和图幅大小,利用打印机、绘图仪等输出设备打印出来。所绘地形图的质量要符合规范的要求。

(三)质量控制措施及检查验收方案

质量控制的核心是在数字测图的每一个环节采取制定技术的和管理的措施、方案,控制各环节的质量。应重点说明数字地形图各环节的检查方法、要求。

检查验收是数字测图工作的重要环节,是保证测图成果质量的重要手段之一。检查验收方案应重点说明数字地形图的检测方法、实地检测工作量与要求,中间工序检查的方法与要求,自检、互检、组检方法与要求,各级各类检查结果的处理意见等。

(四)工作量统计、作业计划安排和经费预算

工作量统计是根据设计方案分别计算各工序的工作量。作业计划是根据工作量统计和计划投入的人力、物力,参照生产定额,分别列出各期进度计划和各工序的衔接计划。经费预算是根据设计方案和作业计划,参照有关生产定额和成本定额,编制分期经费和总经费计划,并做必要的说明。

该项内容一般应编制专门的图表,这些图表可以形象地反映劳动组织、工作进程、工序衔接和经费开支,便于迅速准确地了解工作任务的全貌。综合工作量统计表、作业进度计划表、经费预算表和主要仪器设备表,如表 3-2 ~ 表 3-5 所示。

表 3-2　综合工作量表

工作项目	等级或比例尺	困难类别	统一作业定额	工作量			备注
				单位	数量	工天	
合计							

表 3-3　作业进度计划表

工作项目	时间(月份)												作业人员构成
	1	2	3	4	5	6	7	8	9	10	11	12	

表 3-4　经费预算表

项目名称	单价	数量	预算费用(元)	备注
总计(万元)				

表 3-5　主要仪器设备表

序号	名称	规格类型	状态	单位	数量	供应时间	备注

（五）应提交的资料

数字测图成果不仅包括最终的地形图图形文件（测区总图）、绘出的分幅地形图，还包括说明文件、控制测量成果文件、数据采集原始数据文件、图根点成果文件、碎部点成果文件及图形信息数据文件、技术总结等。用户根据需要，对数字测图的成果资料也有具体的要求。技术设计书中应列出用图单位要求提交的所有资料的清单，并编制成表。

（六）建议与措施

每个数字测图项目的实际情况总是不尽相同的，在工程的具体实施过程中势必总会出现各种各样的问题，各类突发事件也时常发生。为顺利地按时完成测图任务，确保工程质量，技术设计书中不仅应就如何组织力量、保证质量、提高效益等方面提出建议，而且要充分、全面、合理预见工程实施过程中可能遇到的技术难题、组织漏洞和各类突发事件等，并针对性地制订处理预案，提出切实可行的解决方法。

最后应说明业务管理、物资供应、食宿安排、交通设备、安全保障等方面必须采取的措施。

【小贴士】

本任务主要介绍编写大比例尺数字测图技术设计的意义、主要依据、基本原则和主要内容。因本书是按照基于工作过程模式的项目化教材，作为技术设计应该是项目开始前就应编写的专业技术方案，而部分内容要等后续内容学完后方可系统地理解，所以本任务只需要学生先初步整体认识数字测图技术设计的基本知识。待后续相关内容学完后应能初步编写大比例尺数字测图技术设计。

【知识链接】

学习本项目时会觉得比较抽象，但学生可以假想如果你有个数字测图项目（可以是你熟悉的进行地形图测绘的地方，比如测绘校园地形图，测绘你家所在的村庄地形图，或者是某个小镇的地形图），那么你应该采用何种模式？如何组织？如何编制技术设计方案？

小　结

本项目主要介绍数字测图的实质、基本流程、数字测图系统的组成，数字测图的作业模式；数字测图技术设计编写的意义、依据以及内容。通过本项目的学习，学生应能说明数字测图的实质；理解数字测图的基本流程、数字测图系统的组成，数字测图的作业模式；学生应能理解数字测图技术设计编写的意义、依据和内容，并能初步编制数字测图技术设计方案。

复习与思考题

1. 数字测图的实质是什么？数字测图的基本过程是怎样的？

2. 什么是矢量图形？什么是栅格图形？
3. 数据采集的绘图信息有哪些？
4. 数字测图系统有哪几种类型？
5. 数字测图的常用硬件设备有哪些？各自的作用是什么？
6. 数字测图的作业模式有哪些？
7. 数字测图有哪些优点？请自行查阅资料,展望一下数字测图的未来发展趋势。
8. 若有你了解的测图软件,请简单叙述它的特点和功能。
9. 编写大比例尺数字测图技术设计的目的、原则是什么？应包括哪些主要内容？

【技能训练】

一、技能训练题目及目的

在学习完本项目的理论知识之后,请学生务必从网上查阅大量资料,特别要认真阅读《工程测量规范(附条文说明)》(GB 50026—2007)或《城市测量规范》(CJJ/T 8—2011)中与数字测图相关的内容,整体把握数字测图技术设计编制的主要内容。

二、技能训练要求

1. 教师给学生提供校园地形图扫描件或影像图。
2. 教师给学生提供校园首级控制点。
3. 学生初步练习编制测绘校园地形图的技术设计。
4. 学生应记录碰到的问题向教师请教或与任课教师共同探讨。

(备注:该技能训练也可等后续内容学完后或者到集中实习的时候再进行训练)

项目四 数字测图图根控制测量

项目概述

通过本项目2个学习任务(数字测图图根平面控制测量、数字测图图根高程控制测量)的学习,掌握4项能力(能说明数字测图图根控制测量的目的、内容和方法,能使用全站仪进行图根导线测量和图根三角高程测量,能使用RTK加密图根控制点,能实施图根水准测量)。

学习目标

知识目标

1. 能说明数字测图图根控制测量的目的、内容和方法。
2. 能理解图根导线测量、图根三角高程测量、图根水准测量的各项精度指标。

技能目标

1. 能使用全站仪进行图根导线测量和图根三角高程测量。
2. 能使用RTK加密图根控制点。
3. 能实施图根水准测量。

【课程导入】

通过前面的学习,同学们已经会操作全站仪、RTK,对数字测图的基本知识也有所掌握,给学生全套的数字测图设备和首级控制测量的成果,是否就意味着同学们已经能进行数字测图了呢?对于大多数测区而言,首级控制点的数量和分布可能无法满足数字测图的需求,这时就需要测绘人员酌情进行数字测图图根控制测量,那么,目前主要采用哪些手段和方法进行图根控制测量呢?各种方法如何实施呢?这些问题都是本项目必须解决的。

任务一 数字测图图根平面控制测量

当测区高级控制点的密度不能满足大比例尺数字测图的需求时,需加密适当数量的图根控制点(又称图根点),直接供测图使用,这项工作称为图根控制测量。它是碎部测量之前的一个重要步骤。

一、全站仪图根平面控制测量

传统图根平面控制测量多采用图根导线测量、图根三角测量、交会测量等方法,目前,随着全站仪的普遍使用和 RTK GPS 的出现,使得图根控制的布设形式、测量手段和测量方法都发生了重大变化。现阶段的图根控制测量手段主要以全站仪导线测量和 RTK GPS 测量为主。

利用全站仪进行图根控制,可采用图根导线、图根三角、交会测量等方法。由于导线的形式灵活,受地形环境条件的限制较小,所以全站仪导线测量是图根控制的主要方法。根据情况也可适当选用辐射点法或一步测量法。

(一)全站仪导线测量

1. 全站仪导线测量技术要求

全站仪导线测量技术要求见表 4-1。

表 4-1　图根导线测量技术要求

比例尺	附合导线长度(m)	平均边长(m)	导线相对闭合差	测回数 DJ_6	方位角闭合差
1:500	900	80	≤1/4 000	1	$\leq \pm 40'' \sqrt{n}$

注:n 为测站数。

距离测量要求:单程观测 1 测回,读数较差≤10 mm。

地形限制图根导线无法附合时,可布设支导线。支导线不多于四条边,长度不超过 450 m,最大边长不超过 160 m。边长可单程观测 1 测回。水平角观测首站应联测两个已知方向,观测一测回,其固定角不符值不应超过 ±40″,其他站水平角观测一测回。

图根导线可采用近似平差,计算方法可查阅本书的相关内容。计算时角度值取至秒,边长和坐标取至毫米。

2. 南方 NTS－370 全站仪导线测量

(1)在“基本测量”→“坐标测量”界面中,单击【导线】按钮,打开“导线测量”界面,用笔针选择“存储坐标”选项。单击【设置】键设置仪器高或棱镜高,设置完毕,单击【确定】或按【ENT】键退出。

(2)照准仪器即将移至的目标点 P1 棱镜,单击【测量】键开始测量。单击【继续】键,屏幕下方显示 P1 点坐标。

(3)单击【存储】键,P1 点坐标被确认。显示返回到主菜单。关闭电源,将仪器搬至 P1 点(P1 点棱镜搬至 P0 点)。

(4)仪器设置在 P1 点后,进入坐标测量功能,选择导线测量,并用笔针选择“调用坐标”选项,照准前一个仪器站点 P0 棱镜,单击【设置】键,P1 点坐标及 P1 至 P0 的方向角即被设置,显示返回主菜单。

(5)重复步骤(1)~(4),按照导线的顺序进行下去,直到完成整个导线的测量。

若要退出,单击【退出】或按【ESC】键。

(二)辐射点法

辐射点法就是在某一通视良好的等级控制点上,用极坐标测量方法,按全圆方向观测方式依次测定周围几个图根控制点。这种方法的优点:一是图根点只需与测站通视,易于选择有利于测图的最佳位置;二是无须平差计算,可直接获得坐标,只要采取一定的措施,相对于测站的点位精度可控制在 5 cm 之内,常用于以地形为主的数字测图。为了保证图根点的可靠性,通常需要另选定向点,再对各图根控制点进行第二次观测,取两次观测值的均值作为图根控制点的最终坐标。

(三)一步测量法

对于小面积或局部区域,有些测图软件有"一步测量法" 功能,不需单独进行图根控制测量。一步测量法就是在图根导线选点、埋石以后,利用全站仪将图根导线测量与碎部测量同时作业,在测定导线后,提取各条导线测量数据进行导线平差,而后按新坐标对碎部点进行坐标重算,这样可以在一定程度上提高外业工作效率。

各院校可根据所配备的仪器酌情介绍一步测量法的具体步骤。

二、RTK GPS 图根平面控制测量

(一)快速静态定位测量

快速静态定位测量就是利用快速整周模糊度解算法原理所进行的 GPS 静态定位测量。快速静态定位模式要求 GPS 接收机在每一流动站上静止地进行观测。在观测过程中,同时接收基准站和卫星的同步观测数据,实时解算整周未知数和用户站的三维坐标,如果解算结果的变化趋于稳定,且其精度已满足设计要求,便可以结束实时观测。在图根控制测量中,利用快速静态测量大约 5 min 即可达到图根控制点点位的精度要求,快速静态定位具有速度快、精度高、效率高等优点。

(二)RTK 实时动态测量法

RTK 实时动态定位测量前,一般均需按照某一型号的 RTK 系统进行一系列连接和设置等基本操作,然后进行校正(纠正),校正的目的在于将 RTK 采集的 WGS-84 坐标系统下的坐标转换为所需要的目标坐标系下的坐标。

在采集图根点坐标时,针对某一具体型号的 RTK 总需要满足一定的采集精度指标,例如利用南方灵锐 S82 采集图根点坐标时,一般要求锁定卫星颗数 $\geqslant 6$,精度因子 $\leqslant 4$,解算状态必须是固定解状态,水平精度 HRMS $\leqslant 2$ cm,高程精度 VRMS $\leqslant 3$ cm,只有当这些指标满足的情况下,方可实施图根控制。大量的实践证明,RTK 实时动态定位测量的图根点能够满足大比例尺数字测图对图根控制测量的精度要求。为了增强数据的独立性和提高图根控制点的精度,一般在实际作业时可采取使对中杆气泡在相互垂直的 4 个方向上分别居中后进行采点,导出数据后通过内业计算取每个点的 4 个坐标的平均值作为该点的最终坐标。

三、测站点增补

增补测站点是在控制点或图根点上,采用极坐标法、支导线法、自由设站法等方法测定测站点的坐标和高程。

(一)自由设站基本原理

自由设站的优点在于要求的控制点数目少,设站基本不受图形限制;自由设站的平面坐标按间接平差计算,具有较高的平面坐标精度,其高程可按测距三角高程测量方法求得。

进行自由设站时,根据联测控制点数的不同,分为三种情况:一是用方向和距离联测两个控制点;二是用方向联测三个控制点;三是用多余观测进行自由设站。只联测三个控制点的方向进行自由设站和通常的后方交会法相同,没有多余观测和检查条件,一般不宜采用。

(二)拓普康 GTS－211D 全站仪自由设站操作方法

在新点上(自由设站点)安置全站仪。选择至少2个已知点,最多可达7个已知点,并对这些点进行测量,用测量的数据计算新点坐标。操作步骤如下:

(1)由“放样”菜单1/2按【F4】键进入放样菜单2/2。

(2)按【F2】(NEW POINT)键。

(3)按【F2】(RESECTION)键。

(4)按【F2】(INPUT)键,输入新点号。按【F4】(END)键。

(5)按同样方法输入仪器高。

(6)输入已知点 A 的坐标(如果内存中有 A 点,可以直接调用)。

(7)输入反射棱镜高。

(8)照准已知点 A,按【F3】(ANG)或【F4】(DIST)键进行测量。

(9)重复6～8步骤,对已知点 B 进行测量。当按【F4】键测量两个已知点后,残差即被计算。

(10)对所选的已知点完成测量之后,按【F1】或【F2】键,选定坐标格网因子,以便计算残差。

(11)按【F1】(NEXT)键,可对其他已知点进行测量,最多可以达7个点。

(12)按6～8步骤对已知点 C、D…进行测量。

(13)按【F4】(CALC)键,显示标准偏差。

(14)按【F2】键,显示坐标值标准偏差。

(15)按【F4】(NEZ)键,显示新点坐标。

(16)按【F3】(YES)键,新点坐标被存入坐标数据文件。测站设置完毕,退出“新点”菜单。

自由设站操作完成后,仪器即已完成了测站和定向设置(不用另外进行测站和后视设置),可直接进入数据采集的碎部点测量界面进行碎部测量工作。

在地形琐碎、复杂地段,小沟、小山脊转弯处,房屋密集的居民地,以及雨裂冲沟繁多的地方,对测站点的数量要求会多一些,但切忌用增补的测站点作大面积的测图。

【小贴士】

本任务主要介绍图根控制测量的作用及目的,并着重介绍全站仪图根导线测量、RTK加密图根点、全站仪增补测站点的方法实施,这些都是以后工作中非常实用的技能,且部分内容与测绘学基础应用里的经纬仪导线测量原理是一样的(限于本项目的篇幅,也因为原理是一样的,此处不再做过多的阐述),只是手段变了而已,学生应采用类比学习法扎实掌握该学习任务。

任务二 数字测图图根高程控制测量

传统图根高程控制测量主要采用图根水准测量和三角高程测量。目前,随着全站仪的普遍使用和RTK GPS的出现,使得图根控制的布设形式、测量手段和测量方法都发生了重大变化。现阶段的图根控制测量手段主要以全站仪导线测量和RTK GPS测量为主。

《1:500 1:1 000 1:2 000外业数字测图规程》(GB/T 14912—2017)规定,图根点相对于图根起算点高程中误差不应大于测图基本等高距的1/10。

一、图根水准测量

图根水准测量技术要求见表4-2。

表4-2 图根水准测量的主要技术要求

等级	每千米高差全中误差(mm)	路线长度	水准仪型号	水准尺	观测次数		往返较差、附合或环线闭合差		视线长度(m)	前后视距差	视距累积差
					与已知点联测	环线或附合	平地	山地			
图根	15	—	DS_3	单面	往返各一次	往一次	$30\sqrt{L}$	—	100	近似相等	—

注:L为单程水准路线长度。

二、图根光电测距三角高程测量

图根三角高程导线应起闭于高等级高程控制点上,可沿图根点布设为附合路线或闭合路线。

图根光电测距三角高程测量的技术要求应符合表4-3的规定。测距要求同图根导线测量。

表4-3 图根光电测距三角高程测量的技术要求

中丝法测回数 DJ_6	竖角较差指标差较差	对向观测高差较差(m)	附合路线或闭合路线高差闭合差(mm)
对向观测 1	≤25″	$\leqslant 0.4\times S$	$\leqslant \pm 40\sqrt{D}$

注:S为改正后的斜距,km;D为测距边边长,km。

计算三角高程时,角度应取至秒,高差应取至毫米。

三、RTK GPS图根高程控制测量

RTK GPS快速静态定位测量和实时动态测量法都能同时获取测点的三维坐标,在此不再对测量原理做介绍,应注意高程测量精度。

利用南方灵锐S82采集图根点坐标时,一般要求锁定卫星颗数≥6,精度因子≤4,解算状态必须是固定解状态,水平精度HRMS≤2 cm,高程精度VRMS≤3 cm,只有当这些指标满足的情况下,方可实施图根控制。大量的实践证明,RTK实时动态定位测量的图根点能够满足大比例尺数字测图对图根控制测量的精度要求。

【小贴士】

本任务主要介绍全站仪图根三角高程测量、RTK加密图根高程点、图根水准测量的实施方法,这些都是以后工作中非常实用的技能,且部分内容与测绘学基础应用这门课程里的图根三角高程测量、图根水准测量的原理是一样的,只是手段变了而已,学生应采用类比学习法扎实掌握该学习任务。

【案例】

某测绘单位承接了某城市1:500地形图测绘任务,测绘范围为3 km×4 km,测量控制资料齐全,图幅按50 cm×50 cm分幅。依据的技术标准有《城市测量规范》(CJJ/T 8—

2011)、《1∶500　1∶1 000　1∶2 000 外业数字测图规程》(GB/T 14912—2017)等。外业测图采用全野外数字测图,其中某条图根导线边长为采用单向观测、一次读数。图根导线测量完成后发现边长测量方法不符合规范要求,及时进行了重测。

请思考:该案例中图根导线测量方法为什么不符合规范要求?

【案例点评】

做测量项目,一定要依据规范,本项目依据的主要技术标准为《城市测量规范》(CJJ/T 8—2011)、《1∶500　1∶1 000　1∶2 000 外业数字测图规程》(GB/T 14912—2017)。《城市测量规范》(CJJ/T 8—2011)中规定图根导线边长采用Ⅱ级测距仪,一测回观测法。一测回是指照准目标一次,一般读数4次,测回内读数较差在10 mm以内。《1∶500　1∶1 000　1∶2 000外业数字测图规程》(GB/T 14912—2017)中规定图根导线的边长采用测距仪单向施测一测回。一测回进行二次读数,其读数较差应小于20 mm。测距边应加气象改正、乘常数改正。而本项目中某条图根导线边长采用单向观测、一次读数,显然这样的边长测量方法是不符合规范要求的。

小　结

本项目主要介绍数字测图图根控制测量的作用、内容及各项内容的具体方法的实施,通过本项目的学习,学生应能说明数字测图图根控制测量的目的、内容和方法,能使用全站仪进行图根导线测量和图根三角高程测量,能使用RTK加密图根控制点,能实施图根水准测量。

复习与思考题

1. 数字测图图根控制测量的作用是什么?有哪些内容?
2. 数字测图图根平面控制测量的方法有哪些?各种方法适用于哪些情况?
3. 数字测图图根高程控制测量的方法有哪些?各种方法适用于哪些情况?

【技能训练】

一、技能训练题目及训练目的

在学习完本项目的理论学习内容和配套实训之后,请学生务必利用课余和周末的时间,在校园内根据教师给定的已知控制点测算一附合导线或闭合导线,用RTK进行图根控制点加密,目的在于多练习全站仪图根导线的测算和RTK加密图根点,进一步熟悉全站仪、RTK的使用和图根控制测量的实施。

二、技能训练要求

1. 教师给学生配备全站仪+脚架+棱镜+棱镜杆+小钢尺。
2. 教师给学生配备1+3RTK全套设备。
3. 教师给学生提供校园内足够数量的已知点数据。
4. 学生根据自己的学习情况自行练习运用全站仪进行图根导线的测算和RTK加密图根点(考虑到该实训项目有一定难度且设备比较贵重,接口容易损坏,该技能训练一般要求在教师或实验员的指导下进行)。
5. 学生应记录碰到的问题并向教师请教或与任课教师共同探讨。

项目五　野外数据采集

项目概述

通过本项目3个学习任务(野外数据采集基本知识认识,全站仪野外数据采集及传输,RTK野外数据采集及传输)的学习,要求掌握3项能力(能正确理解野外数据采集的原理、方法及相关基本概念,能使用全站仪进行野外数据采集及传输,能使用RTK进行野外数据采集及传输)。

学习目标

知识目标

能正确理解野外数据采集的原理、方法及相关基本概念。

技能目标

1. 能使用全站仪进行野外数据采集及传输。
2. 能使用RTK进行野外数据采集及传输。

【课程导入】

通过前面的学习,同学们已经会操作全站仪、RTK;已经知道数字测图的基本过程为数据采集→数据处理→数据输出;已经会根据首级控制测量的成果,酌情选用合适的方法进行图根控制点加密?那么,加密完控制点后要进行数据采集又该如何采集?如何组织开展各项具体工作呢?这些问题都是学习本项目必须解决的。

任务一　野外数据采集基本知识认识

一、数据采集前的准备工作

接受上级下达任务或签订数字测图任务合同后,为了保证所编写的数字测图技术设计书的可行性和数据采集的顺利进行,要求在数据采集之前做好详细周密的准备工作。数据采集前期准备工作主要包括仪器器材与资料准备、实地踏勘与测区划分、人员配备。

(一)仪器器材与资料准备

根据任务的要求,在实施外业测量之前精心准备好所需的仪器、器材,控制成果和技术资料等是非常关键的。

1. 仪器、器材准备

仪器、器材主要包括全站仪、GPS接收机、脚架、电子手簿或便携机、对讲机、备用电池、数据线、花杆、棱镜、钢尺、皮尺、计算器、草图本、测伞等。仪器必须经过严格的检校且保证有充足电量方可投入工作。当然,仪器设备的性能、型号精度、数量与测量的精度、测区的范围、采用的作业模式等有关,各个测区和作业单位的设备配备会有所不同,所以必须根据实际情况认真准备。

2. 资料准备

1)各类图件

应准备测区及测区附近已有的各类图件资料,内容包括施测单位、施测年代、等级、精度、比例尺、规范依据、范围、平面和高程坐标系统、投影带号等。

2)已有控制点资料

已有控制点资料包括已有控制点的数量、分布,各点的名称、等级、施测单位、保存情况等。最好提前将测区的全部控制成果输入电子手簿、全站仪或便携机,以方便调用。野外采集数据时,若采用测记法,则要求现场绘制较详细的草图,也可在工作底图上进行,底图可以用旧地形图、晒蓝图或航片放大影像图。若采用简码法或电子平板法测图,可省去草图绘制工作。

3)其他资料

包含测区有关的地质、气象、交通、通信等方面资料及城市与乡、村行政区划表等。

(二)实地踏勘与测区划分

1. 实地踏勘

测区实地踏勘主要调查了解以下内容:

(1)交通情况。公路、铁路、乡村便道的分布及通行情况等。

(2)水系分布情况。江河、湖泊、池塘、水渠分布,桥梁、码头及水路交通情况等。

(3)植被情况。森林、草原、农作物的分布及面积等。

(4)控制点分布情况。三角点、水准点、GPS 点、导线点的等级、坐标、高程系统,点位的数量及分布,点位标志的保存状况等。

(5)居民点分布情况。测区内城镇、乡村居民点的分布,食宿及供电情况等。

(6)当地风俗民情。各民族的分布、习俗和地方方言、习惯和社会治安情况等。

2. 测区划分

为了方便多个作业组同时作业,以提高效率,在野外数据采集之前,常将整个测区划分成多个小区域(作业区)。数字测图不需要按图幅测绘,而是以道路、河流、沟渠等明显现状地物或山脊线为界,将测区划分成若干个作业区,分块测绘。对于地籍测量来说,一般以街坊为单位划分作业区。分区原则是各区之间的数据尽可能独立。对于跨作业区的线状地物(如河流),应测定其方向线,以供内业编绘。

(三)人员配备及组织协调

1. 人员配备

根据任务的实际情况,往往需要对外业人员进行分组。以一个作业小组人员配备为例,使用全站仪测记法无码作业时,通常需观测员 1 人,跑尺员(司镜员)1 ~2 人(也可酌情增减),领尺员 1 人;使用全站仪测记法有码作业时,则配备观测员 1 人,跑尺员(司镜员)1 ~3 人;使用电子平板作业时,则测站配备 1 ~2 人,跑尺员(司镜员)1 ~2 人;使用 RTK 作业模式时,则基站 1 人,每个移动站 1 ~2 人。

以上人员配置并非绝对,可根据情况作一定调整,但领尺员是作业小组的核心,负责画草图和内业成图,他必须与测站保持良好的联系,保证草图上的点号和手簿上的点号一致,有时还需对跑尺员进行必要指挥,所以须安排技术过硬和经验丰富的人来担任。如果是做地籍调查,那么还必须成立专门的权属调查小组。

2. 组织协调

数字测图不仅涉及作业单位内部的分工协调,还涉及委托方和主管部门、测绘单位和测区的各家各户。因此,作业单位在做好内部分工的同时,还必须做好与外部的协调、联系工作。这一环节的工作主要是首先与委托方或主管部门协调数字测图工作的具体时间,测区范围大小,测绘内容、深度及作业工期要求,测图比例尺,数字测图经费,如何收集资料以及其他涉及测绘的相关工作如何落实等问题;然后根据技术力量的状况组织工作队伍(通常应成立技术指导与跟踪检查组和数字测图作业小组)、落实清楚各项任务,分工明确,并保证责任到人。

对于地籍、房产测绘,还应成立专业调查小组。

二、野外数据采集原理与方法

野外数据采集是为满足数字化成图的需要,用大地测量仪器在野外实地测量,取得绘图信息的过程,它是数字测图的基础工作,直接影响着成图质量与效率。地形图的图形由点、线、面三种要素组成。由点按一定顺序相连构成线,由线可以围成闭合的面状图形,所以点要素是最基本的图形要素。因此,对地形点(碎部点/细部点)必须同时给出点位信息(测点的三维坐标)及绘图信息(测点的连接关系和属性)。

野外测量时,知道测的是什么点,是房屋还是道路等,当场记下该测点的编码和连接信息;显示成图时,利用测图系统中的图式符号库,只要知道编码,就可以从库中调出与该编码对应的图式符号成图,也就是说,如果测得点位,又知道该测点应与哪个测点相连,还知道它们对应的图式符号,那么,就可以将所测的地形图绘出来了。这一少而精、简而明的测绘系统工作原理,正是由面向目标的系统编码、图式符号、连接信息一一对应的设计原则所实现的。

(一)碎部点坐标测算原理与方法

在野外数据采集中,若用全站仪测定所有独立地物的定位点及线状地物、面状地物的转折点(统称碎部点)的坐标,不仅工作量大,而且有些点无法直接测定。因此,必须灵活运用“测算法”,测、算结合来确定碎部点坐标。

碎部点坐标“测算法”的基本思想是在野外数据采集时,使用全站仪适当采用仪器法(主要是极坐标法)测定一些“基本碎部点”,再用勘丈法(只丈量距离)测定一部分碎部点的位置,最后充分利用直线、直角、平行、对称等几何特征,在室内计算出所有碎部点的坐标。下面介绍几种常用的碎部点测算方法。

1. 仪器测量法

1)极坐标法

极坐标法是测量碎部点最常用的方法,如图 5-1 所示。

已知:$A(X_A,Y_A,H_A)$ 、$B(X_B,Y_B,H_B)$ 。

待求:碎部点 P 点的坐标 (X_P,Y_P,H_P) 。

测法:测站在 A 点,后视 B 点、量得仪器高为 i,测得 P 点的水平角 β、天顶距 Z 和斜距 S 及觇标高 V。

算法:

$$\alpha_{AB} = \arctan \frac{Y_B - Y_A}{X_B - X_A} \tag{5-1}$$

$$\begin{cases} X_P = X_A + S\cos(\alpha_{AB} + \beta) \\ Y_P = Y_A + S\sin(\alpha_{AB} + \beta) \\ H_P = H_A + S\cos Z + i - V \end{cases} \tag{5-2}$$

2)直线延长偏心法

已知:$A(X_A, Y_A, H_A)$、$B(X_B, Y_B, H_B)$,O 点坐标也已测定出来,如图5-2所示。

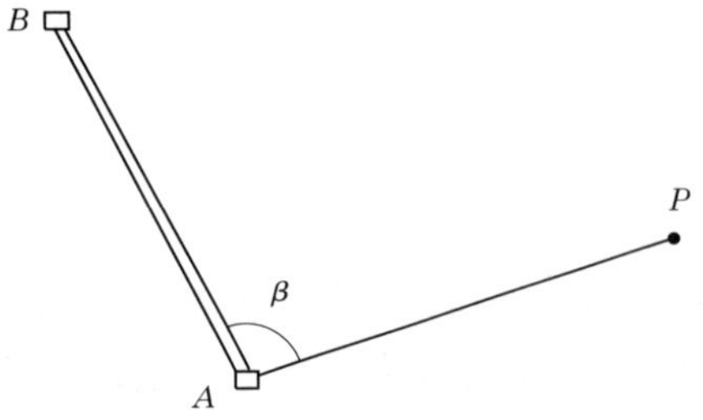

图5-1　极坐标法

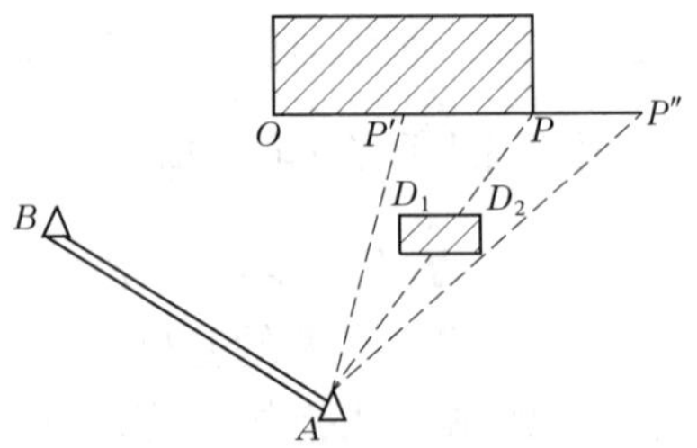

图5-2　直线延长偏心法

待求:碎部点 P 点的坐标 (X_P, Y_P, H_P)。

测法:因 A、P 点不通视,则在地物边线方向先找到 P' 或 P'' 作为辅助点,先用极坐标法测定其坐标,再用钢尺量取 PP' 或 PP'' 的距离 D_1 或 D_2。

算法:

$$\begin{cases} X_P = X_{P'} + D_1 \cos\alpha_{OP'} \\ Y_P = Y_P' + D_1 \sin\alpha_{OP'} \end{cases} \tag{5-3}$$

3)角度偏心测量法

已知:$A(X_A, Y_A, H_A)$、$B(X_B, Y_B, H_B)$,如图5-3所示。

待求:碎部点 P 点的坐标 (X_P, Y_P, H_P)。

测法:由于 P 点无法达到或无法立镜,将棱镜安置在以 AP 为半径的圆弧上的 P_i 处,先照准棱镜测距 D_{APi},再照准目标 B 测量方向值 α_{AP}。

算法:

$$\begin{cases} X_P = X_A + D_{AP_i} \cos\alpha_{AP} \\ Y_P = Y_A + D_{AP} \sin\alpha_{AP} \end{cases} \tag{5-4}$$

内业作图时,只要以 A 为圆心,D_{APi} 为半径,α_{AP} 为方位角,就可找到 P 点位置。

4)距离偏心测量法

已知:$A(X_A, Y_A, H_A)$、$B(X_B, Y_B, H_B)$,如图5-4所示。

待求:碎部点 P 点的坐标 (X_P, Y_P, H_P)。

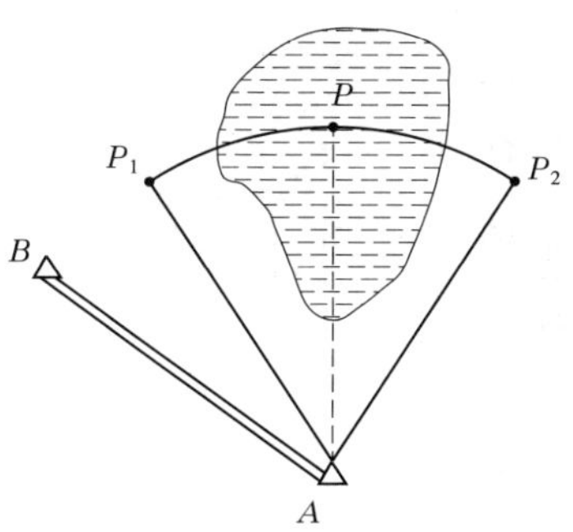

图 5-3 角度偏心法

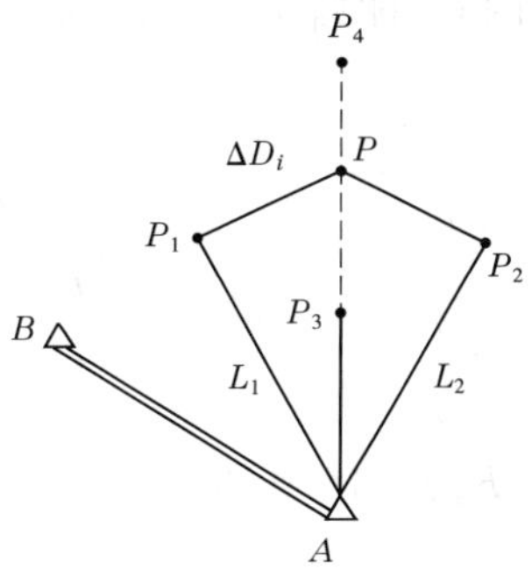

图 5-4 距离偏心法

测法：由于 P 点不能立尺或棱镜，可先用极坐标法测定偏心点 P_i 的坐标，再丈量偏心点 P_i到目标点 P 的距离 ΔD_i 。

当偏心点位于目标点的左边或右边(P_1或 P_2)时算法：

$$\begin{cases} X_P = X_{P_i} + \Delta D_i \cos\alpha_{P_iP} \\ Y_P = Y_{P_i} + \Delta D_i \sin\alpha_{P_iP} \end{cases} \tag{5-5}$$

式中 $\alpha_{P_iP} = \alpha_{AB} + L_i \pm 90°$ (当 $i=1$ 时,取“+”,当 $i=2$ 时,取“-”)

当偏心点位于目标点前方或后方，即偏心点在测站和目标点的连线上(P_3或 P_4)时算法：

$$\begin{cases} X_P = X_A + (D_{ZB_i} \pm \Delta D_i)\cos\alpha_{AP} \\ Y_P = Y_A + (D_{ZB_i} \pm \Delta D_i)\sin\alpha_{AP} \end{cases} \tag{5-6}$$

式中 $\alpha_{AP} = \alpha_{AB} + L_P$ (当 $i=3$ 时,取“+”;当 $i=4$ 时,取“-”)。

内业作图时，只要过 P_i作 AP_i的垂线，在垂线上以 P_i为起点，截一距离为 ΔD_i ，即可找到 P 点位置。

2. 勘丈法

勘丈法指利用勘丈的距离及直线、直角的特性测算出选定点的坐标。勘丈法对高程无效。

1)定向直角法

已知：碎部点 $A(1)$、$B(2)$两点，如图 5-5 所示。

待求：3，4，…，i 点坐标。

测法：分别量取各边边长 $D_1, D_2, \cdots, D_i$。

算法：

$$\begin{cases} X_i = X_{i-1} + D_{i-1}\cos\alpha_i \\ Y_i = Y_{i-1} + D_{i-1}\sin\alpha_i \end{cases} \tag{5-7}$$

注意方位角 α_i 的计算。

若推求点数超过 3 个，最好计算一下闭合差。

$$\begin{cases} f_x = X_A^{计} - X_A \\ f_y = Y_A^{计} - Y_A \end{cases} \tag{5-8}$$

当f_x、f_y在限差内时,计算坐标改正数

$$\begin{cases} v_{xi} = \dfrac{-f_x D_i}{\sum D} \\ v_{yi} = \dfrac{-f_y D_i}{\sum D} \end{cases} \tag{5-9}$$

2)距离交会法

已知:碎部点A、B,如图5-6所示。

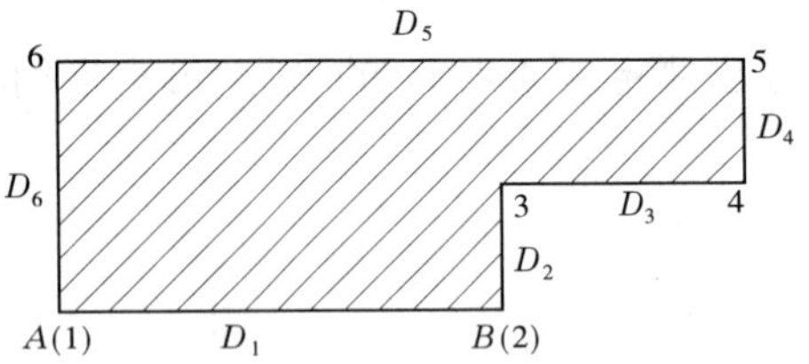

图5-5　定向直角法

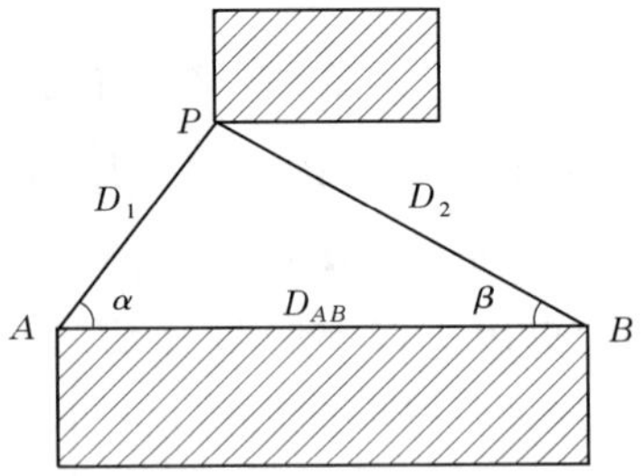

图5-6　距离交会法

待求:碎部点P。

测法:分别量取P至A、B点距离D_1、D_2。

算法:先根据已知边D_{AB}和D_1、D_2求出角α、β。即

$$\begin{cases} \alpha = \arccos \dfrac{D_{AB}^2 + D_1^2 - D_2^2}{2D_{AB}D_1} \\ \beta = \arccos \dfrac{D_{AB}^2 + D_2^2 - D_1^2}{2D_{AB}D_2} \end{cases} \tag{5-10}$$

再根据余切公式即可求得P点的坐标。

$$\begin{cases} X_P = \dfrac{X_A \cot\beta + X_B \cot\alpha + (Y_B - Y_A)}{\cot\alpha + \cot\beta} \\ Y_P = \dfrac{Y_A \cot\beta + Y_B \cot\alpha + (X_B - X_A)}{\cot\alpha + \cot\beta} \end{cases} \tag{5-11}$$

3)距离直线内插法

已知:碎部点A、B,如图5-7所示。

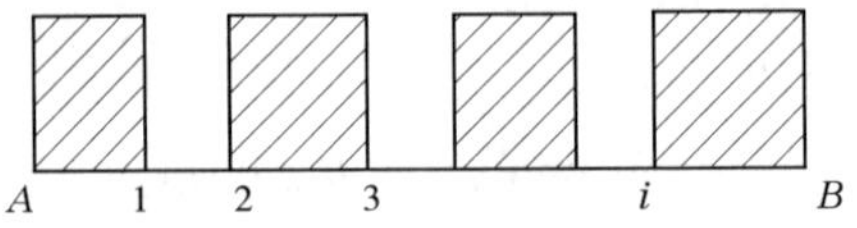

图5-7　直线内插法

待求:1,2,3,…,i点坐标。

测法:量取A点至各待测点的距离D_1,D_2,…,D_i。

算法:

$$\begin{cases}X_i = X_A + D_i\cos\alpha_{AB}\\Y_i = Y_A + D_i\sin\alpha_{AB}\end{cases}\tag{5-12}$$

3. 计算法

计算法一般不需要外业观测数据，仅利用图形的几何特性计算碎部点的坐标。

1）矩形计算法

已知：1、2、3 三个房角点，如图 5-8 所示。

待求：房角 4。

算法：

$$\begin{cases}X_4 = X_1 - X_2 + X_3\\Y_4 = Y_1 - Y_2 + Y_3\end{cases}\tag{5-13}$$

2）垂足计算法

已知：碎部点 A、B、3、4、5、6，且 $33'\perp AB$、$44'\perp AB$、$55'\perp AB$、$66'\perp AB$，如图 5-9 所示。

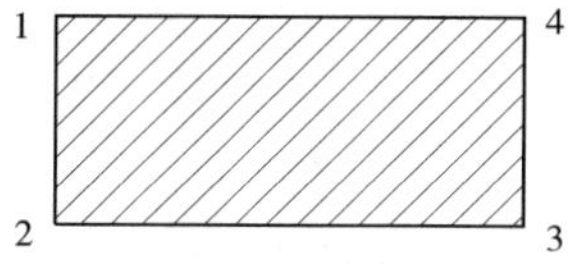

图 5-8　矩形计算法

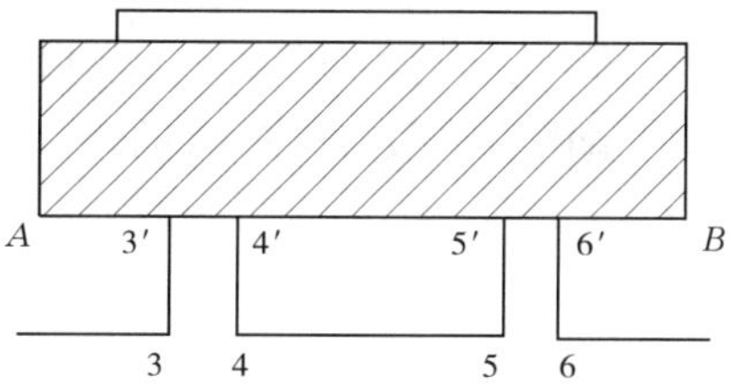

图 5-9　垂足计算法

待求：3′、4′、5′、6′各点。

算法：

$$k = \frac{Y_B - Y_A}{X_B - X_A}\tag{5-14}$$

$$\begin{cases}X'_i = \dfrac{Y_i - Y_A + X_A k + \dfrac{X_i}{k}}{k + \dfrac{1}{k}}\\Y'_i = Y_A + (X'_i - X_A)k\end{cases}\tag{5-15}$$

若 $X_A = X_B$，则 $X'_i = X_A$，$Y'_i = Y_i$；若 $X'_i = X_A$，则 $Y'_i = Y_A$，$i = 3、4、5、6$。

3）直线相交法

已知：A、B、C、D 为 4 个碎部点，且 AB 与 CD 相交于 P，如图 5-10 所示。

待求：交点 P 的坐标。

算法：

$$\begin{cases}k_1 = \dfrac{Y_B - Y_A}{X_B - X_A}, k_2 = \dfrac{Y_D - Y_C}{X_D - X_C}\\X_P = \dfrac{Y_C - Y_A + X_A k_1 - X_B k_2}{k_1 - k_2}\\Y_P = Y_A + (X_P - X_A)k_1\end{cases}\tag{5-16}$$

4)平行曲线法

已知:曲线 AE 上的点 A、B、C、D、E,如图5-11所示。

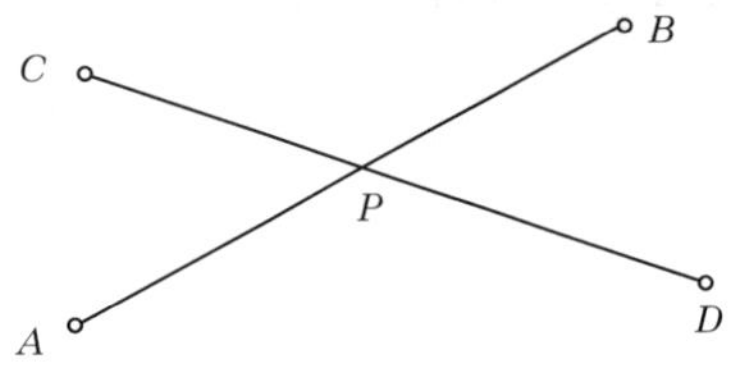

图5-10 直线相交法

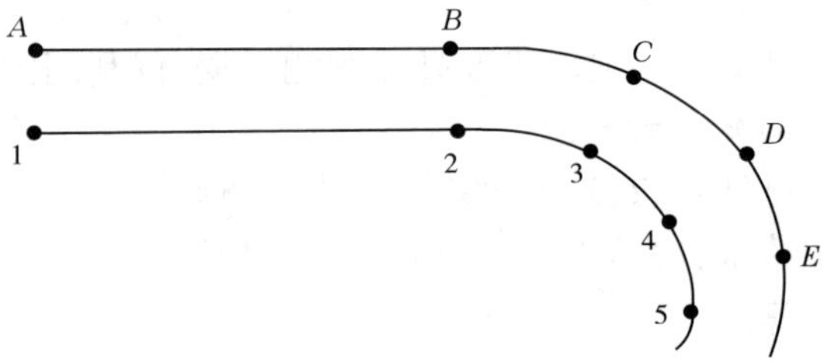

图5-11 平行曲线法

待求:与曲线 AE 间距为 R 的曲线上1、2、3、4、5各点坐标。

(1)对于直线部分:

$$\begin{cases} x_2 = x_B + R\cos\alpha_1 \\ y_2 = y_B + R\sin\alpha_1 \end{cases} \tag{5-17}$$

(2)对于由直线过渡到曲线的第一个曲线点:

$$\begin{cases} x_3 = x_C + R\cos\alpha_2 \\ y_3 = y_C + R\sin\alpha_2 \end{cases} \tag{5-18}$$

(3)对于曲线上的其他点,如图5-11中的4、5两点,可分别由 B、C、D 求4点,由 C、D、E 求5点,依次类推。例如,求4点坐标的公式为:

$$\begin{cases} x_4 = x_D + R\cos\alpha_3 \\ y_4 = y_D + R\sin\alpha_3 \end{cases} \tag{5-19}$$

式中 $\alpha_3 = \alpha_{CD} + \frac{S_{CD}}{S_{AC} + S_{CD}}(\alpha_{CD} - \alpha_{BC}) \pm 90°$;

S_{ij} —— i、j 两点之间的距离。

上面各计算方位角的公式中,当所求曲线点位于已知点的左边时(称为左边点),取"−";在右边时(称为右边点),取"+"。另外注意,对于曲线上的点,一定要由外侧向内侧推算。用此法计算道路(尤其是弯道)另一侧点的坐标是十分便利的。

5)对称点法

如图5-12是一轴对称房屋,测出1,2,3…和 A 点后,再测出 A 点的对称点 B,即可分别求出各对称点1′,2′,3′…的坐标。

$$\begin{cases} \alpha_i = 2\alpha_{AB} - \alpha_{Ai} - 180° \\ D_i = \sqrt{\Delta X_{Ai}^2 + \Delta Y_{Ai}^2} \\ X_i' = X_B + D_i\cos\alpha_i \\ Y_i' = Y_B + D_i\sin\alpha_i \end{cases} \tag{5-20}$$

6)平移图形法

如图5-13所示。图形 B 与图形 A 全等且方位一致,若已知图形 A 上各点和图形 B 上一个点(如1′点)的坐标,就可求得图形 B 上各点的坐标。

$$\begin{cases} x_i' = x_1' - x_1 + x_i \\ y_i' = y_1' - y_1 + y_i \end{cases} \tag{5-21}$$

该方法对于规则的建筑群非常有效。

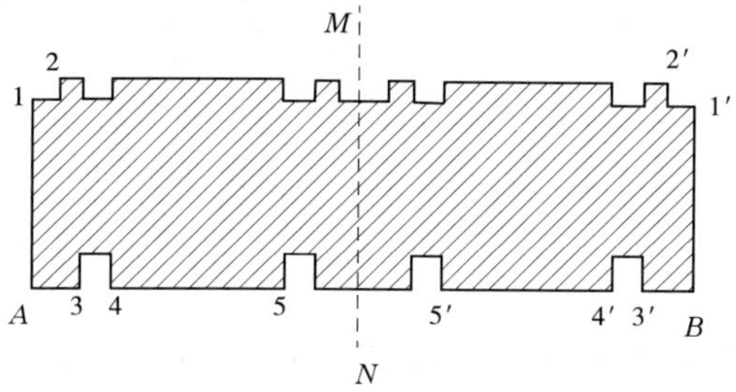

图 5-12　对称点法

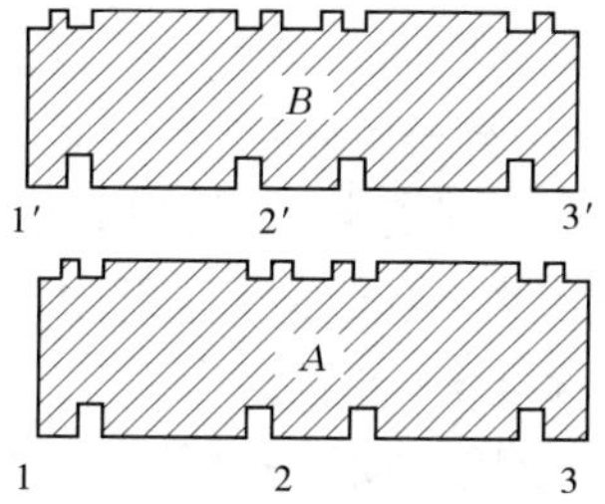

图 5-13　平移图形法

4. 作图法

作图法的基本思想是野外数据采集时，利用全站仪适当地测定一些基本碎部点，并展绘在屏幕上，再用钢尺丈量必要的距离或用全站仪测量必需的方向，直接利用测图软件提供的作图工具将图形绘制出来。

如图 5-14 所示的房屋中，用全站仪采集了房角 17、19、21、22、24 点的坐标，并丈量了一部分距离（如图 5-14 标示，单位为 m）。利用 CASS 软件将 17、19、21、22、24 点展绘在屏幕上后，即可利用丈量的尺寸将房子绘制出来。作图过程如下：

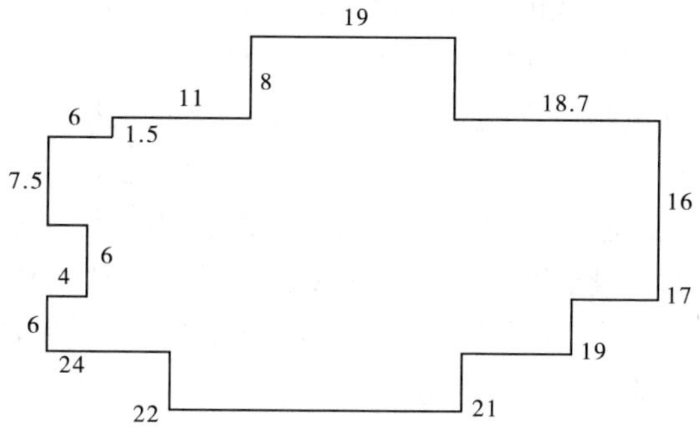

图 5-14　作图法

命令：djf3 ↙

输入线宽：<0.0>↙

第一点：（捕捉 21）

指定点：（捕捉 22）

闭合 C/隔一闭合 G/隔一点 J/微导线 A/曲线 Q/边长交会 B 回退 U/<指定点>：J↙

输入点：（捕捉 24）

闭合 C/隔一闭合 G/隔一点 J/微导线 A/曲线 Q/边长交会 B 回退 U/<指定点>：A↙

微导线 - 键盘输入角度(K)/<指定方向点（只确定平行和垂直方向）>：K↙

请键入夹角（度分秒）：270↙

距离<m>：6↙

闭合 C/隔一闭合 G/隔一点 J/微导线 A/曲线 Q/边长交会 B/回退 U/ <指定点>:A↙

微导线 - 键盘输入角度(K)/ <指定方向点(只确定平行和垂直方向)>:K↙

请键入夹角(度.分秒):270↙

距离 <m>:4↙

依此步骤进行…

闭合 C/隔一闭合 G/隔一点 J/微导线 A/曲线 Q/边长交会 B/回退 U/ <指定点>:A↙

微导线 - 键盘输入角度(K)/ <指定方向点(只确定平行和垂直方向)>:K↙

请键入夹角(度分秒):90↙

距离 <m>:18.7↙

闭合 C/隔一闭合 G/隔一点 J/微导线 A/曲线 Q/边长交会 B/回退 U/:(捕捉 17)

闭合 C/隔一闭合 G/隔一点 J/微导线 A/曲线 Q/边长交会 B/回退 U/ <指定点>:J↙

输入点:(捕捉 19)

闭合 C/隔一闭合 G/隔一点 J 微导线 A/曲线 Q/边长交会 B/回退 U/ <指定点>:J↙

输入点:(捕捉 21)

闭合 C/隔一闭合 G/隔一点 J/微导线 A/曲线 Q/边长交会 B/回退 U/ <指定点>:C↙

可见,获得碎部点坐标数据的方法多种多样,在野外采集过程中可根据实际情况综合运用各种方法,同时也可看出有些碎部点的坐标并不一定要测出,而可以根据一些必要条件推算而得。

(二)碎部点数据采集

碎部点数据采集,随作业模式的不同,其作业方式会有一定的差异,以全站仪测记法作业为例,进入测区后,领镜(尺)员首先对测站周围的地形、地物分布情况大概看一遍,认清方向,做到心中有数。观测员指挥立镜员到事先选好的某点上准备立镜定向,自己快速架好仪器,开机,选择测量状态,进行测站定向。定向完成后,锁定全站仪度盘,通知立镜者开始跑点。立镜员在碎部点立棱镜后,观测员及时瞄准棱镜,用对讲机联系、确定镜高(为保证测量速度,棱镜高不宜经常变化)及所立点的性质,输入镜高、地物代码(无码作业时直接按回车键),确认准确照准棱镜后,按回车键。待仪器发出响声,说明测点数据已进入仪器内存,测点的信息已被记录下来,绘图员绘制草图并记录点号、属性、连接关系等信息。一个测站上的测量工作完成后,绘草图人员对所绘草图仔细检核,主要看图形与属性记录有无疏漏和差错。立镜员找一个已知点重测进行检核,以检查施测过程中是否存在误操作、仪器碰动或出故障等原因造成的错误。确定无误后,关闭仪器电源,搬站。到下一测站,重新按上述采集方法、步骤进行施测。

1. 碎部点测量的跑镜方法

野外实测时,数字测图的碎部点坐标采集并非是打点越多越好,重要的是点位的选择是否适当。有时,打点过多不仅会增加外业时间和劳动量,而且会使数据量增加,处理困难,给内业成图带来一些麻烦。因此,在地形测量中,跑尺打点是一项重要的工作。立尺(镜)点和跑尺线路的选择对地形图的质量和测图效率都是有直接的影响。

1)跑棱镜的一般原则

野外数字测图时,地形点就是立尺点,测图开始前,绘图员和跑尺(镜)员应先在测站上研究需要立尺(镜)的位置和跑尺方案。在地性线明显的地区,可沿地性线在坡度变换点上依次立尺,也可沿等高线跑尺,一般常采用“环行线路法”和“迂回线路法”。

在进行外业测绘工作的时候,碎部点测量应首先测定地物和地貌的特征点,还可以选一些“地物和地貌”的共同点进行立尺(镜)并观测,这样可以提高测图工作的效率。

2)地物点的测绘

地物点应选在地物轮廓线的方向变化处。如果地物形状不规则,一般地物凹凸长度在图上大于0.4 mm均应表示出来。如测绘1:500地形图时,实地地物凹凸长度大于0.2 m的要进行实测。

测量房屋时,应选房角为地形点,应用房屋的长边控制房屋,不可以用短边两点和长边距离画房屋,那样误差太大。有些成片房屋的内部无法直接测量,可用全站仪把周围测量出来,里面的用钢尺丈量。

测量水塘时,选有棱角或弯曲的地点为地形点。

测量电杆时一定要注意电杆的类别和走向。有的电杆上边是输电线,下边是配电线或通信线,应表示主要的。成排的电杆不必每一根都测,可以隔一根测一根或隔几根测一根,因为这些电杆是等间距的,在内业绘图时可用等分插点画出。但有转向的电杆一定要实测。

测量道路时可只测路的一边,量出路宽,内业绘图时即可绘制道路。

主要沟坎必须表示,画上沟坎后,等高线才不会相交。

地下光缆也应实测,但有些光缆,例如国防光缆须经某些部门批准后方可在图上标出。

3)地貌测绘

地面上的山脊线、山谷线、坡度变化线和山脚线都称为地性线,地性线上的坡度变换点是表示地貌的主要特征点,如果测出这些点,再测出更多的地形点,便能正确而详细地表示实地的情况。一般地形点间最大距离不应超过图上3 cm,如1:500比例尺地形图为15 m。地形点的最大间距不应大于表5-1的规定。

表5-1 地形点的最大间距

比例尺		1:500	1:1 000	1:2 000	1:5 000
一般地区(m)		15	30	50	100
水域	断面间距(m)	10	20	40	100
	断面上测点间距(m)	5	10	20	50

注:水域测图的断面间距和断面的测点间距,根据地形变化和用图要求,可适当加密或放宽。

在平原地区测绘大比例尺地形图,地形较为简单,高程点可以稀一些,但有明显起伏的地方,高处应沿坡的走向有一排点,坡下有一排点,这样画出的等高线才不会变形。

在山区测绘时,主要是地形,并不是点越多越好,做到山上有点,山下有点,确保山脊线、山谷线等地性线上有足够的点,这样画出的等高线才准确。

4)工矿区现状图测绘

在工矿区测绘地形图时,建(构)筑物细部坐标点测量的位置如表5-2所示。

表 5-2　建(构)筑物细部坐标点测量的位置

类别		坐标	高程	其他要求
建(构)筑物	矩形	主要墙角	主要墙外角、室内地坪	
	圆形	圆心	地面	注明半径、高度或深度
	其他	墙角、主要特征点	墙外角、主要特征点	
地下管线		起、终、转、交叉点管道中心	地面、井台、井底、管顶、下水测出入口管底或沟底	经委托方开挖后施测
架空管道		起、终、转、交叉点支架中心	起、终、转、交叉点、变坡点的基座面或地面	注明通过铁路、公路的净空高
架空电力线路、电信线路		铁塔中心、起、终、转、交叉点杆柱的中心	杆(塔)的地面或基座面	注明通过铁路、公路的净空高
地下电缆		起、终、转、交叉点的井位或沟道中心,入地处、出地处	起、终、转、交叉点的井位或沟道中心,入地处、出地处、变坡点的地面和电缆面	经委托方开挖后施测
铁路		车挡、岔心、进厂房处、直线部分每 50 m 一点	车挡、岔心、变坡点、直线段每 50 m 一点、曲线内轨每 20 m 一点	
公路		干线交叉点	变坡点、交叉点、直线段每 30 ~ 40 m 一点	
桥梁、涵洞		大型的四角点,中型的中心线两端点,小型的中心点	大型的四角点,中型的中心点两端点,小型的中心点、涵洞进出口底部高	

5)城镇建筑区地形图测绘

(1)在房屋和街巷测量时,对于 1∶500 和 1∶1 000 比例尺地形图,应分别实测;对于 1∶2 000比例尺地形图,小于 1 mm 宽的小巷,可适当合并;对于 1∶5 000 比例尺地形图,小巷和院落连片的,可合并测绘。

(2)街区凸凹部分的取舍,可根据用图的需要和实际情况确定。

(3)各街区单元的出入口及建筑物的重点部位,应测注高程点,主要道路中心在图上每隔 5 cm 处和交叉、转折、起伏变换处,应测注高程点;各种管线的检修井,电力线路、通信线路的杆(塔),架空管线的固定支架,应测出位置并适当测注高程点。

(4)对于地下建(构)筑物,可只测量其出入口和地面通风口的位置和高程。

2.综合取舍的一般原则

地物、地貌的各项要素的表示方法和取舍原则,除应按现行国家标准(规范)地形图图式执行外,还应参考如下有关规定。

1)测量控制点测绘

测量控制点是测绘地形图和工程测量施工放样的主要依据,在图上应精确表示。各等级平面控制点、导线点、图根点、水准点,应以展点或测点位置为符号的几何中心位置,按图式规定符号表示。

2)居民地和垣栅的测绘

(1)居民地的各类建筑物、构筑物及主要附属设施应准确测绘实地外围轮廓和如实反映建筑结构特征。

(2)房屋的轮廓应以墙基外角为准,并按建筑材料和性质分类,注记层数。1∶500 比例尺地形图中,临时性房屋可舍去。

(3)建筑物和围墙轮廓凸凹在图上小于 0.4 mm,简单房屋小于 0.6 mm 时,可用直线连接。

(4)1∶500 比例尺测图,房屋内部天井宜区分表示。

(5)测绘垣栅应类别清楚,取舍得当。城墙按城基轮廓依比例尺表示,围墙、栅栏、栏杆等可根据其永久性、规整性、重要性等综合考虑取舍。

(6)台阶和室外楼梯长度大于图上 3 mm,宽度大于图上 1 mm 的应在图上表示。

(7)永久性门墩、支柱,大于图上 1 mm 的依比例实测,小于图上 1 mm 的测量其中心位置,用符号表示。重要墩柱无法测量中心位置时,量取并记录偏心距和偏离方向。

(8)建筑物上突出的悬空部分应测量最外范围的投影位置,主要的支柱也要实测。

3)交通及附属设施测绘

(1)交通及附属设施的测绘,图上应准确反映陆地道路的类别和等级,附属设施的结构和关系;正确处理道路的相交关系及与其他要素的关系;正确表示水运和海运的航行标志,河流和通航情况及各级道路的通过关系。

(2)公路与其他双线道路在图上均应按实宽依比例表示。公路应在图上每隔 15 ~ 20 mm 注出公路技术等级代码,国道应注出国道路线编号。公路、街道按其铺面材料分为水泥、沥青、砾石、条石或石板、硬砖、碎石和土路等,应分别以混凝土、沥、砾、石、砖、渣、土等注记于图中路面上,铺面材料改变处应用点划线分开。

(3)路堤、路堑应按实地宽度绘出边界,并应在其坡顶、坡脚适当测注高程。

(4)道路通过居民地不宜中断,应按真实位置绘出。高速公路应绘出两侧围建的栅栏(或墙)和出入口,注明公路名称。中央分隔带视用图需要表示。市区街道应将车行道、过街天桥、过街地道的出入口、分隔带、环岛、街心花园、人行道与绿化带绘出。

(5)桥梁应实测桥头、桥身和桥墩位置,加注建筑结构。

(6)大车路、乡村路、内部道路按比例实测,宽度小于图上 1 mm 时只测路中线,以小路符号表示。

4)管线测绘

(1)永久性的电力线、电信线均应准确表示,电杆、铁塔位置应实测。当多种线路在同一杆架上时,只表示主要的。城市建筑区内电力线、电信线可不连线,但应在杆架处绘出线路方向。各种线路应做到线类分明,走向连贯。

(2)架空的、地面上的、有管堤的管道均应实测,分别用相应符号表示,并注明传输物质的名称。当架空管道直线部分的支架密集时,可适当取舍。地下管线检修井宜测绘表示。

(3)污水箅子、消防栓、阀门、水龙头、电线箱、电话亭、路灯、检修井均应实测中心位置,以符号表示,必要时标注用途。

5)水系测绘

(1)江、河、湖、水库、池塘、泉、井等及其他水利设施,均应准确测绘表示,有名称的加注名称。根据需要可测注水深,也可用等深线或水下等高线表示。

(2)河流、溪流、湖泊、水库等水涯线,按测图时的水位测定,当水涯线与陡坎线在图上投影距离小于 1 mm 时,以陡坎线符号表示。河流在图上宽度小于 0.5 mm、沟渠在图上宽度小于 1 mm(1∶2 000 在地形图上小于 0.5 mm)的用单线表示。

(3)水位高及施测日期视需要测注。水渠应测注渠顶边和渠底高程;时令河应测注河床高程;堤、坝应测注顶部及坡脚高程;池塘应测注塘顶边及塘底高程;泉、井应测注泉的出水口与井台高程,并根据需要注记井台至水面的深度。

6)地貌和土质的测绘

(1)地貌和土质的测绘,图上应正确表示其形态、类别和分布特征。

(2)自然形态的地貌宜用等高线表示,崩塌残蚀地貌、坡、坎和其他特殊地貌应用相应符号或用等高线配合符号表示。

(3)各种天然形成和人工修筑的坡、坎,其坡度在 70°以上时表示为陡坎,70°以下时为斜坡。斜坡在图上投影宽度小于 2 mm,以陡坎符号表示。当坡、坎比高小于 1/2 基本等高距或在图上长度小于 5 mm 时,可不表示,坡、坎密集时,适当取舍。

(4)梯田坎坡顶及坡脚宽度在图上大于 2 mm 时,应实测坡脚。当按 1∶2 000 比例尺测图时梯田坎过密,两坎间距在图上小于 5 mm 时,可适当取舍。梯田坎比较缓且范围较大时,可用等高线表示。

(5)坡度在 70°以下的石山和天然斜坡,可用等高线或用等高线配合符号表示。独立石、土堆、坑穴、陡坡、斜坡、梯田坎、露岩地等应在上下方分别测注高程或测注上(或下)方高程及量注比高。

(6)各种土质按图式规定的相应符号表示,大面积沙地应用等高线加注记表示。

7)植被的测绘

(1)地形图上应正确反映出植被的类别特征和范围分布。对耕地、园地应实测范围,配置相应的符号表示。大面积分布的植被在能表达清楚的情况下,可采用注记说明。同一地段生长有多种植物时,可按经济价值和数量适当取舍,符号配制不得超过 3 种。

(2)旱地包括种植小麦、杂粮、棉花、烟草、大豆、花生和油菜等的田地,经济作物、油料作物应加注品种名称。有节水灌溉设备的旱地应加注“喷灌”“滴灌”等。一年分几季种植不同作物的耕地,应以夏季主要作物为准配置符号表示。

(3)稻田应测出田间的代表性高程,田埂宽度在图上大于 1 mm 的应用双线表示,小于 1 mm 的用单线表示。田块内应测注有代表性的高程。

(4)当地类界与线状地物重合时,只绘线状地物符号。

(5)当梯田坎的坡面投影宽度在地形图上大于 2 mm 时,应实测坡脚;当小于 2 mm 时,可量注比高。当两坎间距在 1∶500 比例尺地形图上小于 10 mm、在其他比例尺地形图上小于 5 mm 时或坎高小于基本等高距的 1/2 时,可适当取舍。

8)注记

(1)要求对各种名称、说明注记和数字注记准确注出。图上所有居民地、道路、街巷、山岭、沟谷、河流等自然地理名称,以及主要单位等名称,均应调查核实,有法定名称的应以法定名称为准,并应正确注记。

(2)地形图上高程注记点应分布均匀,丘陵地区高程注记点间距为图上2~3 cm。

(3)山顶、鞍部、山脊、山脚、谷底、谷口、沟底、沟口、凹地、台地、河川湖池岸旁、水涯线上以及其他地面倾斜变换处,均应测高程注记点。

(4)当基本等高距为0.5 m时,高程注记点应注至厘米;当基本等高距大于0.5 m时可注至分米。

9)地形要素的配合

(1)当两个地物中心重合或接近,难以同时准确表示时,可将较重要的地物准确表示,次要地物移位0.3 mm或缩小1/3表示。

(2)当独立地物与房屋、道路、水系等其他地物重合时,可中断其他地物符号,间隔0.3 mm,将独立地物完整绘出。

(3)房屋或围墙等高出地面的建筑物,直接建筑在陡坎或斜坡上且建筑物边线与陡坎上沿线重合的,可用建筑物边线代替坡坎上沿线;当坎坡上沿线距建筑物边线很近时,可移位间隔0.3 mm表示。

(4)悬空建筑在水上的房屋与水涯线重合,可间断水涯线,房屋照常绘出。

(5)水涯线与陡坎重合,可用陡坎边线代替水涯线;水涯线与斜坡脚线重合,仍应在坡脚将水涯线绘出。

(6)当双线道路与房屋、围墙等高出地面的建筑物边线重合时,可以建筑物边线代替路边线。道路边线与建筑物的接头处应间隔0.3 mm。

(7)当地类界与地面上有实物的线状符号重合,可省略不绘;当与地面无实物的线状符号(如架空管线、等高线等)重合时,可将地类界移位0.3 mm绘出。

(8)等高线遇到房屋及其他建筑物,双线道路、路堤、路堑、坑穴、陡坎、斜坡、湖泊、双线河以及注记等均应中断。

(三)数据编码

野外数据采集仅仅采集碎部点的位置(点的坐标信息)是不能满足计算机自动成图要求的,还必须将地物点的连接关系和地物属性信息(地物类别)记录下来。通常是用按一定规则构成的符号串来表示地物属性和连接关系等信息,这种有一定规则的符号串称为数据编码。

数据编码的基本内容包括地物要素编码(或称地物特征码、地物属性码、地物代码)、连接关系码(或连接点号、连接序号、连接线型)、面状地物填充码等。

1. 国家标准地形要素分类与编码

按照《1:500 1:1 000 1:2 000外业数字测图规程》(GB/T 14912—2017)规定,野外数据采集编码的总形式为“地形码+信息码”。

地形码是表示地形图要素的代码。

在《基础地理信息要素分类与代码》(GB/T 13923—2006)和《城市基础地理信息系统技术规范》(CJJ 100—2017)中对比例尺为1:500、1:1 000、1:2 000的代码位数的规定是6位十进制数字码,分别为按数字顺序排列的大类、中类、小类和子类码,具体代码结构,如图5-15所示。

× × ×× ××

大类 中类 小类 子类

图5-15 碎部点编码规则

左起第一位为大类码;第二位为中类码,是在大类基础上细分形成的要素码;第三、第四位为小类码,是在中类基础上细分形成的要素码;第五、第六位为子类码,是在小类基础上细分形成的要素码。代码的每一位均用0～9表示,对于大类:1为定位基础(含测量控制点和数学基础)、2为水系、3为居民地及设施、4为交通、5为管线、6为境界与政区、7为地貌、8为植被与土质。表5-3为8个大类中大比例尺成图基础地理信息要素部分代码的示例。

表5-3 1:500、1:1 000、1:2 000基础地理信息要素部分代码

分类代码	要素名称	分类代码	要素名称
100000	定位基础	310000	居民地
110000	测量控制点	310100	城镇、村庄
110101	大地原点	310300	单幢房屋普通房屋
…	…	310500	高层房屋
110103	图根点	310600	棚房
110202	水准点	311002	地下窑洞
110300	卫星定位控制点	340503	邮局
…	…	380201	围墙
300000	居民地及设施	380403	阳台

2. 全要素编码方案

全要素编码通常是由若干个十进制数组成,其中每一位数字都按层次分,都具有特定的含义。有的采用5位,有的采用6位、7位、8位,甚至11位编码的都有。各种编码都有各自的特点,但一般都是用其中3位表示地物编码,其他是将一些不是最基本的、规律的连接及绘图信息都纳入编码。

3. 简编码方案

由于国家标准地形要素分类与编码推出的比较晚,且记忆与使用不方便,目前的数字测图系统多采用以前各自设计的编码方案,其中简编码就是比较实用易行的方案。

简编码是在野外作业时仅输入简单的提示性编码,经内业简码识别后,自动转换为程序内部码。南方CASS的简编码方案是一个有一定代表性的简码输入方案。其野外操作码(也称为简码或简编码)可区分为类别码(见表5-4)、关系码(见表5-5)和独立符号码(见表5-6)三种,每种只由1～3位字符组成,形式简单、规律性强、易记忆,能同时采集测点的地物要素和拓扑关系,适应多人跑尺、交叉观测不同地物等复杂情况。

表 5-4　类别码符号及含义

类型	符号及含义
坎类(曲)	K(U)+数(0—陡坎,1—加固陡坎,2—斜坡,3—加固斜坡,4—垄,5—陡崖,6—干沟)
类线(曲)	X(Q)+数(0—实线,1—内部道路,2—小路,3—大车路,4—建筑公路,5—地类界,6—乡、镇界,7—县、县级市界,8—地区、地级市界,9—省界线)
垣栅类	W+数(0,1—宽为 0.5 m 的围墙,2—栅栏,3—铁丝网,4—篱笆,5—活树篱笆,6—不依比例围墙,不拟合,7—不依比例围墙,拟合)
铁路类	T+数[0—标准铁路(大比例尺),1—标(小),2—窄轨铁路(大),3—窄(小),4—轻轨铁路(大),5—轻(小),6—缆车道(大),7—缆车道(小),8—架空索道,9—过河电缆]
电力线类	D+数(0—电线塔,1—高压线,2—低压线,3—通信线)
房屋类	F+数(0—坚固房,1—普通房,2——般房屋,3—建筑中房,4—破坏房,5—棚房,6—简单房)
管线类	G+数[0—架空(大),1—架空(小),2—地面上的,3—地下的,4—有管堤的]
植被土质	拟合边界 B+数(0—旱地,1—水稻,2—菜地,3—天然草地,4—有林地,5—行树,6—狭长灌木林,7—盐碱地,8—沙地,9—花圃)
	不拟合边界 H+数(同上)
圆形物	Y+数(0—半径,1—直径两端点,2—圆周三点)
平行体	P+[X(0~9),Q(0~9),K(0~6),U(0~6),…]
控制点	C+数(0—图根点,1—埋石图根点,2—导线点,3—小三角点,4—三角点,5—土堆上的三角点,6—土堆上的小三角点,7—天文点,8—水准点,9—界址点)

表 5-5　连接关系码的符号及含义

符号	含义
+	本点与上一点相连,连线依测点顺序进行
−	本点与下一点相连,连线依测点顺序相反方向进行
n+	本点与上 *n* 点相连,连线依测点顺序进行
n−	本点与下 *n* 点相连,连线依测点顺序相反方向进行
P	本点与上一点所在地物平行
*n*P	本点与上 *n* 点所在地物平行
+A$	本点与上点连
−A$	断点标识符,本点与下点连

表5-6 部分独立地物(点状地物)编码及符号含义

符号类别	编码及符号名称				
水系设施	A00 水文站	A01 停泊场	A02 航行灯塔	A03 航行灯桩	A04 航行灯船
	A05 左航行浮标	A06 右航行浮标	A07 系船浮筒	A08 急流	A09 过江管线标
	A10 信号标	A11 露出的沉船	A12 淹没的沉船	A13 泉	A14 水井
居民地	A16 学校	A17 废气池	A18 卫生所	A19 地上窑洞	A20 电视发射塔
	A21 地下窑洞	A22 窑	A23 蒙古包		
公共设施	A68 加油站	A69 气象站	A70 路灯	A71 照射灯	A72 喷水池
	A73 垃圾台	A74 旗杆	A75 亭	A76 岗亭、岗楼	A77 钟楼、鼓楼、城楼
	A78 水塔	A79 水塔烟囱	A80 环保监测站	A81 粮仓	A82 风车
	A83 水磨房、水车	A84 避雷针	A85 抽水机站	A86 地下建筑物天窗	
⋮	⋮				

1)类别码

类别码(亦称地物代码或野外操作码)如表5-4所示,是按一定的规律设计的,不需要特别记忆。有1~3位,第一位是英文字母,大小写等价,后面是范围为0~99的数字,如代码F0,F1,F2,…,F6分别表示坚固房,普通房,一般房屋,…,简易房。F取“房”字的汉语拼音首字母,0~6表示房屋类型由“主”到“次”。另外,K0表示直折线型的陡坎,U0表示曲线型的陡坎;X1表示直折线型内部道路,Q1表示曲线型内部道路。由U、Q的外形很容易想象到曲线。类别码后面可跟参数,如野外操作码不到3位,与参数间应有连接符“-”,如有3位,后面可紧跟参数,参数有控制点的点名、房屋的层数、陡坎的坎高等几种,如Y012.5表示以该点为圆心,半径为12.5 m的圆。

2)关系码

关系码(亦称连接关系码),共有“+”“-”“A \$”和“P”4种符号配合,来描述测点间的连接关系。

其中“+”表示连接线依测点顺序进行;“-”表示连接线依测点相反顺序进行连接,“P”表示绘平行体;“A \$”表示断点识别符,如表5-5所示。

3. 独立符号码

对于只有一个定位点的独立地物，用 A×× 表示，如 A14 表示水井，A70 表示路灯，如表 5-6所示。

4. 其他编码方案

1）块结构编码方案

块结构编码方案是将整个编码分成几个部分，如分为点号、地形编码、连接点和连接线型四部分，分别输入。其中地形编码是参考图式的分类，用 3 位整数将地形要素分类编码。每一个地形要素都赋予一个编码，使编码和图式符号一一对应。如 100 代表测量控制点类；104 代表导线点；200 代表居民地类，又代表坚固房屋；210 代表建筑中的房屋。这种数据编码，每个测点都要输入地形编码，需要绘图员较熟练记住地形编码，这给绘图员带来一定困难。

2）二维编码方案

二维编码方案是在《基础地理信息要素分类与代码》（GB/T 13923—2006）规定的地形要素代码的基础上进行了扩充，以反映图形的框架线、轴线、骨架线、标识点（Label 点）等。它对地形要素进行了更详细的描述，一般由 6～7 位代码组成。二维编码没有包含连接信息，连接信息码由绘图操作顺序反映。二维编码数位多，观测员很难记住这些编码。测图时对照实地现场，利用屏幕菜单和绘图专用工具或用鼠标提取地物属性编码，绘制图形。

5. 无码作业与简码作业

野外数字测图时，输入图形信息码是数据采集的一项重要工作，如果只有碎部点的坐标和高程，计算机处理时无法识别碎部点是哪一种地形要素以及碎部点之间的连接关系。因此，要将测量的碎部点生成数字地图，就必须给碎部点记录输入图形信息码。

按图形信息码输入方式的不同，数据采集作业方式可分为无码作业与简码作业两种。

无码作业就是用全站仪（或 RTK GPS）测定碎部点的定位信息（X,Y,Z），并自动记录于电子手簿或内存储器，手工记录碎部点的属性信息与连接信息。简码作业是在测定碎部点的定位信息的同时输入简编码。带简编码的数据经内业识别，自动转换为绘图程序内部码，可以实现自动绘图。

1）无码作业

无码作业现场不输入地物代码（编码），而用草图或笔记记录绘图信息。领图员在镜站把所测点的属性及连接关系在草图（用放大的旧图作为工作底图更好）上反映出来，供内业处理、图形编辑时使用。草图的绘制要遵循清晰、易读、相对位置准确、比例尽可能一致的原则。另外，在野外采集时，能测到的点要尽量测，实在测不到的点可利用皮尺或钢尺量距，将丈量结果记录在草图上；室内用交互编辑方法成图或利用电子手簿的量算功能及时计算这些直接测不到的点的坐标。

若只使用全站仪内存记录，采集数据主要使用极坐标法，应在草图上记录一部分勘丈数据；若使用电子手簿记录，可充分利用电子手簿的测、量、算功能，尽可能多地测量碎部点，以满足内业绘图需要。

对于有丰富作业经验的领尺员，可以将绘制观测草图改为用记录本记录绘图信息，这将大大地方便外业。记录时，一栋房屋的点尽量记录在一行，连续观测的线形地物也尽量记录在一行。

在进行地貌采点时,可以用一站多镜的方法进行。一般在地性线上要有足够密度的点,特征点也要尽量测到。例如,在山沟底测一排点,也应该在山坡边再测一排点,这样生成的等高线才真实。测量陡坎时,最好坎上坎下同时测点或准确记录坎高,这样生成的等高线才没有问题。在其他地形变化不大的地方,可以适当放宽采点密度。

在一个测站上所有的碎部点测完后,要找一个已知点重测,进行检核,以检查施测过程中是否存在因误操作、仪器碰动或出现故障等造成的错误。检查完,确定无误后,关掉仪器电源、中断电子手簿、关机、搬站。

进行野外数据采集时,由于测站离测点可以比较远,观测员与立镜员或领尺员之间的联系通常离不开对讲机。仪器观测员要及时将测点点号告知领尺员或记录员,使草图标注点号或记录手簿上点号与仪器观测点号一致。若两者不一致,应查找原因,并必须及时更正。

2)简码作业

使用简码作业进行数据采集时,现场对照实地输入野外操作码(也可自己定义野外操作码,内业编辑索引文件),图5-16中点号旁的括号内容为每个采集点输入的操作码。

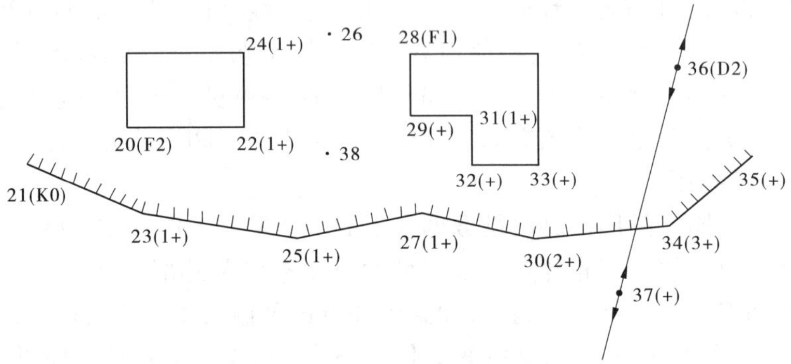

图5-16　简码输入

对于CASS的简码作业,其操作码的具体使用规则如下:

(1)对于地物的第一点,操作码=地物代码。

(2)连续观测某一地物时,操作码为“+”或“-”。

(3)交叉观测不同地物时,操作码为“n+”或“n-”。其中n表示该点应与以上n个点前面的点相连(n=当前点号-连接点号-1,即跳点数)。还可用“+A $”或“-A $”标识断点,“A $”是任意助记字符。

(4)观测平行体时,操作码为“P”或“nP”。其中“P”的含义为通过该点所画的符号应与上点所在地物的符号平行且同类,“nP”的含义为通过该点所画的符号应与以上跳过n个点后的点所在的地物符号平行且同类,对于带齿牙线的坎类符号,将会自动识别是堤还是沟。若上点或跳过n个点后的点所在的符号不为坎类或线类,系统将会自动搜索已测过的坎类或线类符号的点。因而,用于绘平行体的点,可在平行体的一“边”未测完时测对面点,亦可在测完后接着测对面的点,还可在加测其他地物点之后,测平行体的对面点。

(5)若要对同一点赋予两类代码信息,应重测一次或重新生成一个点,分别赋予不同的代码。

(四)野外采集数据的记录格式

大比例尺数字测图野外采集的数据需要记录的内容包括:一般数据(如测区代号、施测日期、小组编号)等;仪器数据(如仪器类型、仪器误差、测距仪加常数、乘常数)等;测站数据(如测站点号、零方向点号、仪器高,零方向读数)等,方向观测数据(如方向点号、目标的觇标高、方向、天顶距和斜距的观测值)等;碎部点观测数据[如点号、连接点号、连接线型、地形要素分类码、方向、天顶距和斜距的观测值与觇标高(或者是计算的 X,Y,Z)]等;控制点数据[如点号、类别,(X,Y,Z)]等。为区分各种数据的记录内容,用不同的记录类别码放在每条记录的开头来表示。各种数据需要规定它们的字长,根据数据的字长和数据之间的关系,确定一条记录的长度,每条记录具有相同的长度和相同的数据段,按记录类别码可以确定一条记录中各数据段的内容,对于不同的数据可以用零填充。

1. 南方全站仪的数据格式

南方全站仪的坐标数据文件格式为:

点号 1,编码 1,Y_1,X_1,H_1

点号 2,编码 2,Y_2,X_2,H_2

…

点号 n,编码 n,Y_n,X_n,H_n

2. 南方灵锐 S82 型 RTK GPS 的数据格式

南方灵锐 S82 型 RTK GPS 的数据文件很多,通常用户只要掌握测量成果存储的文件,即 DAT、RTK 两种类型的文件即可。

1)DAT 文件格式

p1,99974.117,19972.526,51.586,00000000,10,0.006,0.025,6,2.90,16:01:32.00,0.0000,0.0000,0.000,

p2,99972.505,19976.508,49.882,00000000,10,0.011,0.056,6,2.90,16:01:59.00,0.0000,0.0000,2.000,

p3,99983.172,19980.009,50.252,00000000,10,0.009,0.024,6,2.90,16:02:21.00,0.0000,0.0000,2.000,

p4,99991.094,19990.469,50.022,00000000,10,0.006,0.017,7,2.40,16:02:46.00,0.0000,0.0000,2.000,

p5,99992.744,19986.699,49.516,00000000,10,0.009,0.029,8,1.90,16:03:1.00,0.0000,0.0000,2.000,

p6,99999.016,19976.794,49.040,00000000,10,0.006,0.017,8,1.90,16:03:30.00,0.0000,0.0000,2.000,

2)格式说明

点名,x 坐标,y 坐标,高程,属性,点存储状态(固定解),平面精度,高程精度,卫星颗数,PDOP,时间,缺省,缺省,天线高。

3)RTK 文件数据格式

Rem Version Ver1.00.050603

Rem DataTime 2011 - 7 - 11 16:01:32.00

Rem Datums 0 6378245.0 298.300000000

Rem Projection 114.0000 0 500000 1.0000 0.0000

Rem Seven 0 0.00000000 0.00000000 0.00000000 0.00000000 0.00000000 0.00000000

0. 00000000

Rem Difang 0 0. 0000 0. 0000 0. 00000000 1. 00000000

Rem Nihe 0 0. 00000000 0. 00000000 0. 00000000 0. 00000000 0. 00000000 0. 00000000 0. 00000000

Rem BaseStation 2558738. 755 435131. 149 23. 559 23. 0735580003 113. 2200119993 23. 559

p1, 23. 0734734806, 113. 2159158371, 23. 145, 00000000, 0. 000, 10, 0. 006, 0. 025, 6, 2. 900, 16:01:32. 000, 1

p2, 23. 0734682987, 113. 2159298562, 23. 442, 00000000, 2. 000, 10, 0. 011, 0. 056, 6, 2. 900, 16:01:59. 000, 1

p3, 23. 0735030211, 113. 2159419975, 23. 812, 00000000, 2. 000, 10, 0. 009, 0. 024, 6, 2. 900, 16:02:21. 000, 1

p4, 23. 0735289162, 113. 2159786375, 23. 582, 00000000, 2. 000, 10, 0. 006, 0. 017, 7, 2. 400, 16:02:46. 000, 1

p5, 23. 0735342285, 113. 2159653644, 23. 075, 00000000, 2. 000, 10, 0. 009, 0. 029, 8, 1. 900, 16:03:1. 000, 1

p6, 23. 0735544728, 113. 2159304581, 22. 600, 00000000, 2. 000, 10, 0. 006, 0. 017, 8, 1. 900, 16:03:30. 000, 1

格式说明:

第一部分为文件头:

Rem Version 版本号;

Rem DataTime 文件建立日期;

Rem Datums 椭球参数;

Rem Projection 投影参数;

Rem Seven 七参数;

Rem Difang 地方转换参数(四参数);

Rem Nihe 高程拟合参数;

Rem BaseStation 基准站信息;

第二部分为数据文件:

点名,纬度,经度,高程,属性,天线高,点存储状态(固定解),平面精度,高程精度,卫星颗数,PDOP,时间,(一般)存储方式。

【小贴士】

本任务主要介绍数据采集前的准备工作;野外数据采集的原理、方法及相关基本概念;数据采集中跑镜的方法及综合取舍的一般原则。本任务的学习过程中学生应注重对数据采集的基本原理、方法、跑镜的方法及综合取舍的一般原则的理解,为后续用全站仪、RTK 实施数据采集时做好知识储备。

任务二　全站仪野外数据采集及传输

全站仪测记法模式进行野外数据采集可以说是适用于任何地形的一种数据采集方法，它是指用全站仪在野外测量地形特征点的点位，用仪器内存储器记录测点的定位信息，用草图、笔记或简码记录其他绘图信息，到室内将测量数据传输到计算机，经人机交互编辑成图。该法由于不受地形限制、外业操作方便、作业时间短，是测绘人员常采用的作业方法。

测记法按使用仪器的不同可分为全站仪法数据采集和 RTK GPS 法数据采集，它们都有无码作业和简码作业之分。本任务先介绍全站仪测记法模式进行野外数据采集。

一、全站仪数据采集

全站仪坐标数据采集实质上是极坐标测量方法的应用，即通过测定出已知点（等级控制点、图根点或支站点）与地面上任意一待定点之间的相对关系（角度、距离、高差），利用全站仪内部自带的计算程序计算出待定点的三维坐标(X,Y,Z)；也可以通过对已知点的观测，用交会的方法求得待定点的坐标。由于全站仪数据采集具有精度高、速度快、测量范围大、人工干预少、不易出错、能进行数据传输等特点，所以它是目前大比例尺数字测图野外采集数据的主要方法。

（一）全站仪坐标数据采集的一般步骤

目前，全站仪生产厂家众多、型号多样，但其坐标数据采集的步骤大同小异，其主要操作步骤可归纳如下。

1. 安置全站仪

将仪器安置（对中、整平）于测站点（等级控制点、图根点或支站点）上，装上充好电的配套电池，量取仪器高 2 次取平均值。

2. 全站仪初始设置

测定测量时测站周围环境的温度、气压，并输入全站仪；选择测量模式（反射片、棱镜、无合作目标），当选择棱镜时，应设置配套的棱镜常数，检查各基本量的单位设置。

3. 建立文件（项目）

用于存储数据，便于后续数据处理，一般可根据习惯和需要对自己的文件进行个性化设置。建好文件后，将需要用到的控制点坐标数据录入并存放到该文件中。

4. 设站（亦称建站）

设站是让所采集的碎部点坐标归于所采用的坐标系中，即告诉全站仪所测点是由以测站点为依据的相对关系所得。一般包括输入仪器高、定向、检查等具体内容。在进行坐标测量前，必须正确设站。

5. 坐标测量

在建站基础上，开始对待测点进行坐标测量。

6. 存储

将采集的碎部点信息（点号、坐标、代码、原始数据）存储在全站仪内存或手簿中，包括点的点位、属性和连接信息。

注意：在开始采集数据前要选择第三个已知点进行测量，用其测量值与已知坐标值相比较,看其值是否在限差以内,若超限,应进行检查和处理,直至限差合格,方能正式开始碎部点数据采集。

(二)拓普康 GTS－211D 全站仪数据采集

开机,按【MENU】键,仪器进入特殊模式,显示主菜单,如图5-17所示。

```
MENU                        1/3
F1:DATA  COLLECT
F2:LAYOUT
F3:MEMORY  MGR              P↓
```

图5-17 主菜单

按【F1】(DATA COLLECT)键,仪器进入数据采集工作状态;按【F2】(LAYOUT)键为放样模式;按【F3】(MEMORY MGR)键,进入内存管理工作状态。

1. 数据采集准备工作

1)测站设置

在特殊模式下,选择【F1】键,仪器进入数据采集工作状态,如图5-18所示。

```
SELECT  A  FILE
FN:—
INPUT  LIST—ENTER
```

图5-18 数据采集工作状态

首先提示输入数据采集文件名。这个文件名可在"LIST"下通过按【▲】或【▼】键上下滚动文件目录,选定一个文件名;也可直接输入文件名。随后在数据采集菜单2/3下,输入测站点数据(测站点坐标、仪器高等)及后视点数据(后视点坐标或定向角度、目标高等),照准后视点。选择【测量】,即完成测站设置。

测站点数据可由以下两种方法设定:

(1)利用内存中的坐标数据来设定。

(2)直接由键盘输入。

后视点数据可按如下3种方法设定:

(1)利用内存中的坐标数据设定。

(2)直接键入后视点坐标。

(3)直接键入定向方向角。

2)参数设置

进行数据采集之前,应进行有关参数设置,如选择精测模式、单次测距;记录数据前要确认测量结果,先输入有关数据后进行测量(EDIT→MEAS);退出数据采集模式(Esc)时自动将测量数据转换成坐标数据文件等。参数设置在数据采集菜单3/3下进行,按【CONFIG】键,显示"CONFIG"菜单1/2或2/2,逐一设定。

3)检查内存空间

野外数据采集之前,应检查全站仪的内存空间大小,删除无用的文件。如全部文件无用,可将内存初始化。

2. 数据采集的操作步骤

1) 输入控制点坐标

使用 GTS－211D 全站仪在野外采集数据时，可以先在室内将图根控制点坐标存入全站仪，以减轻测站安置工作量。先由主菜单中的内存管理（MEMORY MGR）进入坐标输入（COORD. INPUT）状态：

（1）输入便于记忆的文件名（如测量日期、测量地点或姓名的声母）。

（2）输入点号 PT#，一般从 1 开始（也可以是字符串点名）。

（3）依次输入 N(x)、E(y)、H(z)坐标数据。

（4）输入完坐标后，进入下一个点的输入，点号 PT#自动加 1。

若键入的内容有错误，可在存储管理菜单中，通过删除文件的坐标数据菜单“DELETE COORD”删除有误的坐标。

2) 安置仪器

在测站点上安置仪器，对中，整平后，按下仪器电源开关【POWER】键，转动望远镜，使全站仪进入观测状态，再按【MENU】键，进入主菜单。

3) 输入数据采集文件名

在主菜单下，选择数据采集【F1】（DATA COLLECT），输入数据采集文件名。文件名可与内业输入的控制点坐标文件名相同。第一次作业时需直接键入（INPUT），在以后的作业中也可以从库里查找（LIST）。若内业没有输入控制点的坐标文件，这时要输一个便于记忆的数据采集文件名，按【ENT】键结束。

4) 输入测站点数据

在数据采集菜单 1/3 下，选择【F1】（OCC. PT # INPUT），分别输入测站点点号（PT#）或坐标（N，E，H）、测站编码（ID）、仪器高（INS. HT）。按【F4】（OCNEZ），键入测站点点号或坐标。输入点号还是直接输入坐标，通过【F3】（NEZ）切换。最后按【ENT】键输入。若采用无码作业，测站上可不输入编码（ID），用【▼】键跳过去；若测平面图，仪器高（INS. HT）可不输入。

5) 输入后视点（定向点）数据

在数据采集菜单 1/3 下，按【F2】（BACKSIGHT）键进入后视点（定向点）数据设置状态。按【F4】（BS）键即可输入定向点坐标或定向角，按【F3】（NE/AZ）键可使输入方法在坐标值、设置水平角和坐标点名之间交替切换。在后视点数据设置（BACK SIGHT）状态下，按【▲】键、【▼】键，可选择输入后视点编码和目标高（棱镜高）。

6) 定向

当测站点数据和后视点数据输入完成后，按【F3】（MEAS）键，再照准后视点，选择一种测量模式。如按【F2】（SD）键，进入斜距测量；按【F3】（NEZ）键，进入坐标测量。这时，水平度盘自动设置为后视点的方位角值，然后返回数据采集菜单 1/3。

7) 碎部点测量

在数据采集菜单 1/3 下，按【F3】键，即开始碎部点测量。照准目标（棱镜），依次输入点号、编码、目标高（镜高），开始测量、记录。测完第一个碎部点后，点号自动加 1，照准下一个目标，若棱镜高和编码都不变，选择 ALL 即与上点相同的测量。

8)注意事项

(1)测站设置好后,应先测一个已知点检核,以确保测站设置无误。检测点的结果不要记录,即选择“NO”。

(2)碎部点记录的点号一般从 1 号开始,以后自动累加。若提前存有 n 个坐标数据,碎部点记录的点号应从 $n+1$ 号开始。

(三)南方 NTS - 370 全站仪数据采集

南方 NTS - 370 新型大屏幕全站仪坐标数据采集,除采用常规采集方法外,由于该全站仪可内置南方测图精灵(MG)掌上电子平板程序(需选购),所以也可直接使用测图精灵(MG)进行数据采集(掌上电子平板测图)。

1. 安置全站仪

将仪器安置(对中、整平)于测站点上,装上电池,量取仪器高 2 次取平均值。

2. 参数设置

根据实际情况进行温度、气压、棱镜常数、测角参数、测距参数等的设置。

3. 新建工程(作业)

在全站仪功能主菜单界面上,单击“标准测量”图标,进入标准测量程序,在打开的“标准测量程序”界面中,选择如图 5-19 所示的【工程】菜单下的【新建】子菜单项,打开如图 5-20所示的“新建工程”对话框,输入相应信息,点击【创建】按钮,将作业存储。新建立的作业默认为当前作业。系统返回标准测量程序主菜单(标准测量程序要求在每次测量时建立一个作业文件名,如不建立文件名,系统会自动建立一个缺省文件名(DEFAULT),测量中的所有观测成果均存入该文件中)。

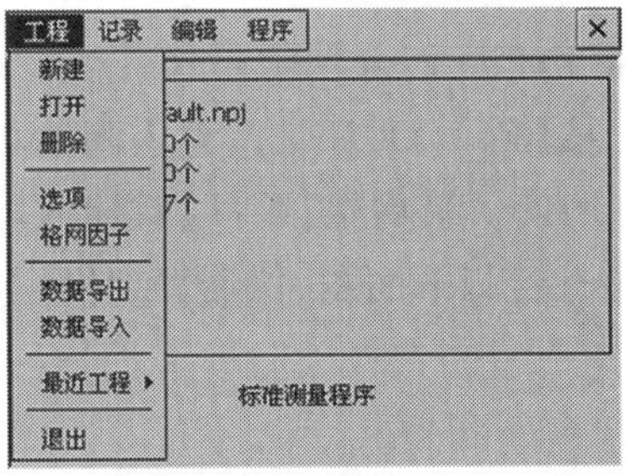

图 5-19　工程菜单

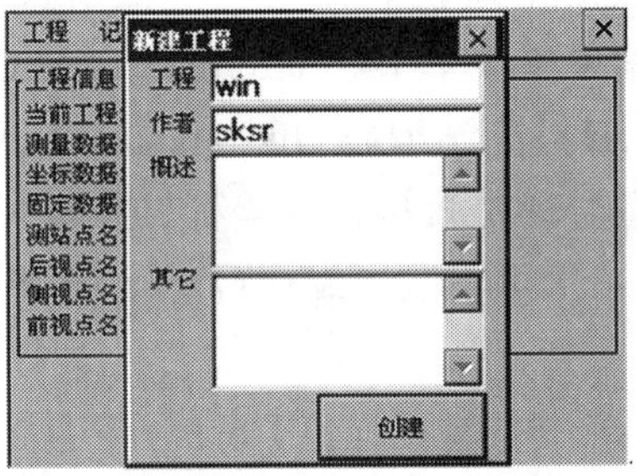

图 5-20　新建工程界面

4. 设置测站点和后视点

(1)在标准测量界面单击【记录】菜单下的【设置】子菜单项,进入测站点和后视点设置功能,如图 5-21 所示,在“测站点”栏输入点名,并单击【信息】项,系统会启动搜索功能,若内存中不存在该点名,会提示进行坐标输入。若内存中存在该点名,系统会自动调用该点,并显示在屏幕上,如图 5-22 所示。

单击图 5-21 中【列表】按钮,在弹出的菜单中选择【固定数据】或【坐标数据】,系统会打开“调用坐标”对话框,列出作业中的坐标数据,如图 5-23 所示。选择点名,单击右下角【调用】按钮。打开如图 5-24 所示界面,输入后视点名(方法同上),系统计算出方位角。

(2)照准后视点方向,单击【设置】按钮或按【ENT】键,进入后视点设置功能,如图 5-25 所示。

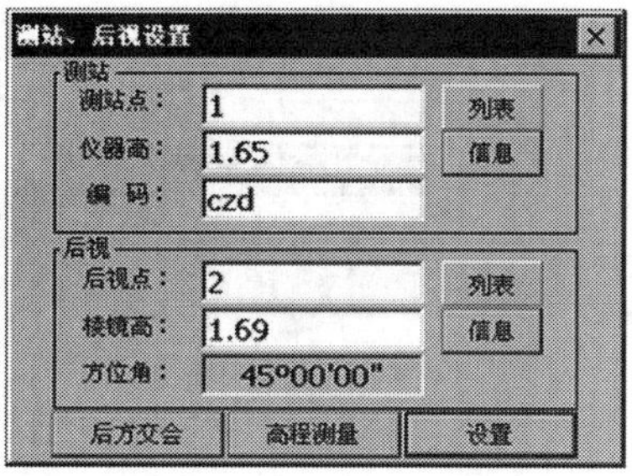

图 5-21 测站、后视设置界面

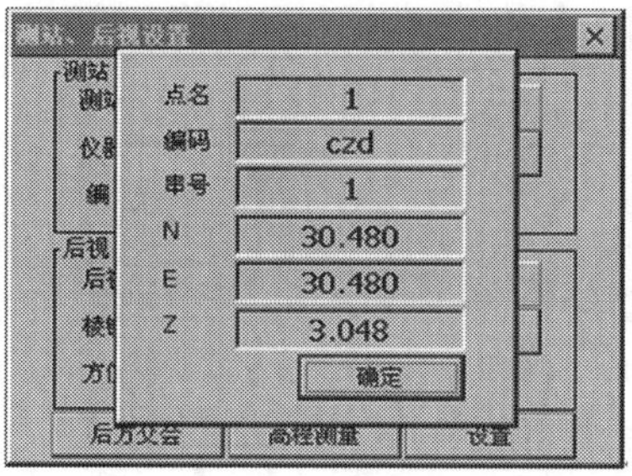

图 5-22 自动调用点界面

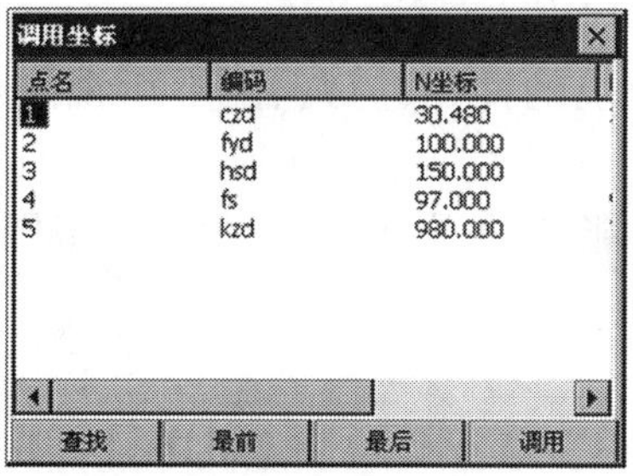

图 5-23 坐标调用界面

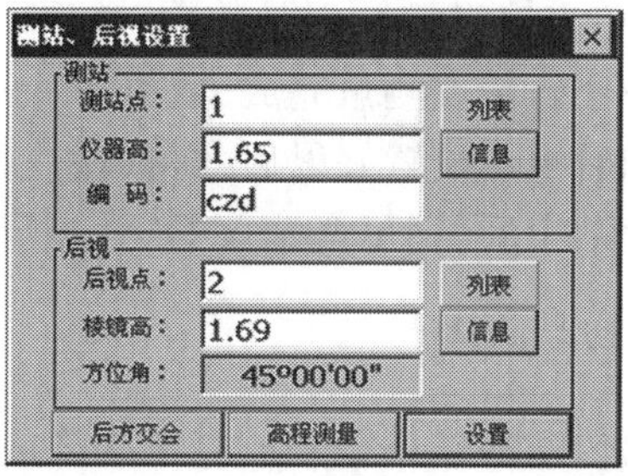

图 5-24 方位角显示界面

图中“Bks”为输入后视点系统计算的方位角或手工输入的方位角，“HR”为此时仪器显示的水平角。若单击【置零】按钮，则水平角的显示为零；再单击【确定】按钮便退出该屏幕并把后视方向设置为零；若单击【设置】按钮，水平角显示的角度便为方位角。若单击【校核】按钮键，便通过测量后视点的斜距而检校后视点坐标。如图 5-26 所示。

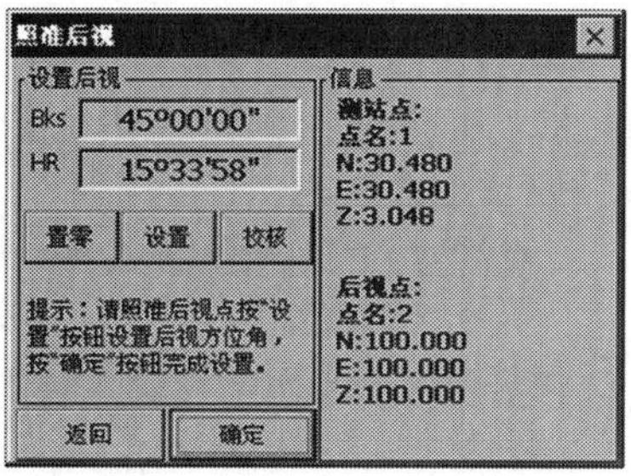

图 5-25 照准后视界面

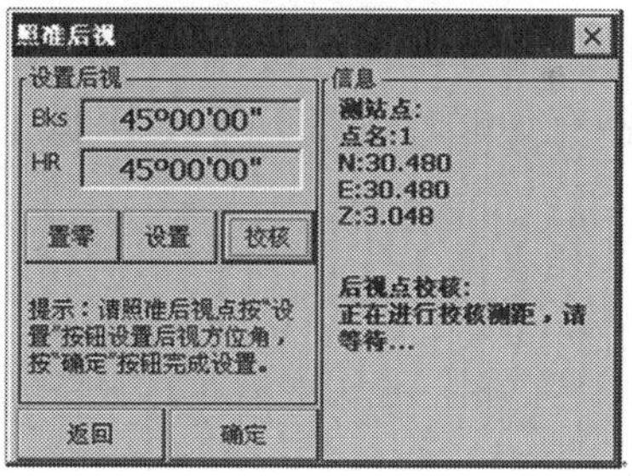

图 5-26 校核界面

（3）若直接单击【确定】按钮或按【ENT】键，则当前显示的水平角被作为初始后视方向记录，并用于之后的坐标计算。单击【确定】按钮或按【ENT】键，完成后视点的设置，并返回标准测量程序主菜单。

5. 数据采集（后视测量）

（1）在标准测量程序界面中选择【记录】菜单下的【后视测量】子菜单，进入后视测量功能，如图 5-27 所示。

（2）输入点名及棱镜高度（如不测高程，无须输入棱镜高），照准棱镜中心，单击【测量】按钮，开始测量。

（3）测量结束，单击【记录】按钮键，弹出如图 5-28 所示对话框。

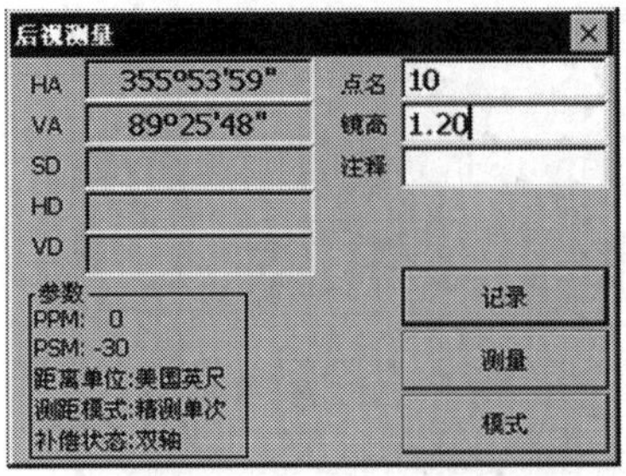

图 5-27　照准后视界面

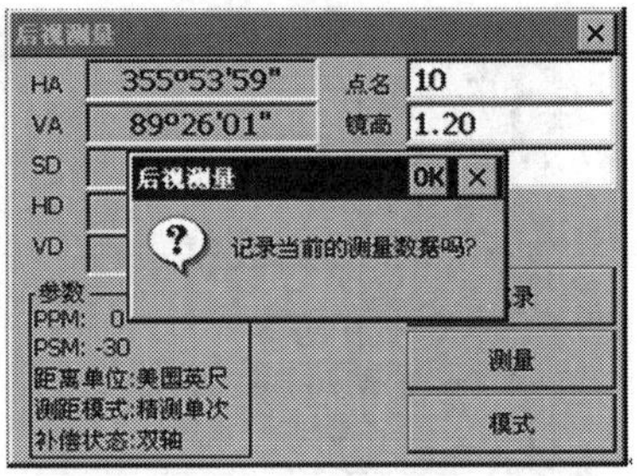

图 5-28　记录数据界面

(4)单击【OK】键,记录数据,并返回到标准测量程序主菜单。

第一个碎部点测量完成,照准下一个目标,按以上的操作进行(注意:后视测量必须在测站点和后视点设置好以后才可以进行)。

外业结束后,利用全站仪的"数据导出/导入"功能,进行数据导出,供内业成图用。

二、数据传输

数据传输的作用是完成电子手簿或全站仪等数据采集设备与计算机之间的数据相互传输。而要实现电子手簿或全站仪等数据采集设备与计算机之间的正常通信,作业前一般要对全站仪、电子手簿、计算机等进行必要的参数设置。

在进行数据传输前,首先应熟悉全站仪的通信参数,以便在传输数据过程中人机对话,选择正确的参数。然后选择正确的通信电缆将全站仪与计算机连接,即可进行计算机与全站仪间的数据传输。

(一)由全站仪到计算机的数据传输

每次外业数据采集完成之后应该及时地将数据传输到计算机,这样既可以保证下次作业时仪器有足够的存储空间,也降低了数据丢失的可能性。由全站仪到计算机的数据传输步骤如下。

1. 硬件连接

打开计算机进入 CASS9.0 系统,查看仪器的相关通信参数,选择正确的数据线将全站仪与计算机正确连接。

2. 设置通信参数

执行 CASS9.0【数据】菜单下的【读取全站仪数据】命令,在弹出的对话框中(见图 5-29)选择相应型号的仪器(如尼康 DTM－730),设置通信参数(通信口、波特率、校验、数据位、停止位),且应与全站仪内部通信参数设置相同,选择文件保存位置、输入文件名,并选中"联机"选项。

图 5-29　全站仪内存数据转换

(图中通讯应为通信,下同)

3. 传输数据

单击图 5-29 中的【转换】按钮,弹出"计算机等待全站仪信号提示"对话框,按对话框提示顺序操作,命令区便逐行显示点位坐标信息,直至通信结束。

如果想将以前传过来的数据进行数据转换,可先选好仪器类型,再将仪器型号后面的"联机"选项取消。这时通信参数全部变灰。接下来,在【通信临时文件】选项下填上已有的临时数据文件,再在【CASS 坐标文件】选项下填上转换后的 CASS9.0 坐标数据文件的路径和文件名,单击"转换"即可。

(二)由计算机到全站仪的数据传输

在实际作业过程中,有时也需要将计算机上的数据导入全站仪或电子手簿,如控制点坐标文件。CASS9.0 系统的【坐标数据发送】命令可实现由计算机到全站仪或 PC - E500 的数据传输。与由全站仪到计算机的数据传输类似,执行 CASS9.0【数据】→【坐标数据发送】命令,然后按提示操作即可实现。

值得一提的是,在数据通信过程中,一般接收方应先于发送方处于接受状态后,发送方才开始向接受方发送数据,以避免数据传输的丢失。

【小贴士】

本任务主要介绍全站仪进行野外数字测图野外数据采集及传输的具体实施,并着重介绍测记法,它是大比例尺数字测图野外数据采集最通用的一种方法,学生应重点掌握。

任务三　RTK 野外数据采集及传输

数字测图中 RTK 技术已得到了越来越广泛的应用。以下将以南方灵锐 S82 RTK 为例,介绍坐标数据采集的作业方法。

一、灵锐 S82 RTK 数据采集

打开工程之星(手簿与主机为内置蓝牙连接)。如果手簿上状态为无数据,则表示手簿与主机未连接成功,退出工程之星;手簿热启动一次,再次打开工程之星。手簿上的状态为"固定解"状态后,新建一个工程。依次按要求填写或选取工程名称、椭球系名称、投影参数设置等工程信息。进行四参数设置、七参数设置和高程拟合参数设置(未启用可暂不填写)。工程文件将保存在"\Flash Disk\Jobs\"目录下。

在实施校正作业时,校正方法有两种,即基准站架设在已知点或未知点上。

(一)基准站架设在已知点

启动"校正向导",按提示输入基准站坐标和基准站仪器高(此时移动站可安置在任意点固定不动,并且为"固定解"状态),点"校正"即已完成单点校正作业(单点校正获得两个坐标系间 3 个移动参数。在基准站与移动站距离很近的情况下,用"三参数"进行坐标转换是可行的)。如果作业距离比较远,则要用两点校正(采用两点校正可自动获得并启用"四参数")。两点校正时,第一点步骤同前;第二点校正时,移动站需安置在一已知点上。启动校正向导,第一个界面跳过(点【下一步】),输入此已知点的坐标与移动站的仪器高,点【校正】即完成校正作业。

(二)基准站架设在未知点

步骤基本同上,按手簿软件提示来操作即可。

校正作业完成后,当确定校正参数无误时,实施检查符合检查精度要求后,则可以进行

数据采集：选择【测量】→【目标点测量】（界面如图 5-30 所示）→输入点名、属性、天线高→【确定】保存。

工程之星软件提供了快捷方式，测量点时也可直接按手簿上的【A】键，显示测点信息后输入点名、属性、天线高（界面如图 5-31 所示），按手簿上的【Enter】键保存数据，继续测量时，点名将自动累加。碎部点的选择与传统作业模式一致，但在进行测定时，必须时刻注意移动站手簿界面显示的一些指标是否达到数据采集的条件。

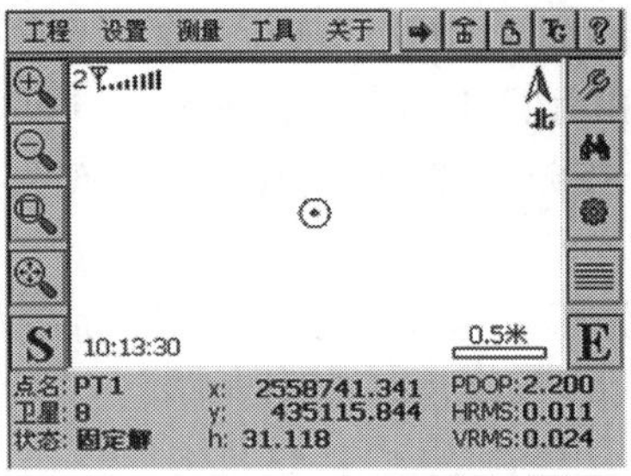

图 5-30　目标点测量主界面

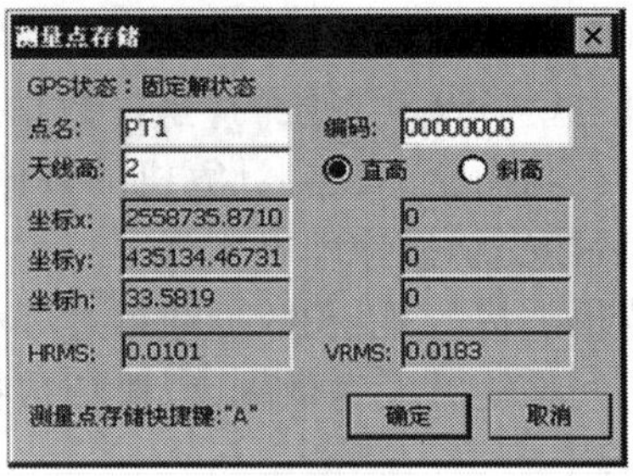

图 5-31　测量点存储界面

图 5-31 界面显示的含义：

x—被测点的纵坐标；y—被测点的横坐标；h—被测点的高程；*HRMS*—水平精度；*VRMS*—高程精度。

状态一栏分别会出现三个状态：

①固定解——表明锁定卫星足够，差分信号稳定，可进行数据采集。

②浮点解——表明锁定卫星较少，差分信号不稳定，此时也不能采集数据。

③单点解——表明锁定卫星较少，且差分信号质量较差，此时不能采集数据。

在数据采集过程中，通常要求锁定卫星颗数 $\geqslant 4$，精度因子 $\leqslant 4$，解算状态必须是固定解状态，水平精度 $HRMS \leqslant 2$ cm，高程精度 $VRMS \leqslant 3$ cm。

数据采集完成后，手簿里面的数据要进行数据的后处理，把数据格式变为所需要的数据格式。通过电脑中的 WINCE 通信软件将数据传到电脑中，即可进行绘图作业。

（三）备注

当基准站关机后，例如第一天的工作结束后，第二天在该区域重新施工时的操作步骤又分成以下两种情况。

1. 基准站架设在已知点上

当移动站接收到基准站自动启动的差分信号并达到固定解后，在软件的工程项目中打开第一天所求四参数的项目，再进行“基准站架设在已知点”的校正后即可进行工作。

2. 基准站架设在未知点上

移动站架设到已知点上对中整平，当接收到基准站自动启动的差分信号并达到固定解后，在工程之星软件的工程项目中使用第一天所求“四参数”的基础上再进行“基准站架设在未知点”的校正后即可进行工作。

二、快捷方式

碎部点测量是反复性的工作。为减少重复劳动，工程之星设计了各个界面的快捷方式、快捷键。快捷工具按钮如图 5-32 所示。

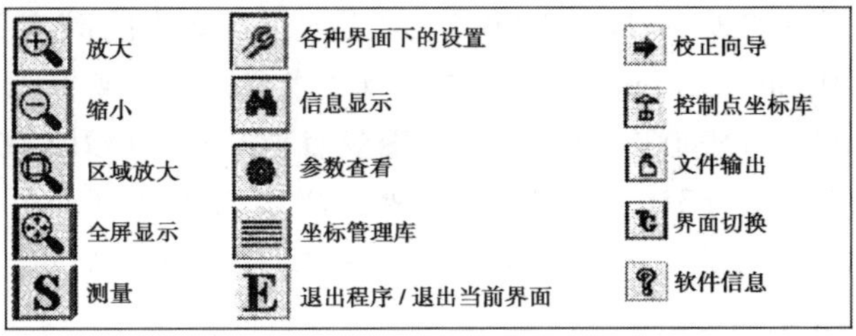

图 5-32 快捷工具按钮

三、基准站架设条件

RTK 数据链的工作与周围的电磁环境以及作用距离都有较大的关系。在基准站架设时,应当注意使观测站位置具备以下条件:

(1)至少观测到 5 颗卫星,且在 10°高度截止角以上的空间不应有障碍物。

(2)附近不应有强电磁辐射源,如电视发射塔、雷达、手机信号发射天线等。

(3)基准站最好选在地势相对高的地方,并保证基准站电池电量充足。

四、数据传输

由于各院校配备的 RTK 型号不尽相同,本书仅以南方灵锐 RTK 配套手簿工程之星 3.0 为例进行数据传输的简要介绍。选择"工程—文件导入导出—文件导出",打开"文件导出",在数据格式里面选择需要输出的格式,如果没有需要的文件格式,点击"自定义"填入格式名和描述以及扩展名,选择需要输出的原始测量数据文件列表中依次选中导出的数据类型点击:"增加"。全部添加完之后点击"确定"或是"OK"按钮,则自定义的文件类型。

说明:此处的编辑只能编辑自己添加的自定义的文件类型,系统固定的文件格式不能编辑。选择数据格式后,单击"测量文件",选择需要转换的原始数据文件,然后单击确定,此时单击"成果文件",输入转换后保存文件的名称(不能与原始数据文件名同名),然后单击"确定"最后单击"导出",则文件已经转换为所需要的格式。然后,点击"返回",将导出的文件复制粘贴到卡里,则转换格式后的数据文件保存在"\StorageCard\EGJobs\20140106\data\"里面。取出卡或者将手簿用数据线连接后复制粘贴即可。

五、电子平板法数据采集简介

电子平板法测图实质上就是一种边测边绘的作业方法,CASS 电子平板作业方式的重要功能是它能够连接各种全站仪,实现野外数据采集的自动输入和记录,并且可以在野外将地形图绘制出来,实现所测即所见。但是因为电源问题、数据实时传输速度问题、屏幕显示受限等问题,电子平板模式演变为一种理想模式,实际生产作业中用电子平板模式进行测图的作业单位较少,很长一段时间没有得到推广,所以只是作为一种了解型的方法简单认识即可。

【小贴士】

本任务主要介绍 RTK 进行野外数字测图野外数据采集及传输的具体实施,在相对开阔的测区,它是大比例尺数字测图野外数据采集中效率较高的一种方法,学生也应重点掌握。

【案例5-1】

1. 某测绘单位承接了某城市1∶500地形图测绘任务，测绘范围为3 km×4 km，测量控制资料齐全，图幅按50 cm×50 cm分幅。依据的技术标准有《城市测量规范》（CJJ/T 8—2011）、《1∶500　1∶1 000　1∶2 000外业数字测图规程》（GB/T 14912—2017）、《数字测绘成果质量检查与验收》（GB/T 18316—2008）等。外业测图采用全野外数字测图，外业碎部点采集时采集了房屋、道路、河流、桥梁、铁路、树木、池塘、高压线、绿地等要素，对测量数据用成图软件进行处理后结合草图进行编辑后成图。

请思考：该案例中按照地形图要素分类，说明外业采集的碎部点分别属于哪些大类要素？

2. 某测绘单位通过招标承担了某镇的1∶1 000数字地形图测绘工程。本测区面积约20 km^2，测区内约70%为平原地区、约30%为丘陵地区；平原地区主要有村庄和耕地，丘陵地区主要有村庄、山坡地和山丘，山丘较高，山沟较深，但山上树木不多，以灌木为主。测区内有国家二等点2个、D级GPS点4个、国家二等水准点4个，这些点可作为本工程的平面、高程控制起算点。测绘单位用于该工程的测量设备有GPS接收机4台套、2″级全站仪4台套、S_3光学水准仪2台。

请思考：测绘单位用于该工程的测量设备的作用。根据测区地形和已有测量设备情况，简述该测图工程可采用的碎部点数据采集方法。简述该测区碎部点的选择方法。

【案例分析】

1. 本案例主要考察学生对地形图要素分类的理解，学生不仅要会进行数据采集，还要能准确地对所采集的数据准确附属性。根据《基础地理信息要素分类与代码》（GB/T 13923—2006）的规定，要素分类采用分类法，要素类型按从属关系依次分为四级：大类、中类、小类、子类。大类包括定位基础、水系、居民地及设施、交通、管线、境界与政区、地貌、土质与植被等八类。

本案例外业碎部点采集了房屋、道路、河流、桥梁、铁路、树木、池塘、高压线、绿地等要素，它们对应关系分别为：房屋——居民地及设施类；道路、桥梁、铁路——交通类；河流、池塘——水系类；高压线——管线类；树木、绿地——土质与植被类。

2. GPS接收机的作用

（1）用静态GPS定位方法进行首级平面控制测量。

（2）用GPS-RTK进行加密控制测量和图根控制测量。

（3）用GPS-RTK在空旷测区进行数据采集。

3. 2″级全站仪的作用

（1）村庄区域的图根控制测量。

（2）村庄区域的碎部点数据采集。

4. S_3光学水准仪的作用

按四等水准测量要求布设测区的首级高程控制。

该测图工程可采用的碎部点数据采集方法有全站仪数据采集法和GPS-RTK数据采集法（具体内容由学生和教师共同扩展）。

该测区碎部点主要是地物特征点和地貌特征点（具体内容由学生和教师共同扩展）。

小 结

本项目主要介绍数字测图野外数据采集的原理、方法及相关基本概念,全站仪进行野外数据采集及传输,全站仪进行野外数据采集及传输。通过本项目的学习,学生应能正确理解野外数据采集的原理、方法及相关基本概念;能使用全站仪进行野外数据采集及传输;能使用 RTK 进行野外数据采集及传输。本项目是该课程学习的重点内容。

复习与思考题

1. 什么是野外数据采集? 野外数据采集主要包括哪些内容?
2. 数据采集前需要做好哪些准备工作? 不做是否可以?
3. 测记法模式中为什么必须配绘草图? 配绘草图的原则是什么?
4. 简要阐述全站仪进行数据采集的操作步骤和要求。
5. 简要阐述南方灵锐 S82RTK 进行数据采集的操作步骤和要求。
6. 南方 CASS 中的简码是如何规定的?

【技能训练】

一、技能训练题目及训练目的

在学习完本项目的理论内容和配套实训之后,请学生务必利用课余和周末的时间,在校园内根据教师给定的已知控制点和教师划定的分区,用全站仪或 RTK 进行校园地形图野外数据采集,并配绘草图,目的在于多多练习全站仪和 RTK 进行野外数据采集,将课堂上零散的知识点和技能点进行综合运用,进一步熟悉全站仪、RTK 的使用和野外数据采集的实施以及怎么配绘草图。

二、技能训练要求

1. 教师给学生配备全站仪 + 脚架 + 棱镜 + 棱镜杆 + 小钢尺。
2. 教师给学生配备 1 + 3RTK 全套设备。
3. 教师给学生提供校园内足够数量的已知点数据。
4. 学生根据自己的学习情况自行练习全站仪和 RTK 进行野外数据采集(考虑到该实训项目有一定难度且设备比较贵重,接口容易损坏,该技能训练一般要求在教师或实验员的指导下进行)。
5. 学生应记录碰到的问题向教师请教或与任课教师共同探讨。

项目六　数字地形图绘制

项目概述

通过本项目3个学习任务(内业成图及成图软件的初步认识、CASS9.0内业成图及编辑、数字地形图的整饰及输出)。要求掌握3项能力(能正确认识CASS成图软件的基本知识,并能正确安装CASS成图软件;能应用CASS成图软件进行数字地形图绘制、编辑;能对编辑好的数字地形图进行整饰及输出)。

学习目标

知识目标

1. 能说明CASS成图软件的基本知识。
2. 能理解CASS成图软件绘图的基本过程。
3. 能理解数字地形图的整饰内容及输出设置。

技能目标

1. 能正确安装CASS成图软件。
2. 能应用CASS成图软件进行数字地形图绘制、编辑。
3. 能对编辑好的数字地形图进行整饰及输出。

【课程导入】

通过前面的学习,同学已经知道数字测图的基本过程为数据采集→数据处理→数据输出,已经会用全站仪、RTK进行野外数据采集,那么数据采集回来后,如何处理数据呢?如何把一系列数据处理为需要的数字地形图呢?这将是本项目要解决的问题。

任务一　内业成图及成图软件的初步认识

一、内业成图的基本知识

(一)内业成图的基本过程

内业成图就是指在数据采集以后到图形输出之前对采集的数据进行各种处理,得出图形数据(即数字地图)的过程。

内业成图过程主要包括数据通信(传输)、数据预处理、数据转换、数据计算、图形生成、图形编辑与整饰、图形信息的管理与应用等几个方面。

1. 数据通信(传输)

数据通信(传输)是指将全站仪(RTK GPS和其他设备)采集的数据传输给计算机。

2. 数据预处理

数据预处理包括坐标变换、各种数据资料的匹配、图形比例尺的统一、不同结构数据的转换等。

3. 数据转换

数据转换内容很多,如将野外采集到的带简码的数据文件或无码数据文件转换为带绘图编码的数据文件,供自动绘图使用,或将 AutoCAD 的图形数据文件转换为 GIS 的交换文件等。

4. 数据计算

数据计算主要是针对有关地貌关系的数据。当数据输入到计算机后,为建立数字地面模型绘制等高线时,需要进行插值模型建立、插值计算、等高线光滑处理三个过程的工作;在计算过程中,需要给计算机输入必要的数据,如插值等高距、光滑的拟和步距等,必要时还需对插值模型进行修改,其余的工作都由计算机自动完成计算。此外,数据计算还包括对房屋类呈直角拐弯的地物进行误差调整,消除非直角化误差等。

5. 图形生成

图形生成是指经过数据处理后,产生平面图形数据文件和数字地面模型文件,这就是数字地图的雏形。

6. 图形编辑与整饰

要想得到一幅规范的数字地形图,还要对数据处理后生成的“原始”图形进行修改、编辑、整饰;还需要加上文字注记、高程注记,并填充各种面状地物符号;还需要对整个测区图形进行拼接、分幅和图廓整饰等。数据处理还包括对图形信息的全息保存、管理和使用。

(二)数据处理

数字测图系统的优劣取决于数据处理的能力,数据处理能力的关键是测图软件的功能。测图软件是一种大型综合应用软件,是当代软件工程学的最新技术手段与数字化成图系统特点结合的产物。它具有数据量大、算法复杂、涉及外部设备较多等特点。

在绘制地形图之前,要先对外业数据进行处理,提取对绘图有用的各种信息,进行计算和整理,再按照规定的数据结构存储,建立起适合绘图、编辑处理并与 GIS(地理信息系统)接轨的地形数据库。据此,可生成数字地图、进行地形图的绘制、向 GIS 提供地形(图)空间数据和属性数据等。外业数据处理的一般流程如图 6-1 所示。

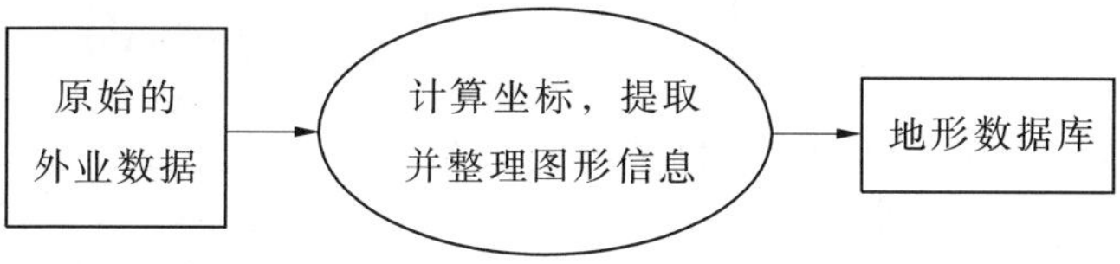

图 6-1 外业数据处理一般流程

原始数据处理是指在数据传输完成后,根据不同内业处理软件的格式要求及内业作图方法的需要,对传输后数据进行处理的工作内容,通常情况下包括以下几方面内容。

1. 数据格式转换

传输后的数据文件是数字测图软件内业成图进行展点和绘图的基础,不同的内业软件对数据文件的格式有不同的要求。通常情况下,如果外业数据采集仪器能被数字成图软件支持,数据传输时采用数字成图软件自身所提供的功能进行数据通信,所获得的数据文件可以直接进行成图;但由于各种原因,数据传输时常借用第三方软件来实现,这样获得的数据通常需要进行数据格式处理,使得数据在格式、分隔方式、坐标顺序等方面适应数字成图软件的需要。

2. 编码转换

数字化测图中,通常采用内、外码结合方式进行,外业采集一般采用简单易记的编码(外码),而在数字化成图时,为了适应计算机处理及数字地图应用的需要,通常采用按一定规则组成的、便于数据分类与处理的编码(内码)进行图形的绘制与符号表达。因此,在利用野外采集的数据成图之前,须根据制图软件的需要,采用一定的方式实现编码的转换。编码转换一般还伴随着数据文件格式的转换。

3. 数据合并与数据分幅

数字化测图野外作业时,不同测量组之间主要以明显的线状地物为作业边界,不同的作业组在各自的区域内进行测量,不同作业组不同时间(天)中所采集的数据,经数据传输后形成不同的数据文件,在测图图形生成时需要进行数据合并,以便形成完整的测区数字地形图。通常情况下,对于地物要素,通过对测区不同文件形成的图形进行接边处理,实现图形合并的目的,而对于地形要素(主要是等高线),则需要先进行数据文件的合并,再整体进行等高线数据的生成与编辑,实现图数合并的功能。

同时,在后期的数字图形日常应用中,用户通常只会使用部分区域内的地图数据,内业工作中需要根据用户需求、按指定的边界进行图形分幅。日常工作中,数字成图软件提供标准分幅方式和非标准分幅方式,标准分幅方式是根据国家地形图分幅的图框坐标要求,进行图形区域的设定和图形分割;非标准分幅是根据用户需要,指定图幅分割边界,再利用软件的剪切功能进行图形的分割。

4. 图形纠正

地表上的许多人工地物是具有一定的规则形状的,如房屋的角点一般为直角等。然而,测量误差或差错的影响,使得规则地物的形状不能满足有关要求,这里的图形纠正就是在数据文件级批量地对规则地物的形状变化进行改正。图形纠正也可以放在图形编辑阶段在图形界面下交互地进行。在图形纠正过程中一般要求设置好允许误差等纠正参数。

5. 坐标换带

为实现大地坐标与高斯平面坐标的坐标转换或图形转换,成图软件常提供该功能。如 CASS9.0 此项功能是执行【数据】→【坐标换带】命令,弹出如图 6-2 所示对话框。进行单点转换时,需输入原坐标;进行批量转换时,需选择原坐标文件,并创建或选择目标坐标输出文件。

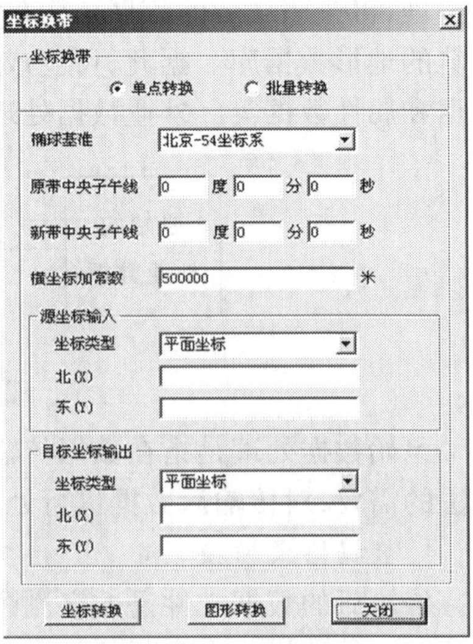

图 6-2 坐标换带

6. 坐标转换

为了将图形或数据从一个坐标系转到另外一个坐标系(只限于平面直角坐标系),成图软件一般均有坐标转换功能,如 CASS9.0 是执行【地物编辑】→【坐标转换】命令,系统弹出"坐标转换"对话框。拾取两个或两个以上公共点就可以进行转换。

7. 测站改正

如果用户在外业不慎搞错了测站点或定向点,或者在测控制前先测碎部,可以应用此功能进行测站改正,以实现坐标的平移与旋转。

在 CASS9.0 中执行【地物编辑】→【测站改正】命令,然后按命令区提示操作:

请指定纠正前第一点:(输入或拾取改正前测站点,也可以是某已知正确位置的特征点,如房角点)

请指定纠正前第二点方向:(输入或拾取改正前定向点,也可以是另一已知正确位置的特征点)

请指定纠正后第一点:(输入或拾取测站点或特征点的正确位置)

请指定纠正后第二点方向:(输入或拾取定向点或特征点的正确位置)

请选择要纠正的图形实体:(用鼠标选择图形实体)

系统自动对选中的图形实体作旋转平移,使其调整到正确位置,之后系统提示输入需要调整和调整后的数据文件名,自动改正坐标数据,如不想改正,按【Esc】键即可。

8. 批量修改坐标数据

批量修改坐标数据是指将原有坐标及高程加、乘一个固定常数或对 X、Y 坐标值进行交换。在 CASS9.0 中的操作为:

执行【数据】→【批量修改坐标数据】命令,打开如图 6-3 所示对话框,输入原始数据文件名、更改后数据文件名,执行"处理所有数据"或"处理高程为 0 的数据"选项。根据实际需要,输入 X、Y、H 的改正值,并选择修改类型(加固定常数、乘固定常数、XY 交换),单击【确定】按钮即可。

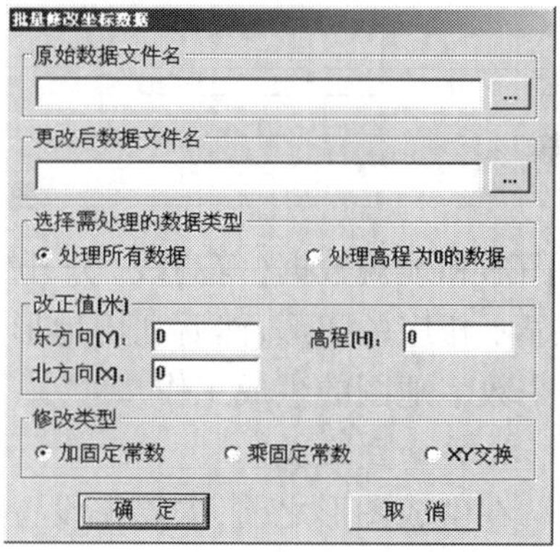

图 6-3　"批量修改坐标数据"对话框

(三)图形生成

经过外业测量和相关的数据处理,就可以建立起测区的地形数据库。地形数据库中保存有全部地物、地貌特征的准确描述数据,但提交给最终用户应用的测量成果,一般还是采取可视的地形图的形式。因为只有通过图形才能使人快速地认识测区整体地形的形象特征,单纯靠一些数据是很难建立实体地形的概念的。即使是 GIS 和 CAD 系统所要求的数字地图,也不仅有按通用的图形数据格式存储的图形文件,同时也要生成屏幕可视地形图。就外业测量而言,也是要通过图形才能更好地发现观测成果的错误和评定成果的质量,因而可视地形图的绘制在数字测图中仍是十分重要的,何况传统的纸质地形图目前应用仍十分广泛。

所以,一个完善的数字成图系统既要能存储或输出完整的测量定位及图形和属性信息,又要能绘制精美、规范的纸质(聚酯薄膜)地形图。

地形图绘制的工作流程如图 6-4 所示。

图形生成是依据外业采集并转换生成的数据文件,利用数字测图软件功能生成数字图形的工作,不同的作业模式,图形生成的方法有一定的差别,但基本作业方式都是采用将平

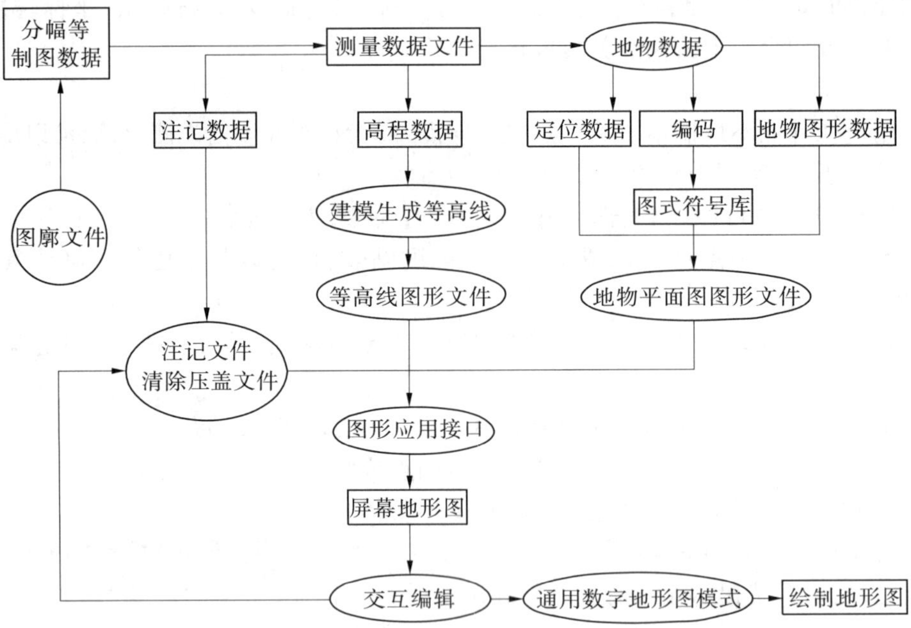

图 6-4　绘制地形图的一般过程

面图形和地貌数据(等高线)分开生成的方式,先对地形图的平面部分进行处理,并在屏幕上显示相应的图形,然后利用地形点生成等高线,最后对所生成的图形进行合并处理来实现整个数字地图的生成工作。

1. 平面图生成

在生成图形之前,需要先设置好制图的比例尺、图幅原点、是否符号化等参数。如果是进行过编码处理后的数据,一般可直接利用软件自动生成平面图形;对于未进行编码处理的数据,通常采用先图面展点,再根据外业绘制的草图或简编码,在数字测图软件界面下进图地物的绘制。

2. 地貌数据(等高线)生成

等高线生成是利用外业测量的离散型地形高程点,通过数字地面模型(DTM)建立与编辑、等高线生成等工作,形成反映地面起伏状态的地貌数据。

1) DTM 建模

DTM 建模就是将离散的地形点按 DTM 数据要求进行数据组织。在数字测图系统中,通常采用不规则三角网(TIN)的方法建立 DTM。在 DTM 建模过程中,一般要求用户设置 DTM 三角形最大边长、是否考虑地性线等参数,最终生成 DTM 数据文件和 DTM 图形。

2) DTM 编辑

因地表形态的复杂性、算法的适应性、外业测量可能存在的差错以及建模参数设置方面的原因,自动建立的 DTM 不是十分的合理,需要结合平面图形、实际地形情况,对初始的 DTM 图形进行编辑(包括点、边、三角形的增加、删除和修改等)。DTM 编辑是一个在图形界面下的交互编辑过程,有的数字化成图软件具有良好的三维 DTM 显示功能,能在屏幕上显示出立体感很强的三维 DTM,这对于发现 DTM 模型的错误是十分有利的。对于 DTM 图形的修改,一定要进行数据存盘,写入 DTM 数据中,这样才能使修改的内容在等高线生成时产生作用。

3)等高线生成

在建立好 DTM 后,即可利用它生成等高线。数字化成图软件一般将等高线的内插、跟踪、光滑等环节集成在一起,能自动完成从 DTM 到光滑等高线的全过程。在等高线生成过程中,系统一般要求设置等高距、是否光滑等参数。等高线生成与 DTM 编辑是一个循环过程,用户可以利用等高线的生成结果进一步检查 DTM 的正确性,反过来再对 DTM 进行编辑,直到生成合理、正确的等高线。

3. 平面图形与等高线的合并

在平面图形与等高线都处理好以后,应该将它们合并在一起。它包括屏幕图形的叠加和数据文件的合并两个方面的含义。数字化成图软件一般都能自动同时完成这项工作。

(四)图形编辑与整饰

图形编辑与整饰是在图形界面下将生成好的图形按规范和制图要求,编辑成符合要求的成品地形图。在图形编辑工作中,考虑编辑图形时的移动和图形重生成的速度和选取地物点的可靠性,通常会利用图层控制功能进行分层编辑,但编辑的最终目的是确保地物与地物、地物与地貌之间相对关系的正确性,确保成品地图的质量和美观性,所以必须将各类要素合并在一起进行查看和编辑。

图形编辑与整饰的主要工作内容包括以下几方面。

1. 非直接坐标测量数据处理

在数字测图外业工作中,因受通视或不可到达等作业条件影响,需要利用支距法、交会法、线段上均匀内插等进行少量数据的采集,这些数据不能直接生成坐标保存在数据文件中,不能直接参与到自动成图过程中,需要内业人员利用数字测图软件功能、结合外业草图进行计算与图形展绘。

2. 地图注记

外业记录的坐标数据文件中,不包含各类文字注记内容,各类注记说明的获取方式有两种:一种是在外业数据采集的同时,测绘人员通过调查,将地图注记的内容记录在草图上作为内业地图注记工作的依据;另一种是将基本编辑好的图形输出到白纸上,再回到野外采集注记内容。在数字测图内业工作中,操作人员先根据注记的类型、级别等特征,设置好字体、字号、注记走向、字间隔等注记参数,再在地图上完成相应文字的注记工作。

3. 地图实体关系的处理

地图实体关系的处理主要是指根据制图学的要求,在图面上处理好地物、地形(等高线)以及注记(文字注记、高程注记和等高线注记等)之间的关系。这就要求操作人员利用自己的制图学知识、制图实践经验和数字化成图软件提供的编辑功能灵活地处理。

4. 图廓生成

图廓生成是指在图形界面内利用图幅信息生成完整的图廓。图廓生成之前一般有输入图幅名、图幅范围、相邻图幅、坐标系、责任人员姓名等图幅信息。

5. 图形输出

图形输出是将成品地图以白纸图或其他应用系统要求的数据格式输出。经过图形编辑得到符合要求的屏幕图形后,应利用数字化成图软件提供的保存功能将当前图形存盘,以备图形输出时使用。

地形图输出是通过绘图机来实现的,由于测图软件大都是在Windows平台下开发的,绘图设备由Windows统一管理,测图软件可以利用系统确认的任何输出设备。有的测图软件(如EPSW),在数据处理、图形编辑、分幅结束后,生成CAD格式的.DWG文件,在CAD下出图,而有的测图软件本身就是在AutoCAD下开发的(如CASS),当然也是AutoCAD下出图。

二、成图软件的基本知识

CASS系列软件是南方测绘基于AutoCAD平台技术开发的GIS前端数据处理系统,也就是说CASS成图软件是二次开发软件。广泛应用于地形成图、地籍成图、工程测量应用、空间数据建库、市政监管等领域,全面面向GIS,彻底打通数字化成图系统与GIS接口,使用骨架线实时编辑、简码用户化、GIS无缝接口等先进技术。

CAS9.0是南方测绘推出的最新版地形、地籍成图软件,相对于以前各版本,除在平台、基本绘图功能上做了进一步升级外,还根据最新发表的图式、地籍等标准,更新完善了图式符号库和相应的功能,增加了属性面板等大量的实用工具。

(一)CASS成图软件的安装简介

无论何种版本的CASS成图软件,安装之前都必须先成功安装AutoCAD,并运行一次,然后安装南方数字化地形地籍成图软件CASS9.0(关于AutoCAD和CASS9.0安装详细操作,请参阅有关说明书,在此不再赘述),安装成功,启动CASS9.0(运行CASS9.0之前必须先将“软件狗”插入USB接口)。

(二)CASS9.0界面及工具栏

1. CASS的主界面

CASS9.0的操作主界面如图6-5所示。主要由下拉菜单栏、CAD标准工具栏、CASS实用工具栏、属性面板、屏幕菜单栏、图形编辑区、命令行、状态栏等组成。标有“►”符号的下拉菜单表示还有下一级菜单,每个菜单项均以对话框或命令行提示的方式与用户交互应答。

图形编辑区是图形显示窗口,用户在该区域内进行图形编辑操作。图形窗口有自己的标准Windows特征,如滚动条、最大化、最小化及控制按钮等,使用户可以在图形界面的框架内移动或改变它的大小。CASS命令行缺省界面中一般显示3行命令行,其中最下面一行等待键入命令,上面两行一般显示命令提示符或与命令进程有关的其他信息。操作时要随时注意命令行提示。有些命令有多种执行途径,用户可根据自己的喜好灵活地选用快捷工具按钮、下拉菜单或在命令行输入命令。

2. 菜单与工具栏

1)顶部下拉菜单栏

操作界面标题栏下面即为下拉菜单栏,包括“文件、工具、编辑、显示、数据、绘图处理、地籍、土地利用、等高线、地物编辑、检查入库、工程应用、其他应用”等13个下拉菜单。利用这些菜单功能,可满足数字图绘制、编辑、应用、管理等操作需要。

2)屏幕菜单栏

屏幕菜单栏一般设置在操作界面右侧,是用于绘制各类地物的交互式菜单。屏幕菜单

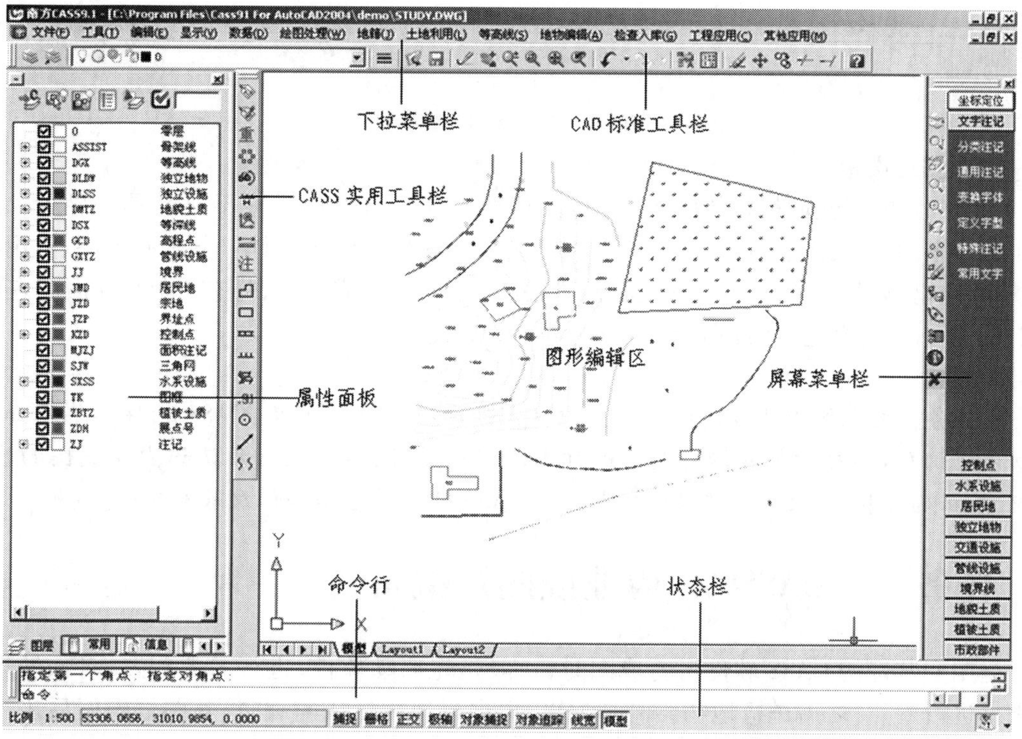

图 6-5 CASS9.0 的标准主界面

第一页提供了“坐标定位、点号定位、电子平板和地物匹配”等 4 种定点方式。进入屏幕菜单的交互编辑功能时,必须先选定某一定点方式。如果想从第二页菜单返回到第一页菜单,单击屏幕菜单顶部的“定点方式”条目提示,即可返回上级屏幕菜单。

3)CASS 实用工具栏

CASS 实用工具栏如图 6-6 所示。

图 6-6 CASS 实用工具栏

CASS 实用工具栏具有 CASS 的一些常用功能,如查看实体编码、加入实体编码、批量选取目标、线型换向、查询坐标、距离与方位角、文字注记、常见地物绘制、交互展点等。当光标在工具栏某个图标停留时就显示该图标的功能提示。使用 CASS 实用工具栏,配合命令行提示操作,可简化对下拉菜单和屏幕菜单的操作。

4)CAD 标准工具栏

CAD 标准工具栏如图 6-7 所示。它包含了 AutoCAD 的许多常用功能,如图层的设置、线型管理器、打开已有图形、图形存盘、重画屏幕、图形平移、缩放、对象特征编辑器、移动、复制、修剪、延伸等(这些功能在下拉菜单中也都有)。

图 6-7　CAD 标准工具栏

(三)属性面板

CASS9.0 的属性面板是传统版本“对象特性管理器”的升级,它不只是具有显示、编辑属性的功能,而是集图层管理、常用工具、检查信息、实体属性为一体。分别有图层、常用、信息、快捷地物、属性 5 个选项。属性面板可关闭,也可缩小成一列,排在 CASS 界面的左侧。如果关闭后,再打开它,快捷命令为“casstoolbox”。

【小贴士】

本任务主要介绍内业成图的基本知识,CASS 成图软件的安装,CASS 软件的基本知识,并初步认识 CASS 软件的基本功能。通过本次课的学习,学生应初步认识内业成图的基本知识,能正确安装 CASS 成图软件,初步认识 CASS 软件的基本知识及基本功能。

任务二　CASS9.0 内业成图及编辑

运用安装好的 CASS 软件进行成图时,一般是先启动软件,进行参数配置,对预处理好的数据进行展点,之后进行地物绘制与编辑,再进行地貌生成与编辑,整图编辑好后进行整饰,最后进行成果输出。

一、CASS9.0 绘图参数设置

(一)CASS9.0 参数设置

在内业绘图前,一般应首先根据要求,对 CASS9.0 有关参数进行设置,采用统一的参数设置来设置 CASS9.0 中的常用参数。鼠标左键单击【文件】菜单下的【CASS9.0 参数配置】项,系统会弹出“CASS90 综合设置”对话框,如图 6-8 所示。

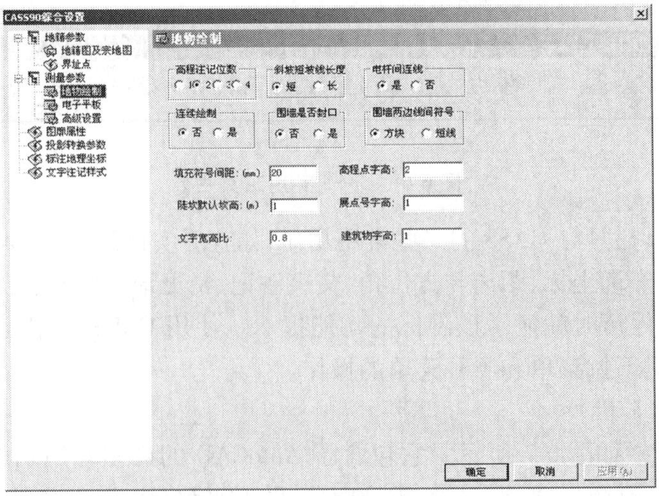

图 6-8　CASS9.0 综合设置对话框

在该对话框中,点击左侧各选择项,打开相应参数设置页面,该对话框可对“地籍参数

(地籍图及宗地图、界址点)”“测量参数(地物绘制、电子平板、高级设置)”“图廓属性”“投影转换参数”“标注地理坐标”“文字注记样式”等进行设置。

(二)AutoCAD 系统配置

执行【文件】→【AutoCAD 系统配置】命令,系统弹出“AutoCAD 系统配置”对话框,如图 6-9 所示,在该对话框中,可以对 CASS9.0 的工作环境进行设置。

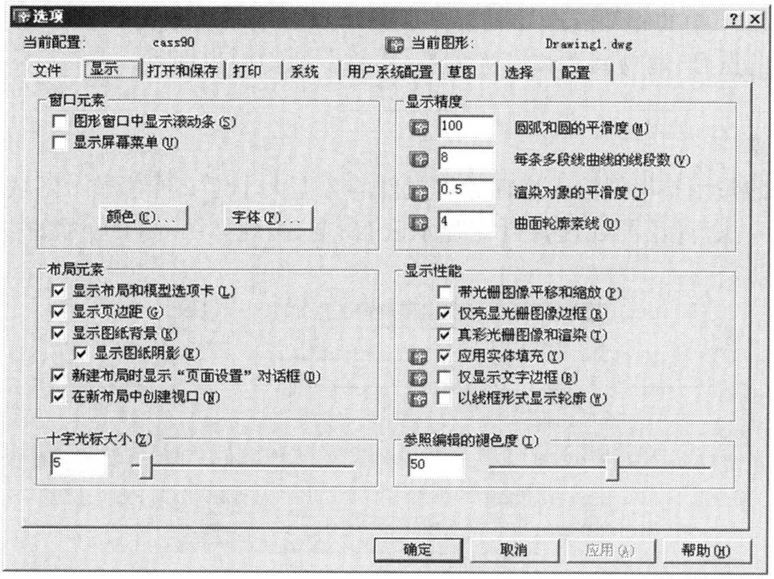

图 6-9 “AutoCAD 系统配置”对话框

在“配置”选项卡中,可以进行 CASS9.0 和 AutoCAD 之间的切换。如果想在 AutoCAD 环境下工作,可在此界面下选择“无命名配置”项,然后单击【置为当前】按钮;如果想在 CASS9.0 环境下工作,可选择“CASS9.0”,然后单击【置为当前】按钮。

二、平面图绘制

CASS9.0 地形地籍成图软件提供了测点点号定位成图法、坐标定位成图法、编码引导自动成图法、原始测量数据录入法、简编码自动成图法、测图精灵测图法、电子平板测图法、数字化仪成图法等 8 种成图方法。

前 4 种适用于“测记式”成图法(草图法),即把野外采集的数据存储在电子手簿或全站仪的内存中,同时绘制草图,回到室内后再将数据传输到计算机内,对照草图完成各种绘制编辑工作,最后形成地形图或地籍图。测图精灵测图法、电子平板测图法在野外直接给出平面图。其中编码引导自动成图法、测点点号定位成图法、屏幕坐标定位成图法适用于无码作业。

(一)测记法工作方式

测记法工作方式要求外业作业时安排草图绘制人员,在跑尺(镜)员跑尺时,绘图员要标注出所测的是什么地物(属性信息)及记下所测点的点号(位置信息),在测量过程中要和测量员及时联系,使草图上标注的点号和全站仪里记录的点号一致,而在测量每一个碎部点时不用在电子手簿或全站仪里输入地物编码,故又称为无码方式。

测记法在内业工作时,根据作业方式的不同,分为点号定位、坐标定位、编码引导、原始测量数据录入等几种方法。

1. 点号定位成图法

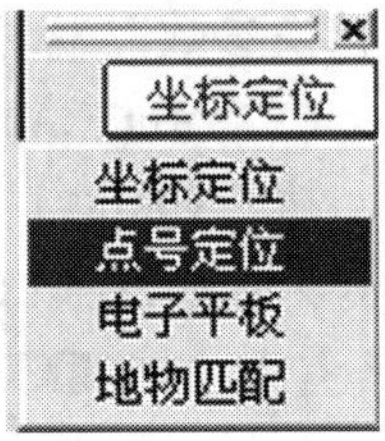

图 6-10　点号定位

点号定位成图法作业中,内业成图时,在 CASS9.0 屏幕菜单上执行【点号定位】方式,如图 6-10 所示。系统将提示“选择坐标点数据文件”,并将数据文件读入系统。内业成图时,利用该法绘制平面图,只需把“坐标数据文件”中的碎部点点号展在屏幕上,利用屏幕测点点号,对照草图上标明的点号、地物属性和连接关系,将每个地物绘出即可。其操作步骤如下。

1)定显示区

定显示区的作用是根据输入坐标数据文件的数据大小定义屏幕显示区域的大小,以保证所有点可见。执行【绘图处理】→【定显示区】命令,出现如图 6-11 所示的“输入坐标数据文件名”对话窗。

图 6-11　“输入坐标数据文件名”对话框

选择坐标数据文件,单击【打开】即可。

2)选择测点点号定位成图法

鼠标点击屏幕右侧菜单区【坐标定位】→【点号定位】项,出现如图 6-12 所示的“选择点号对应的坐标点数据文件名”对话框。

图 6-12　“选择点号对应的坐标点数据文件名”对话框

选择或输入坐标点数据文件名,如 C:\CASS90\DEMO\YMSJ.DAT,则命令区提示:

读点完成! 共读入 60 点。

3)展点

测点是外业测量草图的基本依据,内业绘图时参照测点进行测量点的捕捉与图形连接,因此展测点是内业工作的基础,在 CASS9.0 系统中提供了“展高程点、展野外测点点号、展野外测点代码和展野外测点点位”4 种展点方式,且展在图面上的点,其注记方式可以进行转换。

执行【绘图处理】→【展野外测点点号】命令项,命令行提示:

绘图比例尺：<500>（输入比例尺分母）↙

出现如图 6-13 所示对话框。在对话框中输入对应的坐标数据文件名并确定后，便可在屏幕上展出野外测点的点号。

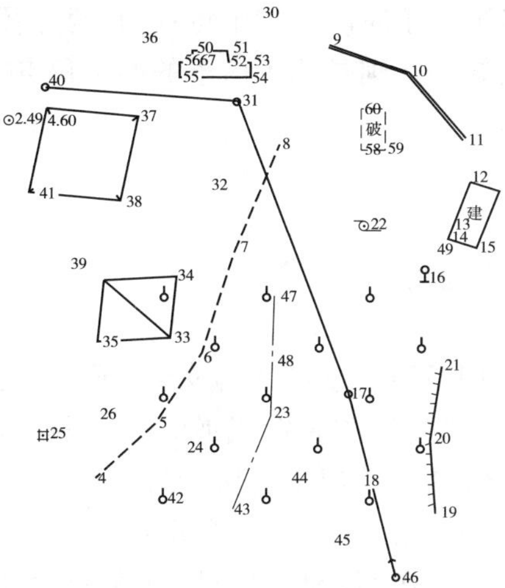

图 6-13　外业作业草图

4）绘平面图

根据野外作业时绘制的草图，移动鼠标至屏幕右侧菜单区选择相应的地形图图式符号，然后在屏幕中将所有的地物绘制出来。系统中所有地形图图式符号都是按照图层来划分的，例如所有表示测量控制点的符号都放在“控制点”层，所有表示独立地物的符号都放在“独立地物”这一层，所有表示植被的符号都放在“植被园林”这一层。可根据外业草图，选择相应的地图图式符号在屏幕上将平面图绘出。

如草图 6-14 所示，由 33、34、35 号点连成一间普通房屋。

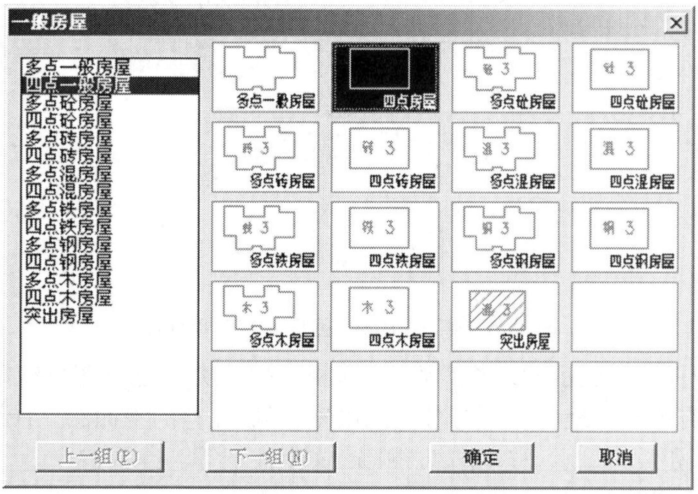

图 6-14　“一般房屋”图层图例

执行右侧菜单之【居民地】→【一般房屋】处单击，系统便弹出“一般房屋”对话框，如图 6-14 所示。

在对话框中选择【四点房屋】图标,按【确定】按钮,命令区提示:

绘图比例尺1: <500> 1 000 ↙

1. 已知三点/2. 已知两点及宽度/3. 已知四点 <1>:1 ↙

说明:已知三点是指测矩形房子时测了三个点;已知两点及宽度则是指测矩形房子时测了两个点及房子的一条边;已知四点则是测了房子的四个角点。

鼠标点 P/ <点号> 33 ↙

点 P/ <点号> 34 ↙

点 P/ <点号> 35 ↙

33、34、35 点则连成一间普通房屋。

注意:

(1)当房子是不规则图形时,可用“实线多点房屋”或“虚线多点房屋”来绘。

(2)绘房子时,输入的点号必须按顺时针或逆时针的顺序输入,如上例的点号应按34、33、35或35、33、34的顺序输入,否则绘出来的房子就不对。

重复上述操作,将37、38、41号点绘成四点棚房,60、58、59号点绘成四点破坏房子,12、14、15号点绘成四点建筑中房屋,50、51、53、54、55、56、57号点绘成多点一般房屋。

同样,用【居民地/垣栅/依比例围墙】图标,将9、10、11号点绘成依比例围墙的符号;用【居民地/垣栅/篱笆】图标,将47、48、23、43号点绘成篱笆的符号。完成操作后,其平面图如图6-15所示。

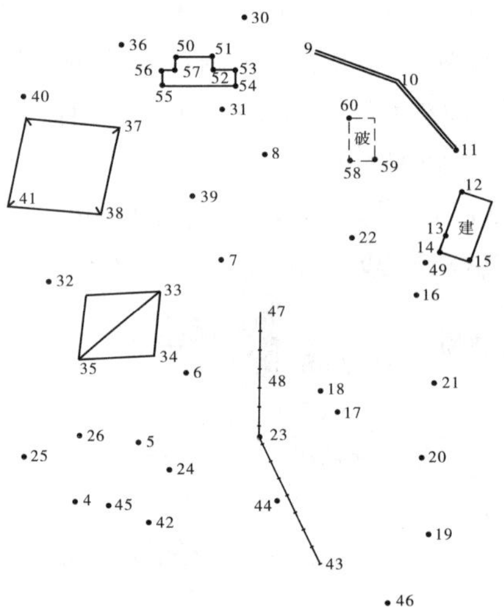

图6-15　用“居民地”图层绘制的平面图

依次类推,根据草图表示的地物类别,选择相应的地类将各类图形绘制出来,重复上述操作便可以将所有测点用地图图式符号绘制出来,形成完整的平面图。在操作的过程中,可以套用别的命令,如放大显示、移动图纸、删除、文字注记等。

2. 坐标定位成图法

坐标定位成图法原理类似于测点点号定位成图法。所不同的仅仅是绘图时点位的获取不是通过点号而是利用坐标或屏幕“捕捉”功能直接在屏幕上捕捉所展的点。

坐标定位成图法具体的操作步骤和点号定位成图法一样,依次为:

定显示区→选择坐标定位成图方式→展点→利用右侧的屏幕菜单绘平面图。

1）定显示区

此步操作与“点号定位”法作业流程的“定显示区”操作相同。

2）选择测点坐标定位成图法

执行【坐标定位】→【坐标定位】项。

3）展点

此步操作与“点号定位”法作业流程的“展点”操作相同。

4）绘平面图

与“点号定位”法成图流程类似。仍以绘居民地为例，移动鼠标至右侧屏幕菜单的【居民地】→【一般房屋】处单击，系统便弹出选择“一般房屋”对话框，在对话框中选择“四点房屋”图标，按【确定】按钮。

命令区显示：

1. 已知三点/2. 已知两点及宽度/3. 已知四点 <1>：（输入1，或直接回车默认选1）

移动鼠标至屏幕下方状态栏“对象捕捉”按钮单击右键，选择【设置】项，弹出“草图设置”对话框，在对话框中选择“对象捕捉”标签卡，勾选“NOD”（节点）选择框，并按【确定】，如图6-16所示。

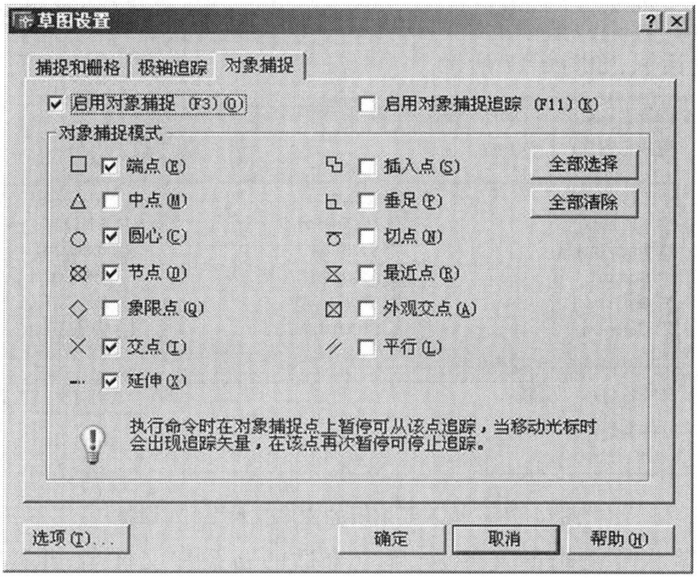

图6-16　“对象捕捉”设置对话框

输入点：（鼠标靠近33号点，出现黄色标记，点击左键，完成捕捉工作）

输入点：（捕捉34号点）

输入点：（捕捉35号点）

这样，即将33、34、35号点连成一间普通房屋。

在输入点时，嵌套使用了捕捉功能，选择不同的捕捉方式会出现不同形式的黄颜色光标，适用于不同的情况。

命令区要求“输入点”时，可以用鼠标左键在屏幕上直接点击，为了精确定位也可输入实地坐标。下面以“路灯”为例。执行右侧屏幕菜单之【独立地物】→【其他设施】项，弹出“其他设施”对话框，移动鼠标选中“路灯”图标，然后单击【确定】按钮。

命令区显示：

输入点：143.35,159.28↙

这时就在(143.35,159.28)处绘好了一个路灯。

随着鼠标在屏幕上移动,左下角提示的坐标实时变化。

依次类推,根据草图表示的地物类别,选择相应的地类将各类图形绘制出来,重复上述操作便可以将所有测点用地图图式符号绘制出来,形成了完整的平面图。

3. 编码引导成图法

此方式也称为“编码引导文件 + 无码坐标数据文件自动绘图方式”。该成图法作业时,需要在内业人工编辑一个“引导文件”。引导文件是一个包含了地物编码、地物的连接点号和连接顺序的文本文件,它是根据草图在室内由人工编辑而成的。将引导文件和坐标数据文件合并,生成一个包含地物全部信息的“简编码数据文件”。利用“简编码数据文件”即可把各种地物自动绘制成图。

1)编辑引导文件

在绘图之前应编辑一个编码引导文件,该文件的主文件名一般取与坐标数据文件相同的文件名,后缀一般用“. YD”,以区别其他文件项。

(1)移动鼠标至屏幕的顶部菜单处,执行【编辑】→【编辑文本】命令,弹出“输入要编辑的文本文件名”对话框,如图6-17所示。

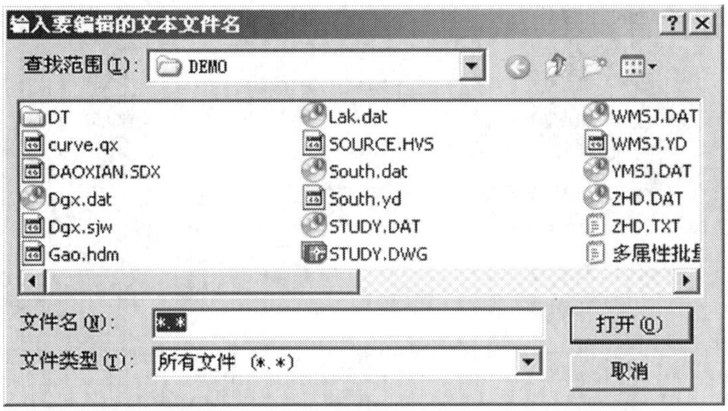

图6-17 “输入要编辑的文本文件名”对话框

在对话框中输入要编辑的文件名,确定合适的路径和文件名,此处以 C:\CASS90\DEMO\WMSJ. YD 为例,单击【打开】按钮。

屏幕上将弹出记事本程序,这时根据野外作业草图,参考有关地物代码及文件格式,编辑好此文件。

(2)编辑完成后退出对话框,出现是否保存文件对话框。选择【是(Y)】,回到 CASS 屏幕。同时,引导文件已经存盘。

2)定显示区

此步操作与“点号定位”法作业流程的“定显示区”操作相同。

3)编码引导

编码引导的作用是将“引导文件”与“无码的坐标数据文件”合并生成一个新的带简编码格式的坐标数据文件。这个新的带简编码格式的坐标数据文件在下一步“简码识别”操作时将要用到。

(1)移动鼠标至屏幕上方,执行【绘图处理】→【编码引导】命令。

(2)命令行提示:绘图比例尺 1: <500 >(输入比例尺并回车确认)。出现"输入编码引导文件名的"对话框。输入编码引导文件名 C: \CASS90\DEMO\WMSJ. YD, 或通过 Windows 窗口操作找到此文件,然后单击【打开】按钮。

(3)弹出"输入坐标数据文件名"对话框,要求输入坐标数据文件名,此时输入 C:\CASS90\DEMO\WMSJ. DAT 。

(4)屏幕出现"输入坐标文件名"对话框。输入生成的简编码坐标文件名 C: \CASS50\DEMO\WMYD. DAT。

(5)当命令区提示:编码引导完毕!

这时,屏幕按照这两个文件自动生成平面图形,如图 6-18 所示,若屏幕未出现图形,请点击""图标。

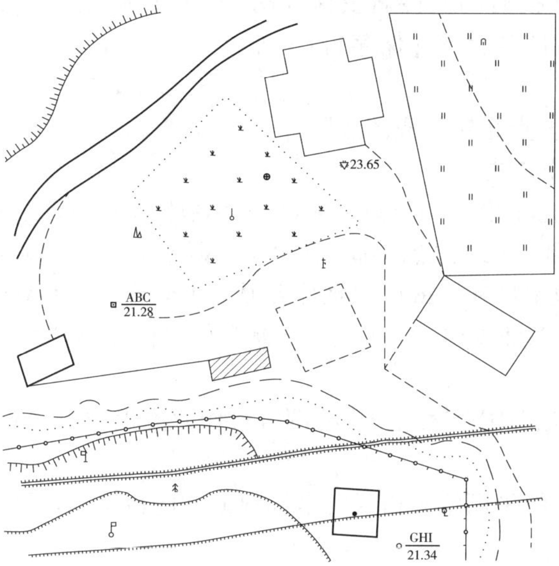

图 6-18 系统自动绘出的图形

4. 原始测量数据录入法

原始测量数据录入法,是指野外测图时采用普通光学经纬仪或全站仪(有无内存均可)进行碎部测量,获取水平角、竖直角、斜距等基本测量数据,再利用 CASS 的相关功能,把基本测量数据转换为符合 CASS 坐标数据文件格式的点位坐标。进而利用"点号定位成图法"或"坐标定位成图法"进行成图。

成图的具体操作步骤与测点点号定位成图法一样。

1)原始测量数据录入

执行【数据】→【原始测量信息录入】→【需要控制点坐标文件】或【不需要控制点坐标文件】命令,打开"输入 CASS90 原始数据文件名"对话框,输入文件名及保存路径。点击【保存】按钮(所录入的原始测量信息将会被保存于此文件中),弹出如图 6-19 所示的"原始测量信息录入"对话框,在对话框中分别录入测站点和定向点坐标(定向点无须高程)、定向起始值(一般为 0°)、仪器高、点号、代码(可不输)、水平角、竖直角、斜距、镜高等,每输完一个碎部点的测量信息,按【记录】按钮一次写入文件。

如果搬站,则更新测站信息。所有数据输入完备后按【退出】按钮确认退出。

2)原始数据格式转换

执行【数据】→【原始数据格式转换】命令,选择【需要控制点坐标文件】或【不需要控制点坐标文件】项,命令行显示:请选择斜距测量方法:(1)测距仪(2)经纬仪视距法 <1>(输入"1"或"2",回车)。打开"输入数据文件名"对话框,在文件名栏中输入待转换的原始测量数据文件名后,按【打开】按钮。再次弹出"输入生成的坐标文件名"对话框,要求输入转换后的文件名及保存路径,在文件名栏中输入相应的文件名后,按【保存】按钮即可。

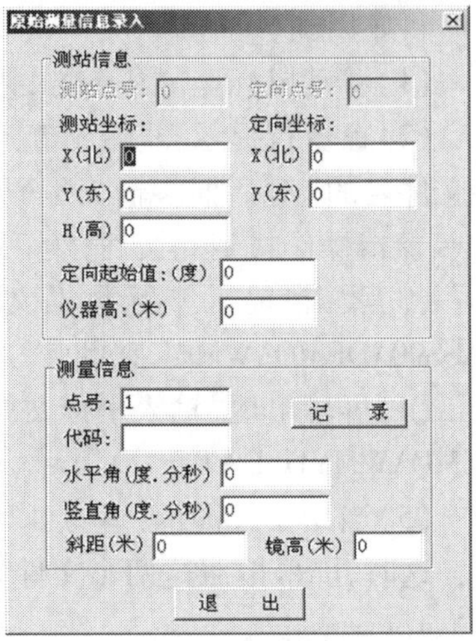

图 6-19 "原始测量信息录入"对话框

3)绘平面图

绘平面图的方法同"点号定位成图法"。

(二)"简码法"工作方式

"简码法"工作方式也称作"带简编码格式的坐标数据文件自动绘图方式",与"草图法"在野外测量不同的是,每测一个地物点时都要在电子手簿或全站仪上输入地物点的简编码。

简编码一般由一位字母和一或两位数字组成,可参考南方 CASS9.0 操作手册附录 A,也可根据自己的需要通过 JCODE.DEF 文件定制野外操作简码。

1.定显示区

此步操作与"草图法"中"点号定位"绘图方式作业流程的"定显示区"相同。

2.简码识别

简码识别的作用是将带简编码格式的坐标数据文件转换成计算机能识别的程序内部码(又称绘图码)。

执行【绘图处理】→【简码识别】命令,命令行显示:绘图比例尺 1:<500>(输入比例尺,回车)。

出现选择"输入简编码坐标数据文件名"对话框。

输入带简编码格式的坐标数据文件名(此处以 C:\CASS90\DEMO\YMSJ.DAT 为例)。当提示区显示"简码识别完毕!",则在绘图区自动生成平面图形,如图 6-20 所示,若屏幕未出现图形,请点击""图标。

三、等高线绘制与编辑

CASS9.0 在绘制等高线时,充分考虑了等高线通过地性线和断裂线的处理,如陡坎、陡涯等。CASS9.0 能自动切除通过地物、注记、陡坎的等高线。由于采用了轻量线来生成等高线,CASS9.0 在生成等高线后,文件大小比其他软件小很多。

在绘等高线之前,必须先将野外测的高程点建立数字地面模型(DTM),然后在数字地面模型上生成等高线。

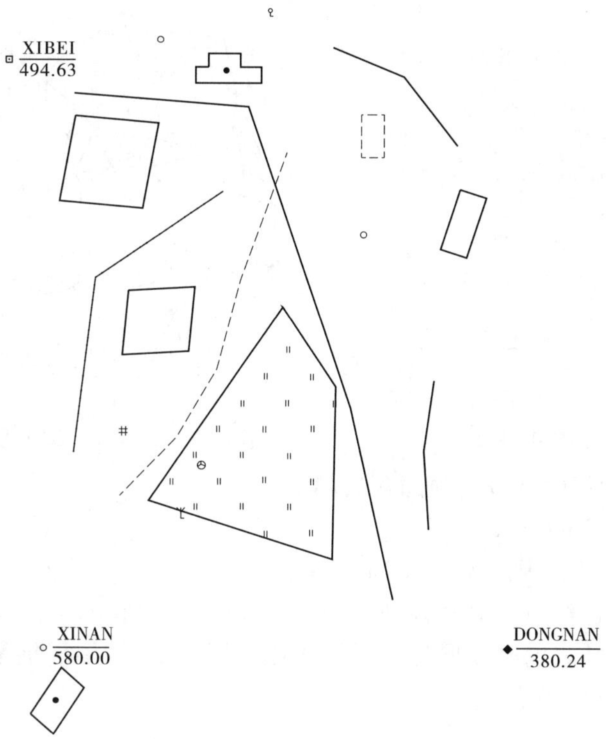

图 6-20　用 YMSJ. DAT 文件绘制的平面图

(一)建立数字地面模型(构建三角网)

数字地面模型(DTM)通常是一定区域范围内由规则点或不规则点集构成的对地面形态进行描述数字模型,在数字测图中,通常是用高程来描述地表的起伏情况,因此又称为数字高程模型(DEM)。这个数据集合从微分角度三维地描述了该区域地形地貌的空间分布。

在使用 CASS9.0 自动生成等高线时,也要先建立数字地面模型。在这之前,可以先定显示区及展点,展点时可选择【展高程点】选项。

执行菜单【数据处理】→【展高程点】命令,命令行显示:

绘图比例尺 1: <500> (输入比例尺,回车)。

打开"输入坐标数据文件名"对话框,输入文件名(如 C:\CASS90\demo\dgx.dat),单击【打开】按钮。命令区显示:

注记高程点的距离(米):(根据规范要求输入高程点注记距离,回车默认为注记全部高程点的高程)。这时,所有高程点和控制点的高程均自动展绘到图上。

执行【等高线】→【由数据文件建立 DTM】命令,出现"建立 DTM"对话框,如图 6-21 所示。

输入文件名如 C:\CASS90\demo\dgx.dat,在对话框中分别选择"建立 DTM 的方式""显示结果"等相关选项,完成后,单击【确定】按钮,绘图区出现建网结果,如图 6-22 所示,命令区提示生成的三角形个数(如"连三角网完成! 共 224 个三角形")。

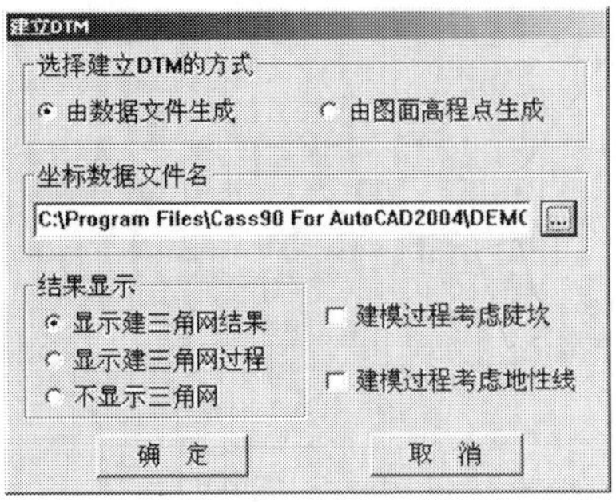

图6-21　“建立DTM”对话框

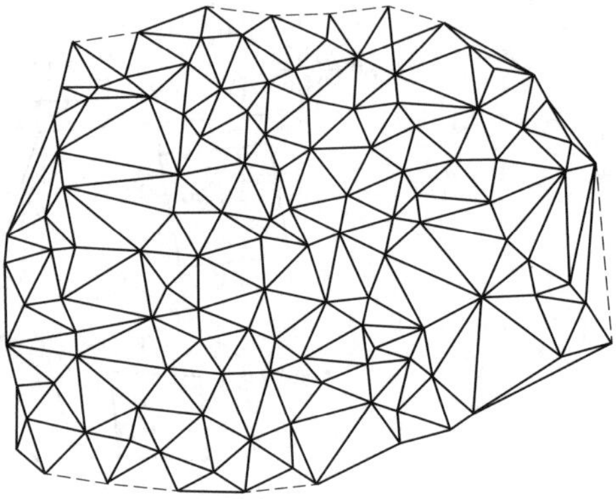

图6-22　用DGX.DAT数据建立的三角网

图6-21所示对话框中部分选项的含义如下。

1. 建模过程考虑陡坎

如果要考虑坎高因素,则在建立DTM前系统自动沿着坎毛的方向插入坎底点(坎底点的高程等于坎顶线上已知点的高程减去坎高),这样新建坎底的点便参与三角网组网的计算。因此,在建立DTM之前必须要先将野外的点位展出来,再用捕捉最近点方式将陡坎绘出来,然后还要赋予陡坎各点坎高。

2. 建模过程考虑地性线

地性线是过已知点的复合线,如山脊线、山谷线。如有地性线,可用鼠标逐个点取地性线,如地性线很多,可专门新建一个图层放置,提示选择地性线时选定测区所有实体,再输入图层名将地性线挑出来。

如果建三角网时考虑坎高或地性线,系统在建三角网时速度会减慢。

3. 显示三角网结果/显示建三角网过程/不显示三角网

显示建立三角的不同情况。

(二)修改数字地面模型(修改三角网)

一般情况下,由于地形条件的限制,在野外采集的碎部点很难一次性生成理想的等高线,如楼顶上有控制点等情况。另外,因现实地貌的多样性和复杂性,自动构成的数字地面模型与实际地貌不太一致,这时可以通过修改三角网来修改这些局部不合理的地方。三角网修改菜单项如图6-23所示。

1. 删除三角形

如果在某局部区域内没有等高线通过,则可将其局部内相关的三角形删除。先将要删除三角形的地方局部放大,再执行【等高线】→【删除三角形】命令,命令区提示“选择对象:”时便可选择要删除的三角形,如果误删,可用“U”命令将误删的三角形恢复。

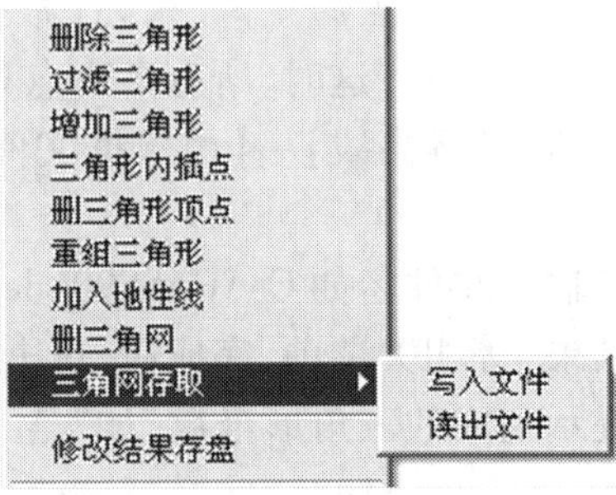

图6-23　修改三角网菜单

2. 过滤三角形

可根据需要输入符合三角形中最小角的度数或三角形中最大边长最多大于最小边长的倍数等条件的三角形。如果出现CASS9.0在建立三角网后无法绘制等高线的情况,可过滤掉部分形状特殊的三角形。另外,如果生成的等高线不光滑,也可以用此功能将不符合要求的三角形过滤掉再生成等高线。

3. 增加三角形

如果要增加三角形时,可执行【等高线】→【增加三角形】命令,依照屏幕的提示在要增加三角形的地方用鼠标点取,如果点取的地方没有高程点,系统会提示输入高程。

4. 三角形内插点

选择此命令后,可根据提示输入要插入的点,在三角形中指定点(可输入坐标或用鼠标直接点取),提示"高程(米)="时,输入此点高程。通过此功能可将此点与相邻的三角形顶点相连构成三角形,同时原三角形会自动被删除。

5. 删三角形顶点

用此功能可将所有由该点生成的三角形删除。因为一个点会与周围很多点构成三角形,如果手工删除三角形,不仅工作量较大,而且容易出错。这个功能常用在发现某一点坐标错误时,要将它从三角网中剔除的情况。

6. 重组三角形

指定两相邻三角形的公共边,系统自动将两三角形删除,并将两三角形的另两点连接起来构成两个新的三角形,这样做可以改变不合理的三角形连接。如果因两三角形的形状特殊无法重组,会有出错提示。

7. 加入地性线

按命令行提示,捕捉相关点,形成地性线,各相关三角形将重组。

8. 删三角网

生成等高线后就不再需要三角网了,这时如果要对等高线进行处理,三角网比较碍事,可以用此功能将整个三角网全部删除。

9. 三角网存取

(1)写入文件。将三角网以文件"＊.SJW"形式存盘。

(2)读出文件。将存盘的三角网以文件"＊.SJW"显示于绘图区。

10. 修改结果存盘

通过以上命令修改了三角网后,执行【等高线】→【修改结果存盘】命令,把修改后的数字地面模型存盘。这样,绘制的等高线不会内插到修改前的三角形内。

修改了三角网后一定要进行此步操作,否则修改无效!当命令区显示"存盘结束!"时,表明操作成功。

(三)绘制等高线

完成上述操作后,便可绘制等高线了。等高线的绘制可以在绘平面图的基础上叠加,也可以在"新建图形"的状态下绘制。如在"新建图形"状态下绘制等高线,系统会提示输入绘图比例尺。

执行【等高线】→【绘制等高线】项,弹出"绘制等值线"对话框,如图6-24所示。

对话框中会显示参加生成DTM的高程点的最小高程和最大高程。如果只生成单条等高线,那么就在单条等高线高程中输入此条等高线的高程;如果生成多条等高线,则在等高距框中输入相邻两条等高线之间的等高距。最后选择等高线的拟合方式,有"不拟合(折线)、张力样条拟合、三次B样条拟合和SPLINE拟合"四种拟合方式。观察等高线效果时,

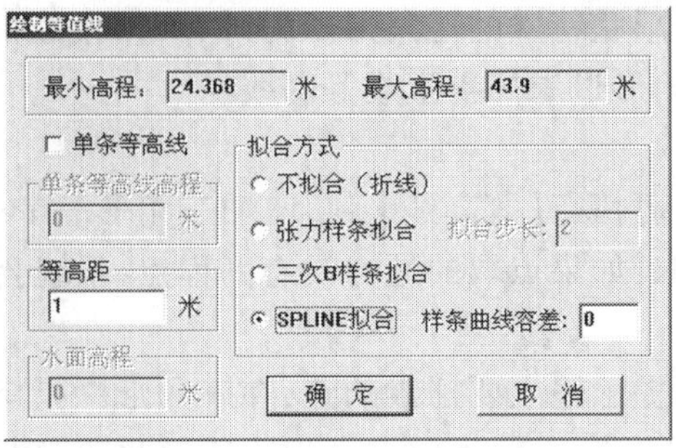

图 6-24　“绘制等值线”对话框

可输入较大等高距并选择“不拟合(光滑)”,以加快速度。如选“张力样条拟合”,则拟合步距以 2 m 为宜,但这时生成的等高线数据量比较大,速度会稍慢。当测点较密或等高线较密时,最好选择“三次 B 样条拟合”,也可选择不光滑,最后再用“批量拟合”功能对等高线进行拟合。选择“SPLINE 拟合”,则用标准 SPLINE 样条曲线来绘制等高线,输入样条曲线容差(容差是曲线偏离理论点的允许差值),SPLINE 线的优点在于即使其被断开后仍然是样条曲线,可以进行后续编辑修改,缺点是较“三次 B 样条拟合”容易发生线条交叉现象。各选项选择完成后,单击“确定”或直接回车。

当命令区显示“绘制完成!”,便完成绘制等高线的工作,如图 6-25 所示。

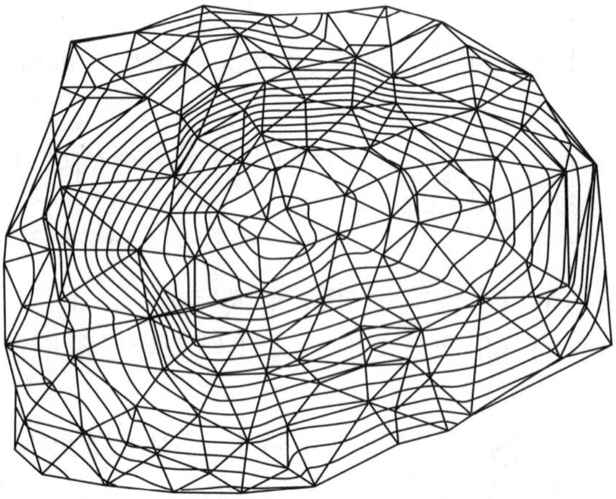

图 6-25　用 DGX. DAT 数据绘制的等高线

(四)等高线的修饰

1. 注记等高线

执行【等高线】→【等高线注记】→【单个高程注记】命令。命令区提示:

选择需注记的等高(深)线:(移动鼠标至要注记高程的等高线位置,如图 6-26 位置 A,按左键);

依法线方向指定相邻一条等高(深)线:(移动鼠标至图 6-26 之等高线位置 B,按左键)。等高线高程值即自动注记在 A 处,且字头朝 B 处。

2. 等高线修剪

执行【等高线】→【等高线修剪】命令,弹出如图 6-27 所示对话框。

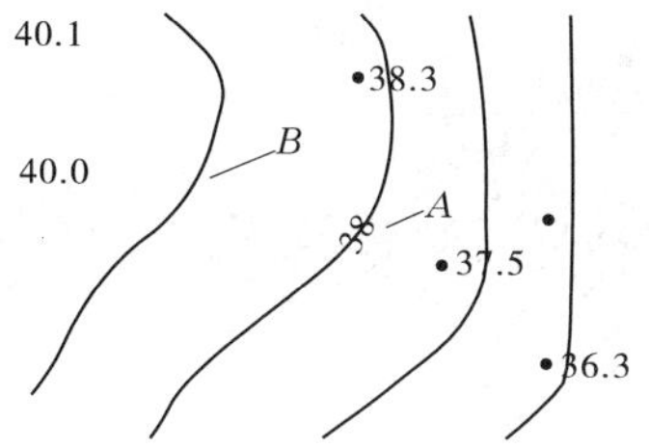

图 6-26 在等高线上注记高程

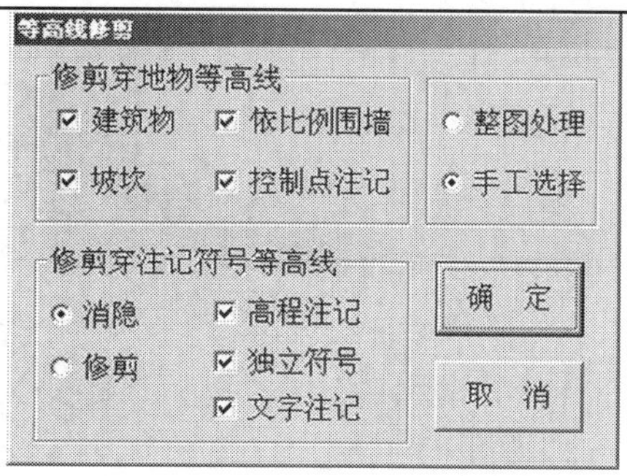

图 6-27 “等高线修剪”对话框

首先选择是消隐还是修剪等高线，然后选择是整图处理还是手工选择需要修剪的等高线，最后选择“修剪穿地物等高线”和“修剪穿注记符号等高线”各选项，单击【确定】后会根据输入的条件修剪等高线。

3. 切除指定二线间等高线

执行【等高线】→【等高线修剪】→【切除指定二线间等高线】命令，命令区提示：

选择第一条线：(用鼠标指定一条线，例如选择公路的一边)。

选择第二条线：(用鼠标指定第二条线，例如选择公路的另一边)。

程序将自动切除等高线穿过此二线间的部分。

4. 切除指定区域内等高线

执行【等高线】→【等高线修剪】→【切除指定区域内等高线】命令，命令区提示：

选择要切除等高线的封闭复合线：(选择一封闭复合线，系统将该复合线内所有等高线切除)。注意：封闭区域的边界一定要是复合线，如果不是，系统将无法处理。

5. 复合线滤波

此功能可在很大程度上给绘制好等高线的图形文件“减肥”。一般的等高线都是用样条拟合的，虽然从图上看起来节点数很少，但事实却并非如此。实际等高线在拟合过程中有大量的中间节点，大大增加了图形文件的大小，通过复合线滤波功能可以减少大量的结点数据，起到简化图形的效果。在进行复合线滤波时，系统提示“输入滤波阈值：<0.5 米>”，这个值越大，精简的程度就越大，但是会导致等高线失真(即变形)，因此可根据实际需要选择合适的值。一般选系统默认的值。

(五)绘制三维模型

建立了 DTM 之后，就可以生成三维模型，观察一下立体效果。

执行【等高线】→【绘制三维模型】命令，命令区显示：

输入高程乘系数 <1.0>：(输入 5)。

如果用默认值，建成的三维模型与实际情况一致。如果测区内的地势较为平坦，可以输入较大的值，将地形的起伏状态放大。

是否拟合？(1)是(2)否 <1>(输入“1”或直接回车默认，进行拟合)

这时将显示此数据文件的三维模型，如图 6-28 所示。

四、图形编辑

在大比例尺数字测图的过程中，由于实际地形、地物的复杂性，漏测、错测是难以避免

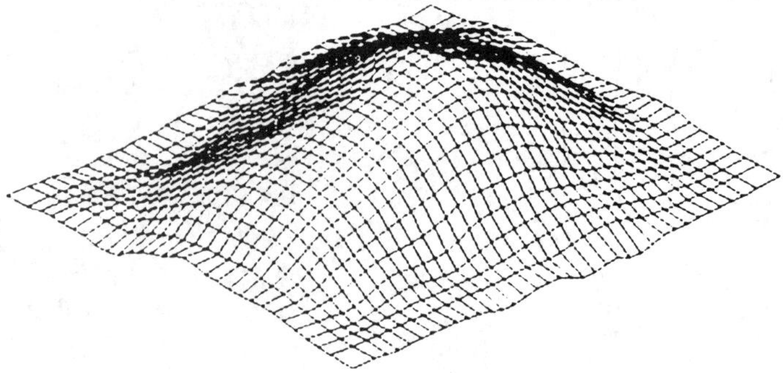

图 6-28　三维效果

的,这时必须有一套功能强大的图形编辑系统,对所测地形图进行屏幕显示和人机交互图形编辑,在保证精度情况下消除相互矛盾的地形、地物,对于漏测或错测的部分,及时进行外业补测或重测。另外,对于地图上的许多文字注记说明,如道路、河流、街道等也是很重要的。

图形编辑的另一重要用途是对大比例尺数字化地图的更新,可以借助人机交互图形编辑,根据实测坐标和实地变化情况,随时对地形图的地形、地物进行增加或删除、修改等,以保证地图具有良好的现势性。

对于图形的编辑,CASS9.0 提供【编辑】和【地物编辑】两个下拉菜单。其中,【编辑】是由 AutoCAD 提供的编辑功能(图元编辑、删除、断开、延伸、修剪、移动、旋转、比例缩放、复制、偏移拷贝等),【地物编辑】是由 CASS9.0 系统提供的专门对地物编辑功能(线型换向、植被填充、土质填充、批量删剪、批量缩放等)。

这里只简单介绍一些常用编辑功能,详细使用请参阅 CASS9.0 操作手册。

(一)地物编辑

【地物编辑】菜单主要提供对地物的编辑功能,如图 6-29 所示,下面对该菜单下的一些主要功能进行简单介绍。

【重新生成】能根据图上骨架线重新生成一遍图形。通过该功能,编辑复杂地物(如围墙、陡坎等)只需编辑其骨架线。

【线型换向】用来改变各种线型地物(如陡坎)的方向。

【修改墙宽】是依照围墙的骨架线来修改围墙的宽度。

【修改坎高】能查看或改变陡坎各点的坎高。

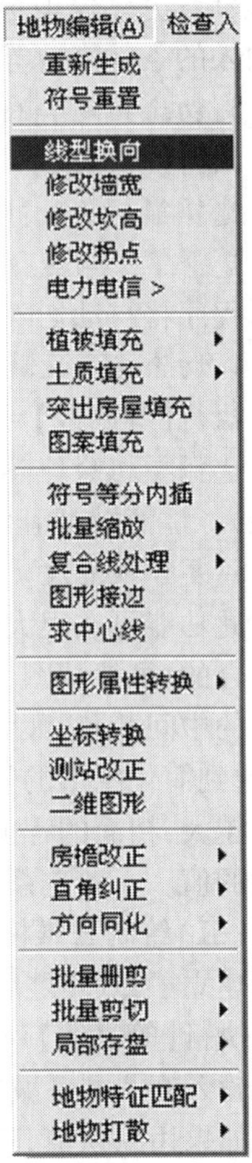

图 6-29　“地物编辑”菜单

【线型规范化】可控制虚线的虚部位置,以使线型规范。

【批量缩放】可对屏幕上的注记文字和地物符号进行批量放大或缩小,还可使各文字位置相对它被缩放前的定位点移动一个常量。

【测站改正】是如果用户在外业不慎搞错了测站点或定向点,或者在做控制前先测碎部,可以应用此功能进行测站改正。

【局部存盘】分为【窗口内的图形存盘】和【多边形内图形存盘】,前者能将指定窗口内的图形存盘,主要用于图形分幅;后者能将指定多边形内的图形存盘,水利、公路和铁路测量中的“带状地形图”可用此法截取。

以上这些常用的图形编辑功能都是按命令行提示操作,操作较简单。

【图形接边】的功能,是当两幅用旧图数字化得到的图形进行拼接时,存在同一地物错开的现象,可用此功能将地物的不同部分拼接起来形成一个整体。执行本菜单命令后,弹出如图 6-30 所示对话框。输入接边最大距离和无结点最大角度后,可选用手工、全自动、半自动 3 种方式接边。

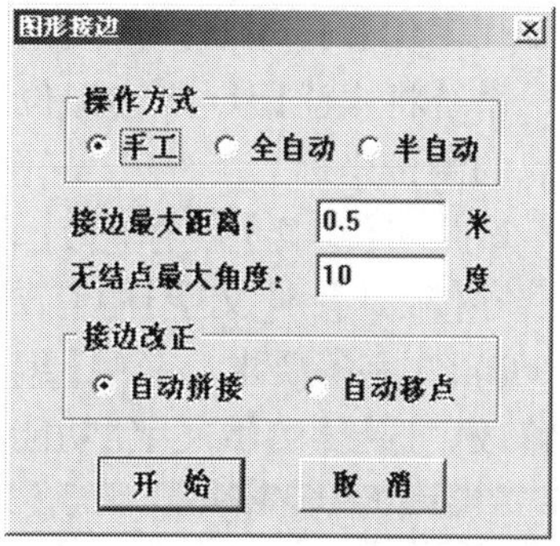

图 6-30 “图形接边”对话框

“手工”是每次接一对边,“全自动”是批量接多对边,“半自动”是每接一对边提示是否连接。

【图形属性转换】子菜单提供有 16 种转换方式,前 15 种方式有单个和批量两种处理方法。以“图层→图层”为例,单个处理时,命令行提示:

转换前图层:(输入转换前图层)

转换后图层:(输入转换后图层)

系统会自动将要转换图层的所有实体变换到要转换到的层中。如果要转换的图层很多,可采用“批量处理”,但是要在记事本中编辑一个索引文件,格式是:

转换前图层 1,转换后图层 1

转换前图层 2,转换后图层 2

转换前图层 3,转换后图层 3

…

END

【植被填充】、【土质填充】、【小比例房屋填充】、【图案填充】都是在指定区域内填充上适当的符号,但指定区域必须是闭合的复合线。按提示操作,系统将自动按照“CASS9.0 参数配置”的符号间距,给指定区域填充相应的符号。

(二)注记

地形图上除了各种图形符号,还有各种注记要素(包括文字注记和数字注记)。CASS9.0 提供了多种不同的注记方法,注记时可将汉字、字符、数字混合输入。

1. 使用屏幕菜单中的“文字注记”

无论是使用屏幕菜单中的哪种定位方法,均提供了【文字注记】功能。用鼠标选择屏幕菜单中的【文字注记】功能项,打开如图 6-31 所示的下拉菜单。

选择该菜单中每一菜单项,都将打开相应对话框。如选择【常用文字】项,则打开如图 6-32所示对话框。该对话框中已预先将一些常用的注记用字做成字块,当我们用到这些字时,可以直接在该对话框中选取,可方便地将常用字注记到鼠标指定的位置。

执行【变换字体】命令,则打开如图 6-33 所示对话框,有 15 种字体供选用,可改变当前默认字体,按图示的要求进行注记,如水系用斜体字注记。

执行【特殊注记】命令,在打开的对话框中可以注记屏幕上任意点的测量坐标和房屋的地坪标高。如在对话框中选择【注记坐标】图标,确定后系统在命令行提示:

指定注记点:【设置注记小数位(S)】(利用各种捕捉方式来指定待注记点)

注记位置:(用鼠标在注记点周围合适位置指定注记位置)

系统将由注记点向注记位置引线,并在注记位置处注记出注记点的测量坐标。

2. 使用【工具】菜单下的【文字】

在【工具】→【文字】中有二级菜单,使用该菜单可满足注记文字、编辑文字等要求。其中【编辑文字】是用于对已注记的文字进行修改。选择"编辑文字"功能项,系统在命令行窗口提示:

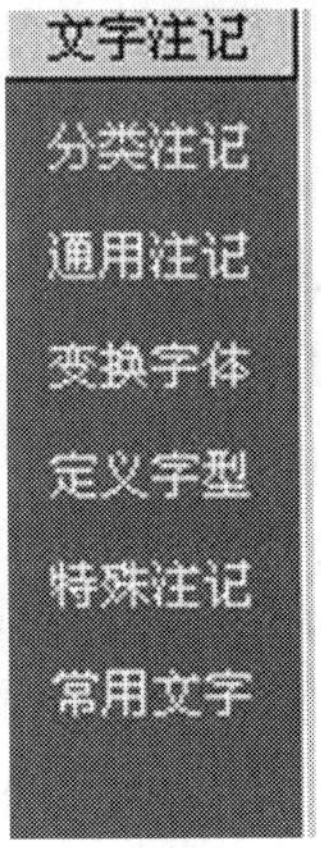

图 6-31　文字注记菜单

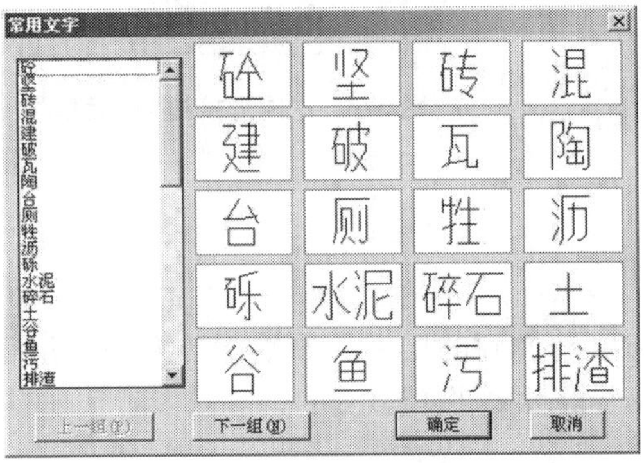

图 6-32　"常用文字"对话框

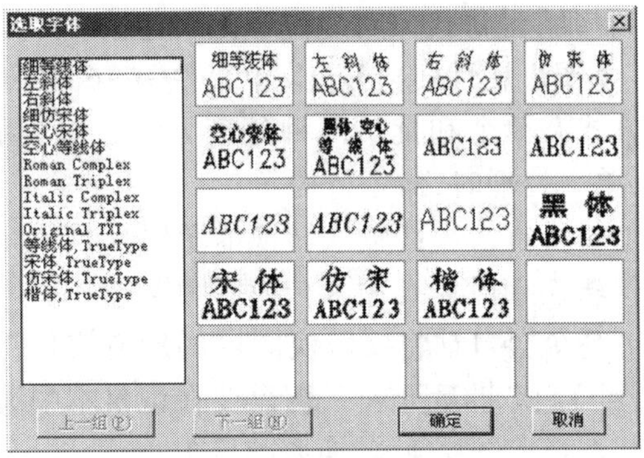

图 6-33　"选取字体"对话框

选择注释对象:(用鼠标选择需要编辑的文字)

选择文字后系统显示"编辑文字"对话框,如图 6-34 所示。在文字编辑框内修改即可。

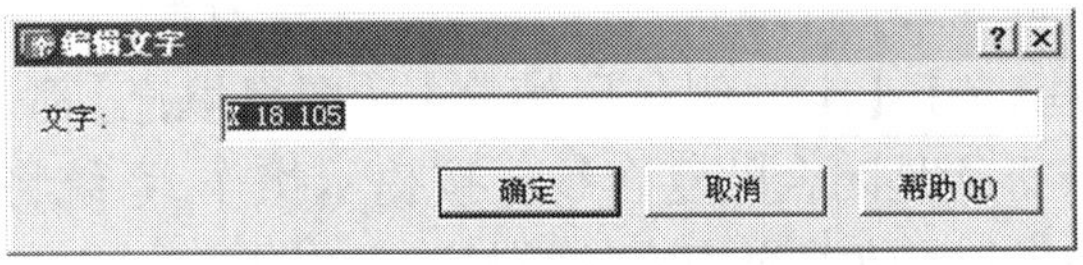

图 6-34　"编辑文字"对话框

在【工具】→【文字】对话框中,【炸碎文字】的功能是将文字炸碎成一个个独立的线实体,【文字消隐】的功能可以遮盖图形上穿过文字的实体,如穿高程注记的等高线;【批量写文字】的功能是在一个边框中放入文本段落。

(三)实体属性编辑修改

任何一个实体(对象),都具有一些属性,如实体的位置、颜色、线型、图层、厚度以及是否拟合等。当赋予的实体属性错误时,就需要对实体属性进行编辑修改工作。可用 AutoCAD 的"对象特性管理器"及 CASS9.0 的"属性面板"进行该项工作。

1. 对象特性管理

1)对象特性管理器

该项功能可以管理图形实体在 AutoCAD 中的所有属性。执行【编辑】→【对象特性管理】命令，系统弹出“对象特性管理器”对话框，如图 6-35 所示。

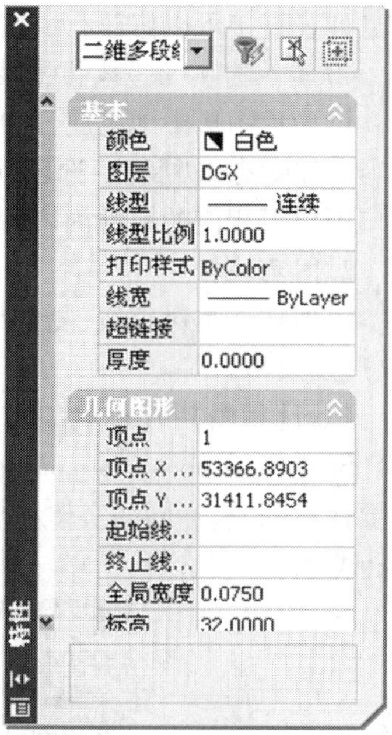

图 6-35 对象特性管理器

在以表格方式出现的窗口中，提供了更多可供编辑的对象特性。选择单个对象时，“对象特性管理器”将列出该对象全部特性；选择多个对象时，“对象特性管理器”将显示所选择的多个对象的共有特性；未选择对象时，“对象特性管理器”将显示整个图形的特性。双击“对象特性管理器”中的特性栏，将依次出现该特性所有可能的取值。

修改所选对象特性时可用如下方式：

（1）输入一个新值。

（2）从下拉列表中选择一个值。

（3）用【拾取】按钮改变点的坐标值。

在“对象特性管理器”中，特性可以按类别排列，也可按字母顺序排列。“对象特性管理器”还提供了【快速选择】按钮，可以方便地建立供编辑用的选择集。

2）属性面板

属性面板是 CASS9.0 的新特色，如图 6-36 所示，分别有图层、常用、信息、快捷地物、属性五个选项。

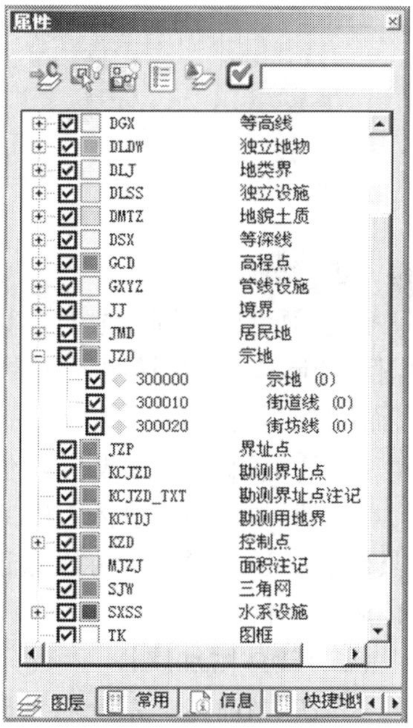

图 6-36 属性面板

（1）图层选项——图层管理。

CASS9.0 的图层管理采用了树状形式，按照实体编码来对实体进行树状分类，层次清晰，用户批量操作更简单。

它可以将图形进行 CASS 图层和 GIS 图层之间的相互转换，以及随心所欲地隐藏、显示实体。

（2）常用选项——常用命令。

该面板又分为常用命令、常用地物、常用文字三块。常用命令根据使用命令，地物的次数按从多到少的顺序自动排列在此功能处，如果再次使用就可直接在此处直接点击此命令或此地物即可，使绘图更加方便，快捷。

与传统的常用文字相比，操作者可以更加自主地设置自己想要的文字，并且可以直接设置文字属性。常用文字分了 4 组，一共可设置 60 多个常用文字，把经常使用的文字输入空白处，在下面可设定文字属性（如颜色、字高、图层、字体、宽高、插入点），然后点击“更新”，则下面方框处即设成此文字，每次使用时，直接点击此文字即可。

3）信息选项——检查信息

双击错误列表就能轻松定位到图形有错误的地方，并且直接选中了错误实体，解决了实体较多时用户难以辨认的麻烦，大大提高了图形检查的效率。在该面板中还可以自定义实体关联时的显示模式。此外，CASS9.0 的检查信息还可以导出来。如果不能把所有错误修改完，不妨将错误列表导出来（可以是 Excel 和 Xml 格式的）。下次打开图形时再导入错误信息列表直接可以修改,无须再一次检查。

4)属性选项——地物属性

可显示图形中地物属性,也可修改,补充属性。给被赋予了属性表的地物实体添加属性内容。左键点击"属性"选项,弹出"属性"面板,选中需要赋予附加属性内容的实体,最后在窗口中填写相应的属性内容即可。

2. 图元编辑

该项功能是对直线、复合线、弧、圆、文字、点等实体进行编辑,修改它们的颜色、线型、图层、厚度及拟合等。

执行【编辑】→【图元编辑】命令,命令行提示:

Select one object to modify:用鼠标选取对象(如房屋)后,弹出如图6-37所示对话框。需要注意的是,不同的实体相应有不同的对话框,留意其中的内容,按需要选择合适的项目进行修改。

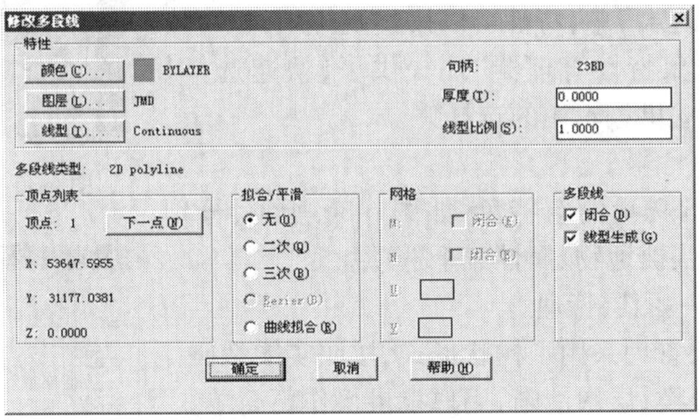

图6-37 "修改多段线"对话框

(四)修改

该选项可以分别完成对实体的颜色和实体属性(如图层、线型、厚度等)的修改,其功能和图块的制作与使用【图元编辑】功能完全相同,所不同的是,【图元编辑】是采用对话框操作,而【修改】是根据命令行提示一步一步键入修改值进行修改。

执行【编辑】→【修改】→【性质\颜色】命令,按命令行提示进行修改。

在图形数据最终进入GIS系统的形势下,对于实体本身的一些属性还必须做一些更多更具体的描述和说明。可以通过【实体附加属性】功能项,根据实际的需要进行设置和添加实体附加属性。

(五)实体附加属性

为适应当前GIS系统对基础空间数据的需要,CASS9.0全面提供面向GIS建库的数据解决方案。CASS9.0系统的【检查入库】下拉菜单里提供了图形的各种检查及图形格式转换功能。

1. 地物属性结构设置

执行【检查入库】→【地物属性结构设置】命令,打开如图6-38所示对话框。

对话框左边的树状图中,Tables根目录下的名称是符号(地物、地籍)所属图层名,对应到数据库中,就是该数据库的表名。要添加或删除数据表,可以在树状图的任意位置单击右键,在弹出的【添加】或【删除】选项中选择,执行相应操作。在对话框中部的下拉框中选择地物类型，选取具体的地物添加到当前层中，表明当DWG文件转出成SHP文件时，该地物就放在当前层上了。

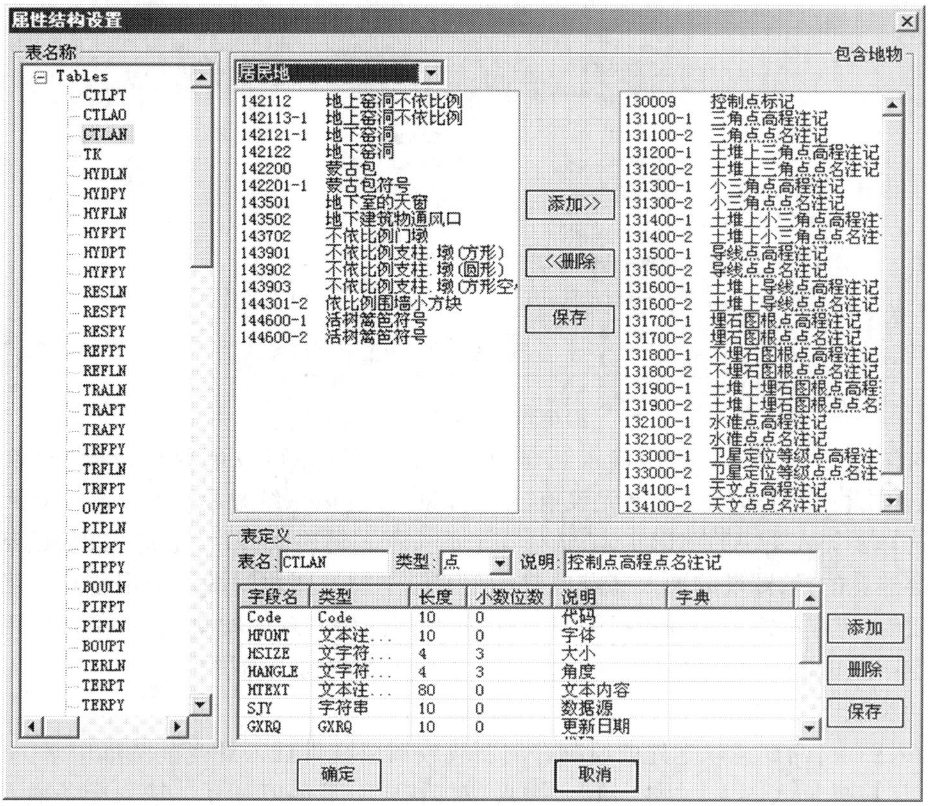

图6-38 “属性结构设置”对话框

对话框右下角为“表结构设置”，可以对当前的表进行相应的修改，例如更改表类型、表说明、增加字段、更新字段等。

2. 复制实体附加属性

此选项的功能是把实体的属性信息复制给同类实体，如已经把一个一般房屋添加了附加属性内容，就可以通过此命令将附加属性内容复制给图面上的其他一般房屋。执行【检查入库】→【复制实体附加属性】命令，命令行提示“选择被复制的实体”，选择后，提示“选择对象”，再选择要被赋予该属性内容的实体即可。

（六）图块的制作及使用

在CASS系统中绘制地图时，常常要把一幅图或一幅图的某一部分以图块的形式保存起来，以便以后需要时可以把它插入到所需的地方。另外，为了实现相邻图幅之间的拼接，常常把一幅图作为主图，把其他图做成“块”，然后利用插入“块”的方法实现。因此，图块的制作及其使用是CASS系统中极其重要的一部分。

1. 制作图块

【制作图块】的功能是把一幅图或一幅图的某一部分以图块的形式保存起来，操作时，执行【工具】→【制作图块】命令，弹出“写块”对话框，如图6-39所示。

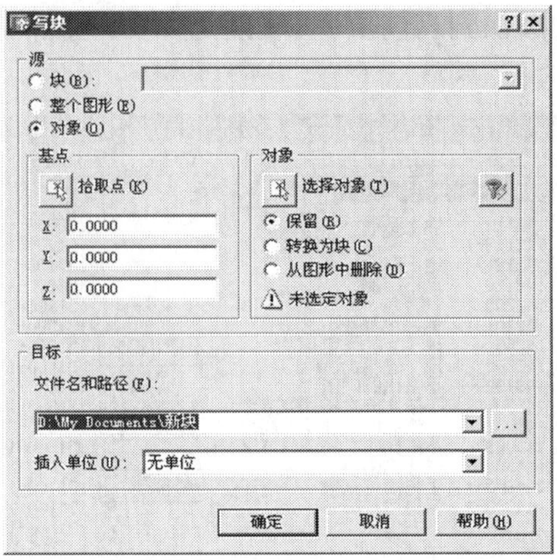

图 6-39 “写块”对话框

在对话框的“文件名”栏中输入制作图块的文件名(也可以选取),拾取“对象”,指定“基点”,单击【确定】即可。若事先没有选定对象,确定后系统显示“必须选择对象……”。用鼠标选择要加入图块的图形实体,选择完毕后按回车键确认,即可完成该图块的制作。

需要注意的是,图块的插入基点也就是在图形中插入图块时图块的定位点。当制作一般的图块时,可根据需要合理选择图块基点;但利用图块实现图幅拼接时,一定要用相同坐标的原点[如(0,0)]作为图块的插入基点,才能保证图幅的正确拼接。

2. 插入图块

【插入图块】命令可以把先前绘制好的图块或图形文件插入到当前图形中来。操作时,执行【工具】→【插入图块】命令,弹出“插入”对话框,如图 6-40 所示。输入准备插入的图块名,根据需要确定插入的基点坐标和 x、y、z 三个方向上的比例系数,选择图块插入后是否炸开图块(分解),最后单击【确定】即可。

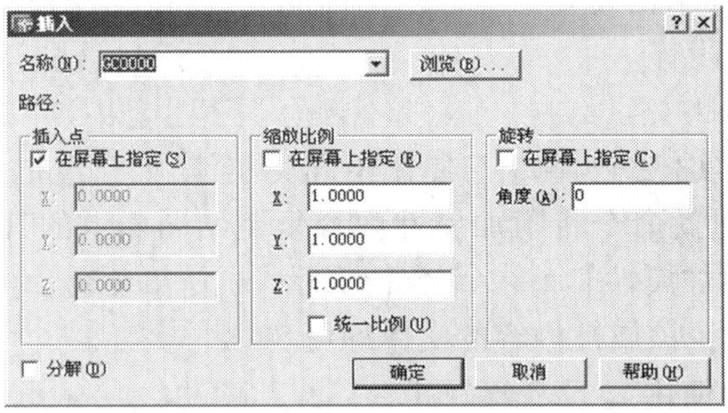

图 6-40 “插入”对话框

(七)图层管理

图层是 AutoCAD 中用户组织图形的最有效工具之一。用户可以利用图层来组织自己的图形或利用图层的特性(如不同的颜色、线型和线宽)来区分不同的对象。执行【编辑】→【图层控制】→【图层设定】命令,打开“图层特性管理器”对话框,如图 6-41 所示。可以对图层进行创建、删除、锁定或解锁、冻结或解冻,还可设置打印样式。利用此菜单,用户完全可以方便、快捷地设置图层的特性及控制图层的状态。

图 6-41　“图层特性管理器”对话框

【小贴士】

本任务主要介绍 CASS 成图软件进行数字地形图绘制、编辑。通过本任务的学习，学生应初步能应用 CASS 成图软件进行展点，通过点号定位或坐标定位进行地物绘制和编辑。

任务三　数字地形图的整饰及输出

数字地形图编辑好后即可根据上交成果的要求进行图幅整饰及输出。

一、图形分幅与图幅整饰

（一）图形分幅

图形分幅前，首先应了解图形数据文件中的最小坐标和最大坐标。同时应注意 CASS9.0 信息栏显示的坐标，前面的为 y 坐标（东方向），后面的为 x 坐标（北方向）。

执行【绘图处理】→【批量分幅】命令，命令行提示：

请选择图幅尺寸：(1)50 × 50(2)50 × 40 <1>（按要求选择或直接回车默认选 1）。

请输入分幅图目录名：（输入分幅图存放的目录名，回车）。

输入测区一角：（在图形左下角点击左键）。

输入测区另一角：（在图形右上角点击左键）。

这样在所设目录下就产生了各个分幅图，自动以各个分幅图的左下角的东坐标和北坐标结合起来命名，如：“31.00—53.00”“31.00—53.50”等。

如果要求输入分幅图目录名时直接回车，则各个分幅图自动保存在安装了 CASS9.0 的驱动器的根目录下。

（二）图幅整饰

先把图形分幅时所保存的图形打开，并执行【文件】→【加入 CASS 环境】命令。然后执行【绘图处理】→【标准图幅】命令，打开如图 6-42 所示的对话框。输入图幅的名字、邻近图名、测量员、绘图员、检查员，在左下角坐标的“东”“北”栏内输入相应坐标，如此处输入

"53000""31000"(最好拾取)。在"删除图框外实体"前打钩则可删除图框外实体,按实际要求选择。最后用鼠标单击【确定】按钮即可得到加上标准图框的分幅地形图。

图廓外的单位名称、日期、图式和坐标系、高程系等可以在加框前定制,即在"CASS 参数配置\CASS9.0 综合设置\图廓属性"对话框中依实际情况填写,定制符合实际的统一的图框,也可以直接打开图框文件,利用【工具】菜单【文字】项的【写文字】、【编辑文字】等功能,依实际情况编辑修改图框图形中的文字,不改名存盘,即可得到满足需要的图框。

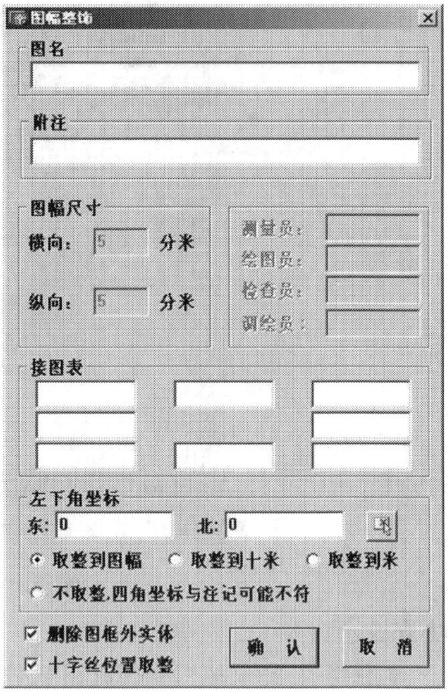

图 6-42 "图幅整饰"对话框

二、绘图输出

地形图绘制完成后,可用绘图仪、打印机等设备输出。执行【文件】→【绘图输出】→【打印】命令,打开"打印"对话框,在对话框中可完成相关打印设置,并打印出图,详细操作请参阅《CASS9.0 参考手册》及《CASS9.0 用户手册》。

【小贴士】

本任务主要介绍运用 CASS 成图软件对数字地形图进行整饰,通过本任务的学习,学生应初步能应用 CASS 成图软件进行数字地形图分幅,并正确添加图框以及图形输出设置。

小 结

本项目主要介绍了成图软件初步认识、CASS9.0 内业成图及编辑、数字地形图的整饰及输出。通过本项目的学习,学生应能正确认识 CASS 成图软件的基本知识,并能正确安装 CASS 成图软件;能应用 CASS 成图软件进行数字地形图绘制、编辑;能对编辑好的数字地形图进行整饰及输出。本项目也是该课程学习的重点内容。

复习与思考题

1. CASS9.0 测图软件绘制平面图,主要有哪几种成图方法?
2. 若外业采集数据时定向点坐标输入错了,如何进行测站改正?
3. 简述 CASS9.0"点号定位成图法"和"编码引导成图法"的具体方法与步骤。
4. 简述 CASS9.0 绘制等高线的主要操作步骤。
5. 为什么要进行"编码引导"及"简码识别"?
6. 如何进行图形分幅?怎样进行图幅整饰?

【技能训练】

本项目详细介绍了 CASS9.0 内业成图的方法与具体操作步骤,是课程的重点内容,建议用 CASS9.0 安装目录下“DEMO”文件夹中的有关数据文件,结合软件上机操作,反复进行练习,方能熟练掌握内业成图过程和有关操作技巧。除此之外,学生还应完成以下实训。

一、技能训练题目及训练目的

在学习完本项目的理论学习内容和配套实训之后,请学生务必利用课余和周末的时间,利用项目五所采集的野外数据和配绘的草图,用 CASS9.0 软件进行地形图的绘制,目的在于使学生对数据采集与内业成图的关系更加清楚。

二、技能训练要求

1. 教师给学生配备全站仪、RTK 数据传输线或卡。

2. 学生自备安装好 CASS9.0 软件的电脑或到专业机房进行技能训练。

3. 学生根据自己的学习情况自行练习全站仪和 RTK 进行数据传输,然后进行内业成图。

4. 学生应记录碰到的问题并向教师请教或与任课教师共同探讨。

项目七　纸质图件数字(矢量)化

项目概述

通过本项目2个学习任务[数字(矢量)化基本知识认识、纸质图件(矢量)化方法]的学习,要求具备4项能力(认识与数字(矢量)化相关的硬件、认识常见的数字(矢量)化软件并能进行正确安装、能运用数字(矢量)化软件对纸质图件进行数字(矢量)化、能进行数字(矢量)图的整饰及输出)。

学习目标

知识目标

1. 能说明数字(矢量)化的基本原理。
2. 认识与数字(矢量)化相关的硬件。
3. 认识常见的数字(矢量)化软件。

技能目标

1. 能正确安装常见的数字(矢量)化软件。
2. 能运用数字(矢量)化软件对纸质图件进行矢量化。
3. 能进行数字(矢量)图的整饰及输出。

【课程导入】

地形图数字(矢量)化是获取数字地形图的方式之一,目前仍然有一定的应用。地形图数字化主要有手扶跟踪数字化和扫描屏幕数字化两种方法,其中扫描屏幕数字化方法使用广泛。本项目以AutoCAD、CASS、R2V为例,介绍地形图数字化的基本方法,并着重介绍CASS成图软件进行矢量化。

任务一　数字(矢量)化基本知识认识

一、地图数字化概念

数字地形图除可以采用野外地面数字测图方法获得外,也可以利用已有的纸质(或聚酯薄膜)地形图通过数字化方法获得。目前,在国土、规划设计、交通、地质、勘察、建设及矿山等部门还拥有大量的各种比例尺的纸质地形图,它们都是非常宝贵的基础地理信息资源,为了充分利用这些资源,在生产实际中,需要将大量的纸质地形图通过图形数字化仪和扫描仪等设备输入到计算机中去,用专用的软件进行处理和编辑,将其转换成计算机能存储和处理的数字图,这个过程称为地形图数字化。

进行地形图的数字化,实质上是将图形转化为数据。由纸质地形图向数字化图的转换是数字化的一个复杂过程,它涉及纸质地形图的固定误差、数字化过程中的误差、数字化的设备、数字化软件等多个方面。因此,通过地形图数字化方法得到的数字图,其图形要素的位置精度不会高于地形图的精度。目前,常用的地形图数字化方法有手扶跟踪数字化和扫描屏幕数字化两种。它们适用于各种类型的工作底图,如纸质底图、聚酯薄膜图、黑白图等。

二、地形图手扶跟踪数字化

地形图手扶跟踪数字化是利用数字化仪和相应的图形处理软件进行的,其作业的基本方法是将数字化仪与计算机正确连接,把准备数字化的工作底图放置于数字板上并固定,用手持定标设备(定标器)对地形图进行定向并确定图幅范围,然后跟踪每一个图形特征点,由数字化仪和相应数字化软件在工作底图上进行数据采集,将经过图纸定位后被数字化仪采集并由相关软件转换后的属于地形图坐标系的图形坐标数据(矢量数据)发送给计算机,经软件编辑后获得最终的矢量化数据即数字化图。

地形图手扶跟踪数字化对复杂底图(如地形图)的处理能力较弱,对不规则曲线如等高线只能采用取点模拟的方法,耗时多且处于半自动状态,效率不高;其精度取决于工作底图上图形要素的宽度、复杂程度、数字化仪器的性能(主要是分辨率)、作业人员作业熟练程度等因素。因此,地形图手扶跟踪数字化适用于地形图所包含信息不太复杂的情况。

三、地形图扫描屏幕数字化

扫描屏幕数字化也称扫描矢量化,其作业过程实质上是一个解释光栅图像并用矢量元素替代的过程。首先使用具有适当分辨率、消蓝功能和一定扫描幅面的扫描仪及相关扫描图像处理软件,把底图转化为栅格图像,生成光栅文件,光栅数据的内容被表示成黑点和白点(二值模式)或彩色点组成的一个矩阵(点阵),单个的点被排列在地形图纸的 x、y 方向上。点与点之间彼此没有任何逻辑上的关系,这些点以镶嵌的形式在计算机屏幕上显示。对光栅图像而言,图像的放大或缩小会使图像信息产生失真,尤其是放大时图像目标的边界会发生阶梯效应。因此,需要用专业扫描图像处理软件进行诸如点处理、区处理、帧处理、几何处理等,通过处理提高影像的质量;然后利用软件矢量化功能,采用交互矢量化或自动矢量化的方式,对地形图的各类图形要素进行矢量化,并对矢量化结果进行编辑整理,存储在计算机中,最终获得矢量化数据,即数字化图。

【小贴士】

本任务主要介绍矢量化的方式、基本原理及基本过程,矢量化相关的软、硬件等基本知识。通过本任务的学习,学生应初步认识矢量化的方式,理解矢量化的基本原理和基本过程,初步认识矢量化的硬件和软件。

任务二　纸质图件数字(矢量)化方法

一、手扶跟踪数字化

手扶跟踪数字化是利用数字化仪,将图解纸质地形图直接转换成矢量格式的数字图。

(一)手扶跟踪数字化原理

1. 数字化仪的工作方式

数字化仪常用的方法是手扶跟踪数字化。一般有 9 种工作方式(也称操作方式)。

1)点式

按一下定标器(鼠标)的一个键,即将定标器上的十字丝交点在数字化仪感应板上的位置以(x,y)坐标的形式送入计算机。

2)开关流式

按住定标器的一个键不放,并移动鼠标,它在图板上移动的轨迹,将以(x,y)坐标串的形式连续送入计算机,发送速率可分别设置为 1 点/s、2 点/s、5 点/s、10 点/s、20 点/s、50 点/s、100 点/s,共 7 个档次,放松按键,定标器便停止工作。

3)连续式

当送入连续式指令,从定标器接触数字化板就开始计数,即将定标器在数字化板上的位置以(x,y)坐标串的形式连续送入主机(其速率与开关流式一样,也分 7 个档次),当定标器离开数字化板时停止工作。这种方式省去了开关流式按键的动作,但要求有较高的操作技巧。

4)Delta 式

定标器位于某点时,数字化仪向计算机发送的数据是该点相对于前一点坐标的坐标值,是相对值而不是绝对值。

5)步进式

当游标在数字化板上移动时,数字化仪按一定的距离间隔向计算机输入(x,y)坐标串,距离间隔可在 0.025 ~ 2.54 mm 选择。

6)触发式

通过命令控制进行定标器触发操作,触发一次数字化仪向计算机发送一对坐标数据。

7)机控式

这种方式主要是针对编程的数字化仪,通过计算机向数字化仪发送命令,控制数字化仪的参数和状态。

8)提示式

数据被发送时,在输出的信息中带有注释信息。

9)增量式

送入任何一条增量式指令后,便将定标器在数字化板上的位置,以当前位置相对于上一点位置的坐标增量形式送入计算机(其速率跟连续式一样,分为 7 个档)。数字化仪增量式输出的是相对上一点的坐标增量,不同于连续式输出的是相对数字化原点的坐标。

2. 数字化仪的性能指标

1)有效工作幅面

有 A0 ~ A4 几种规格,可方便地用于各种图幅地形图的数字化。

2)分辨率(能识别的最小间距)

有毫米(mm)和英寸(in)两种单位,通常分辨率能达到 0.1 mm(10 线/mm) ~0.01 mm(100 线/mm),0.01 in(100 线/in) ~0.001 in(1 000 线/in)。

3)传输波特率(异步通信数据传送速度)

有 1 200 b/s、2 400 b/s、4 800 b/s、9 600 b/s、19 200 b/s 等。

4)数据输出格式

一般有 ASCII 码和二进制码两种,具体的数据输出格式可根据需要自行设置。数字化仪的输出速度一般为 10 对/s ~100 对/s。

5)奇偶检校及数据位

数据位一般为 7 位或 8 位,检校位为 1 位。奇偶检校有 5 种配置(7 位偶检校、7 位奇检校、8 位无检校、8 位偶检校、8 位奇检校)。

6)定标器

有 4 按键、8 按键和 16 按键三种。16 按键定标器按 0 ~9,A ~F 编号。

3. 数字化仪与计算机的连接

数字化仪具有 RS - 232C 标准串行接口,用一根串行线把数字化仪的串行接口和计算机的串行接口连接,即可实现数字化仪和计算机的数据通信。

各厂家随数字化仪将提供给用户一个检测程序,用以测试数字化仪的各种工作状态正常与否,以及根据用户驱动数字化仪软件的要求设置各种参数,这些参数包括串口号、波特率、校验方式、数据格式、数据位、工作方式、分辨率、原点位置及定标器按键类型等。参数设置好以后,便可运行数字化软件来进行数字化工作。

数字化软件与数字化仪实现通信的方法为:

(1)打开指定的串口,设置接收数据缓冲区大小。

(2)设置通信参数,包括波特率、数据格式、校验方式、工作方式、分辨率等。

(3)设定响应事件标志,如通信中断、出错或接收到数据时,可转入相应处理程序。

(4)定义串口事件处理程序,根据事件中相应的标志,确定串口产生何种类型事件,若接收到数据,则按一定格式从中取出各种信息,分别进行相应处理,如图 7-1 所示。

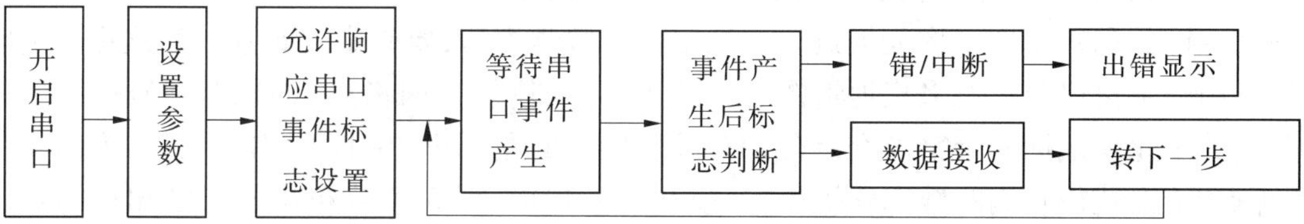

图 7-1 串口通信作业程序

目前,许多数字化软件如 EPSW、CASS9.0 等都可与多种数字化仪通信,很方便地进行数字化作业。

4. 图纸定位

当使用数字化仪对地形图进行数据转换时,数字化仪所发送的坐标数据是数字化仪坐标系的坐标,与地形图坐标系不一致,因此必须把数字化仪坐标系的坐标数据转换成地形图坐标系的坐标数据。

图纸定位就是求出两个坐标系之间的转换参数,同时还要能够有效地克服图纸的变形误差,以提高数字化的精度,因此变换模型的选择很重要。变换模型主要有线性正形变换、仿射变换、双线性变换、二次变换等。这里主要介绍线性正形变换和仿射变换。

1) 线性正形变换

数字化仪与地形图坐标系之间的转换关系如图 7-2 所示,设数字化仪坐标系为 XOY,地形图坐标系为 $X'O'Y'$,西南角 O'的地形图坐标为(x_0,y_0),在数字化仪坐标系中的坐标为(X_0,Y_0),两坐标系的纵轴夹角为 θ。对于某一已知点 P 的数字化仪坐标(X,Y)和地形图坐标(x,y)有以下关系:

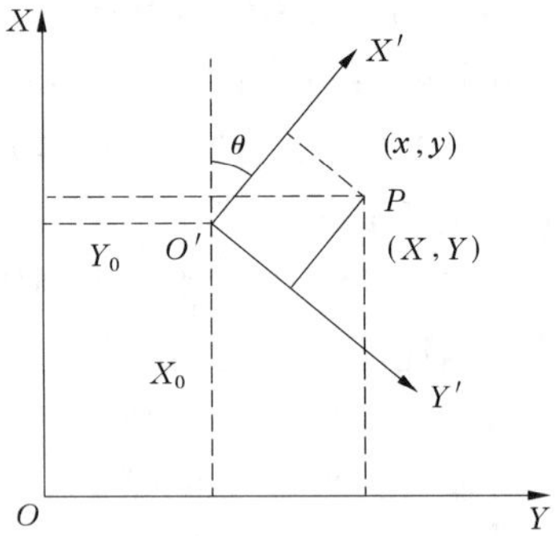

图 7-2 数字化仪坐标转换

$$\begin{cases} x - x_0 = k(X - X_0)\cos\theta + k(Y - Y_0)\sin\theta \\ y - y_0 = k(Y - Y_0)\cos\theta + k(X - X_0)\sin\theta \end{cases} \tag{7-1}$$

式中 k——长度比。

设 $a = k\cos\theta$,$b = k\sin\theta$,则

$$\begin{cases} x = a(X - X_0) + b(Y - Y_0) + x_0 \\ y = a(Y - Y_0) + b(X - X_0) + y_0 \end{cases} \tag{7-2}$$

令

$$\begin{cases} Q_x = -(aX_0 + bY_0) + x_0 \\ Q_y = -(aY_0 + bX_0) + y_0 \end{cases} \tag{7-3}$$

则

$$\begin{cases} x = aX + bY + Q_x \\ y = bX - aY + Q_y \end{cases} \tag{7-4}$$

式中 a、b、Q_x、Q_y——待定转换系数,也称为变换定向系数。

式(7-4)是利用线性正形变换进行图纸定位的数学模型,要确定 a、b、Q_x、Q_y 这 4 个定向系数,可用数字化仪定标器采集地形图已知的 4 个内图廓点(网格点)的地形图坐标系坐标数据,即数字化仪鼠标的十字丝交点分别对准地形图的左下角、左上角、右上角、右下角 4 个内图廓点,依次获得它们的数字化仪坐标,或利用图幅内 3 ~ 5 个分布均匀的已知控制点的坐标数据,分别将这些采集的或已知的坐标数据代入式(7-4),得到相应数学方程组,用最小二乘法原理对其进行数学处理,可以求得定向系数 a、b、Q_x、Q_y,利用该组定向系数和式(7-4),可将数字化采集的地形图图幅内任一点的数字化仪坐标系的坐标转化成地形图坐标系坐标,使数字化后的地形图与工作底图的坐标系相同,从而获得方便地进行两坐标系转换的方法,顺利实现地形图定位。

地形图定位定向的实质是进行坐标变换。线性正形变换方法,除了一般的坐标轴平移和旋转,还增加了比例因子的改正。用以上方法定位定向后再进行数字化,可以有效地克服图纸的不均匀变形和提高数字化精度。

2)仿射变换

与线性正形变换相比,仿射变换还考虑了 x、y 两个方向比例变化的不一致性。其数学模型为:

$$\begin{cases} X = a_1x + a_2y + a_0 \\ Y = b_1x + b_2y + b_0 \end{cases} \tag{7-5}$$

式中 X、Y——地形图坐标系坐标;

x、y——数字化仪坐标系坐标;

a_1、b_1、a_2、b_2、a_0、b_0——6 个定向系数。

当有 n 个已知点时,对于每个已知点都可列出一对误差方程式:

$$\begin{cases} v_{xi} = a_1x + a_2y + a_0 - X_i \\ v_{yi} = b_1x + b_2y + b_0 - Y_i \end{cases} \tag{7-6}$$

按间接平差原理,可得矩阵形式的法方程式:

$$\begin{bmatrix} \sum x_i^2 & \sum (y_ix_i) & \sum x_i \\ \sum (x_iy_i) & \sum y_i^2 & \sum y_i \\ \sum x_i & \sum y_i & n \end{bmatrix} \begin{bmatrix} a_1 \\ a_2 \\ a_0 \end{bmatrix} = \begin{bmatrix} \sum (x_iX_i) \\ \sum (y_iX_i) \\ \sum X_i \end{bmatrix} \tag{7-7}$$

$$\begin{bmatrix} \sum x_i^2 & \sum (y_ix_i) & \sum x_i \\ \sum (x_iy_i) & \sum y_i^2 & \sum y_i \\ \sum x_i & \sum y_i & n \end{bmatrix} \begin{bmatrix} b_1 \\ b_2 \\ b_0 \end{bmatrix} = \begin{bmatrix} \sum (x_iY_i) \\ \sum (y_iY_i) \\ \sum Y_i \end{bmatrix} \tag{7-8}$$

分别求解,便可求得 a_1、b_1、a_2、b_2、a_0、b_0 6 个变换参数。按前述步骤,即可求得数字化点的地形图坐标。

5. 台板菜单功能键定义及菜单定位

1)台板菜单及功能键定义

在完成图纸定位后,便可对地形图要素逐点进行数字化,数字化过程中,用定标器对准地物特征点采集,得到相应点的平面坐标,同时要输入该点相应的绘图信息,即不仅要得到地形图要素的点位数据,同时要得到地形图要素的其他特征信息,如高程以及编码、线型、注记等,这些信息对成图及地理信息系统的建立是十分重要的。输入这些信息,要用计算机键盘,一方面在数字化图板上进行数字化,另一方面还要输入属性等信息。操作者就需要在数字化仪及计算机键盘之间来回操作,使数字化的工作效率大大降低。为了提高速度,通常数字化软件都会建立台板菜单和定义鼠标功能键。在数字化仪板上开辟一个区域作为菜单区,该菜单是固定在该区上的一个菜单表格,菜单区内按行和列分成相同大小的小格(正方形或矩形),每个格子对应一个菜单项,菜单项用来表示常用的图式符号和各种图形处理功能,如图 7-3 所示。

2)台板菜单定位

在使用台板菜单之前,首先要进行台板菜单定位,定位方法一般是给出台板菜单任意两

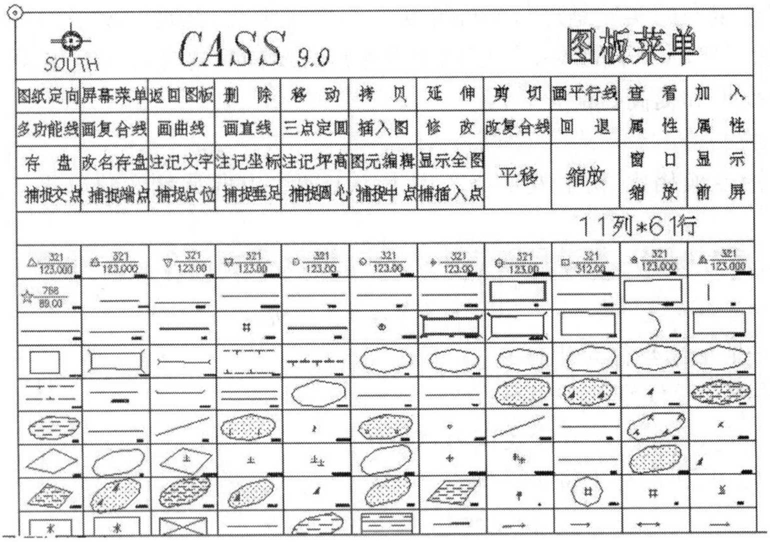

图 7-3　CASS9.0 台板菜单(部分)

个相对顶点的数字化仪坐标数据(例如左下角和右上角坐标),再依据小格的长、宽数据,即可求得每一个菜单项行列号;反之有了行列号,也可知菜单项。

菜单定位完成后,菜单区内某一位置的行号和列号都可以用数字化仪坐标换算出来。在地形图数字化系统程序中,每一对行号和列号都已和方格所对应的代码或程序功能联系起来。因此,只要在数字化地形图要素之前或之后,将数字化仪定标器移到菜单区相应的图式符号的小方格内点击,就把该地形图要素的代码和图形的坐标(位置)连在一起,形成一个规定格式的数据串存储在计算机内。数字化菜单除用于输入图形要素代码外,还可以输入程序执行命令,进行数字化数据的处理和屏幕图形的编辑,作为人机交互系统中的一个输入设备。

此外,现在的数字化仪通常都是 16 按键的定标器,所以数字化软件还可定义这 16 个按键,并设有多功能键。其作用和台板菜单一样,各个按键表示常用的图式符号和各种图形处理功能,这样用户既可以使用台板菜单,也可以使用定标器的 16 个按键方便地输入各种信息和执行各种图形处理功能。

6. 数据采集

1) 数据采集原理

地形图数字化的数据采集,只要对图形对象的特征点进行数字化仪采集,即可得到每一特征点的点位坐标,同时可输入它们的属性编码(由编码绘制图式符号)和连接信息(使本点与应该连接的点相连)。数字化是在图上采集而不是在实地进行,因而采集特征点的顺序可以更有规律性,例如,可按地物类型分类采集,先采集房屋,再采集道路等。一个地物可以被连续采完,这样,采集每一点所应输入的信息就可以大大简略,而且有效地防止了地物的漏采。如采集一条道路,只要在采集第一点时输入一次道路的编码,采集这条道路其他特征点的编码都可以由程序自动默认填写。连接信息也可以省略,因为都是顺序采点,当前所采的点一般都是与上一采点相连,这一信息自然可以由程序自动默认填写,只有在起始情况下才由人工键入。数字化软件就是考虑了数字化的这些特点而设计和编程的。

在数字化过程中,对于独立地物符号,只需采集符号的定位点;对于折线线状符号,只需采集各转折点;若是曲线线状符号,只需采集曲线的特征点(如明显的转弯点),由程序自动拟合为曲线。对于有方向性的线状符号,如围墙、栏杆、陡坎、斜坡等要结合图式符号库的具体算法进行采集,只采集其定位线,采集时前进方向右侧(或左侧,按软件的图式符号库规定的方向)为短毛线或小符号。对于面状符号,则只需采集其轮廓线上的拐角点或特征点。若内部有填充符号,则轮廓线必须闭合,程序根据地物的编码和轮廓线的位置自动配置并填充符号。对于闭合图形,数字化时也需要闭合,闭合的方法因数字化软件的不同而有所区别,有的软件能实现自动闭合,而有的软件则规定在闭合点处重复采集一次。至于注记,一般不进行数字化,在图形编辑时加入,目前的数字化软件都提供了注记功能。

对公共边的采集需要特殊规定,既满足多边形闭合的条件,以便计算面积,又希望对公共边只采集一次。如图 7-4 所示的多边形采集的步骤如下:

(1)沿多边形①边界采集 1、2、3、4、5、6、7、8、9 各点。

(2)沿多边形②采集 6、10、11、12、13、14、8 各点;结点 6、8 只需捕捉,不必正规采集,公共边上的第 7 点由程序自动组合到②多边形内。

(3)同理采集其他多边形。

2)数据采集注意事项

数据采集时应注意以下几点:

(1)顺时针方向采集。

(2)对结点,凡第二次或二次以上的采集,每次只进行捕捉,结点间公共边上的点不需采集,由程序自动组合到多边形。

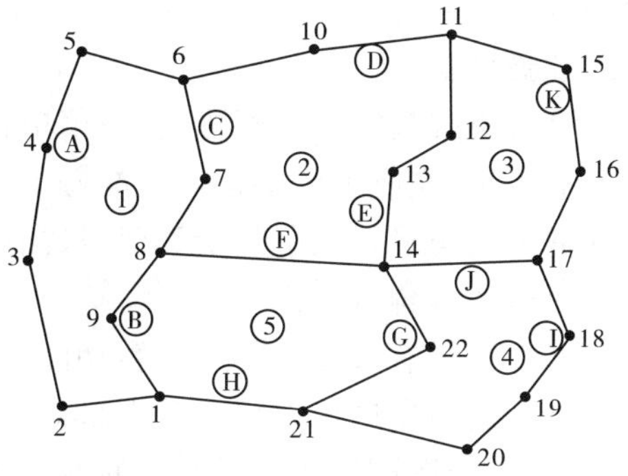

图 7-4　公共边的采集

(3)当一组多边形采点结束后,外环多边形面积理论上应等于所含内部各相邻多边形面积之和,由此可检验多边形采点的正确性。

(二)AutoCAD 手扶跟踪地形图数字化

在 AutoCAD 中,数字化仪作为其指定设备的一种(可以由用户配置完成,CAD 对大多数数字化仪都支持),内置了相应的驱动程序,而数字化仪厂家也提供 CAD 的驱动程序,所以驱动数字化仪不必单独编制通信接口程序。

AutoCAD R14 以后版本,支持鼠标与数字化仪同时使用,极大地方便了用户的图形数字化与编辑工作。

1. 图板定位

在确认数字化仪已正确配置并已允许使用的前提下,键入下列命令,完成图板定位。

命令:tablet ↙

Option(ON/OFF/CAL/CFG):CAL ↙

要定位图板选择“CAL”,然后要求用户数字化一个已知点,并给出该点的实际坐标(用户坐标),接下来要求数字化第二个已知点和输入已知坐标,依此类推。一般规定选取内图廓上的 4 个角点作为已知点,坐标以 m 为单位输入,这其中要注意以下几点:

(1)地形图中的图廓角点坐标注记一般是以 km 为单位的,输入时要换算为 m。

(2)坐标输入。先输横坐标(y)后输纵坐标(x),形式是 y,x(分隔符为半角逗号)。

(3)4 个角点的输入顺序一般是左下角、右上角、右下角、左上角。

当 4 个角点输入完毕后,按【Enter】键结束第 5 点的输入,此时屏幕进入文本显示状态,显示采用正形变换或仿射变换纠正后所对应的图纸定位精度。按有关规范要求,最大定位误差应小于图上 0.16 mm,一般对于薄膜图均能达到上述要求,采用仿射变换误差更小。

若定位误差超限,要反复进行定位,仍超限就要分析原因了,一般是由于地形图格网精度太低或图纸变形太大所致。

定位完成后,执行【Zoom】命令,用数字化仪给定图纸的对角范围,则屏幕的显示范围就是图纸的范围。

2. 图板菜单的配置

在绘制好图板菜单表格之后,要按该表格的顺序(自上至下,自左至右),修改 CAD 菜单 ACAD. MNU 中的 TABLET 段,要保证表格顺序与菜单顺序的绝对一致,表格中空一格,菜单中也要空一行。

3. 数据采集

若没有更改数字化仪配置,图板菜单在 CAD 启动后将自动加载,不必每次都重新定义。通过以上两步,完成了数字化前的准备工作,就可以按前述方法进行数据采集了。地图数字化的数据采集与野外数字测量类似,只需用数字化仪采集地形特征点的数据。

4. 图形的编辑与输出

AutoCAD 具有较强的图形编辑功能,可对手扶跟踪数字化过程中遗漏的地物地貌和存在的各种矛盾数据进行编辑。数据采集工作完成以后,除对图面进行编辑外,还应将数字化地图输出,与原图进行比较、检查、修改完善,以提高数字化作业的质量。

(三)CASS9.0 手扶跟踪数字化

CASS9.0 要连接使用数字化仪,必须对 AutoCAD 的输入设备重新配置。配置的方法是在 CASS9.0 系统中点取【文件】菜单,然后选取【AutoCAD 系统配置】命令,进入 AutoCAD 的"配置选择"对话框,点取对话框内的"系统"选项卡,即可弹出数字化仪的配置界面,上面列出了 AutoCAD 支持的所有数字化仪,选定一个用鼠标单击【Set Current】按钮,如该数字化仪还没有配置,则要根据窗口下边的提问进行选择,选定后该窗口将关闭,又回到"References"窗口,点击【OK】,AutoCAD 数字化仪的配置即告完成。如果配置成功,屏幕上会出现小十字丝,同时数字化仪会鸣叫一声,这时定标器将控制屏幕十字丝的移动。如果屏幕上没有十字丝出现,说明数字化仪没有连通,请重新检查数字化仪有没有通电,系统参数有没有设置好,然后再试。注意将其配置为数字化仪和鼠标双重输入功能。

此外,若数字化仪支持 WindowsX/XP 操作系统,可先在 WindowsX/XP 中以添加硬件设备的方式安装该数字化仪(如 CalComp 数字化仪)。然后在 AutoCAD 的定点设备配置中选择"Wintab Compatible Digitizer ADI 4.2 – by Autodesk. Inc"项,如图 7-5 所示。

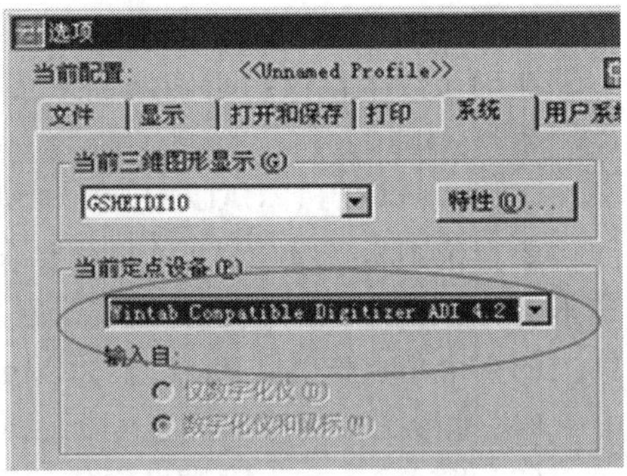

图 7-5　数字化仪配置

1. 标定数字化仪菜单

一般数字化仪均可在其数字化板上的有效区域内贴上用户自己设计的操作菜单,这样在录入时就可以用数字化仪的定标器直接在数字化仪的菜单上点取所要的功能进行操作,以减少返回屏幕点取屏幕菜单的麻烦。

CASS9.0 数字化仪菜单路径为 C:\Program Files\Csaa90\System\Tabmenu.dwg。这个文件可以作为图形在屏幕上打开,如图 7-3 所示,然后根据数字化板的尺寸任意选择适当大小,用绘图仪或打印机将该菜单打印出来,将它贴到数字化板的左边,贴的时候要注意贴到数字化板的有效区内,尽量将菜单展平摆正,以免产生误差。

贴好菜单后还需要在 CASS9.0 中对它们进行标定,操作步骤如下:

命令:tablet ↙

Option(ON/OFF/CAL/CFG):CFG ↙

(ON 为打开数字化仪,OFF 为关闭数字化仪,CAL 为校准数字化仪,CFG 为配置数字化仪)。

Enter number of tablet menus desired(0 - 4) <0>:1 ↙(提问要标定几个菜单,因为 CASS9.0 只有一个菜单,故输入"1"即可)

Digitize upper left corner of menu　area 1:(用数字化仪的定标器点取数字化板菜单左上角的小圆心)

(此步提示定位贴在数字化仪上的图板菜单的左上角。同样,下面两步依次提示定位贴在数字化仪上的图板菜单的左下角和右下角)。

Digitize lower left corner of menu area 1:(用数字化仪的定标器点取数字化板菜单上左下角的小圆心)

Digitize lower right corner of menu area 1:(用数字化仪的定标器点取数字化板菜单上右下角的小圆心)

Enter the number of columns for menu area(1 -47) <11>:↙(默认 11 列)

Enter the number of rows for menu area(1 -64) <61>:↙(默认 61 行)

(此步提示输入菜单的列数和行数,尖括号内为软件默认的数字,如果尖括号内不是这个数,请分别输入 11 和 61;因为该菜单有 11 列 ×61 行,这两个数字写在菜单上半部的一条空行内,可以在该菜单上查到)。

CASS9.0 回到"命令"提示状态,结束数字化仪菜单的标定工作。

标定该菜单的目的是让 CASS9.0 软件能够根据实际菜单的大小来识别该菜单,使数字化仪的定标器需要点取菜单上相应的操作功能时,CASS9.0 能够正确地执行。

2. 图纸定向

首先将欲数字化的地形图纸平贴在数字化板上,贴时要注意将图纸贴在数字化板的有效区域内。因为上一步已经标定好数字化仪菜单,现在就可以直接使用了。用数字化仪的定标器在数字化菜单上点取【图纸定向】命令,然后根据屏幕提示按下列步骤操作:

(1)用定标器点取图纸左下角,再输入该点图纸的坐标,要注意的是 y(东)方向应放在前面,y、x 坐标间用半角逗号隔开,如"40000,30000"。

(2)用定标器点取图纸右上角,再输入该点的坐标。

(3)当屏幕提问要不要定向第 3 点时,可以直接按【Enter】键结束图纸定向。

这是两点图纸定向,对于有变形的图纸,应采用多点图纸定向以消除误差。

3. 定屏幕显示区

定屏幕显示区的作用是确保数字化板上的图纸能整幅地在屏幕上显示出来。具体的做法是先用定标器在数字化菜单上点取【窗口缩放】功能，当软件提问“第一角”时，用定标器点取图纸左下角的左下方向附近的一点，当软件提问“第二角”时，用定标器点取图纸右上角的右上方向附近的一点，这样整幅图纸范围就在屏幕上完全显示出来。

4. 数字化作业

完成上述工作以后就可以开始数字化录图。整个数字化的作业流程可以分为绘图框、绘地物地貌、注记、图幅接边等几个步骤。

1）绘图框

图纸数字化的第一步工作是绘图框。目的是将贴在数字化仪板上的整幅图的范围在屏幕上确定下来，使接下来的清绘工作都明确地在图框中进行，这样不仅能确定整幅图的显示范围，而且能在绘地物的过程中随时监视所绘地物的尺寸大小，以及在图幅中的相对位置是否正确，防止误操作。

（1）激活图框绘制命令。选取 CASS9.0 的【绘图处理】菜单的【图幅整饰】菜单项，然后根据屏幕的提问键入图纸的宽度和高度即可。

（2）填写图幅信息。按信息窗的要求填好相应的文字后，单击【确定】按钮。

（3）确定比例尺。若进入 CASS9.0 后还未确定比例尺，此时屏幕下方的命令区将提示：

绘图比例尺 1:（填入实际比例尺）

图框左下角屏幕坐标:（按照地形图图纸左下角的测量坐标先输入 y 坐标，用半角逗号“,”隔开后再输入 x 坐标）

（4）图框调入屏幕。如果屏幕显示区没有定好，可能在屏幕上看不到图框，这时可用鼠标点击【缩放全图】或者用定标器点击数字化仪图板上的【显示全屏】功能，则可以看到一幅完整的图框。然后用定标器游走一下图纸的图框线，观察一下屏幕上的图框与十字丝的位置关系是否与定标器的移动相吻合。

2）绘地物地貌

CASS9.0 将各种地物地貌归到各个不同的层，在描图时只要用定标器点取各种绘图功能（如房屋、道路、电力线、等高线、陡坎等），CASS9.0 会自动切换至相应的层，然后根据图纸上的地物或地貌逐个输入。

对于直线形的地物地貌，如房屋、电线等只需用定标器点取它的端点即可，而对于曲线形的地物地貌，如陡坎、等高线等则要用定标器密集地沿着地貌曲线取点采样，采样的密度视曲线的曲缓而定，曲折的采点密一些，舒缓的则可以疏一些，但要注意对于那些较为明显的特征点不要漏掉。

通过图板菜单上的【屏幕菜单】和【返回图板】功能可以进行屏幕工作方式和图板工作方式的切换，在屏幕工作方式时可以应用 CASS9.0 界面上的各种下拉菜单、工具条、屏幕菜单等功能，在图板工作方式时光标只能在工作区中滑动，要使用贴在数字化仪上的图板菜单来进行操作。

3）注记

注记既可在图板状态下操作也可以在屏幕状态下进行。如果地物比较简单，直接在屏幕状态下注记较为方便；如果地物较为复杂密集，则应该在图板状态下操作，这样能在图板图纸上直接找到要注记的地物，不会发生注错对象的错误。

在注记过程中由输入数字（或西文字母）转到输入汉字要同时按下【Ctrl】键和【Space】

键,经常这样做非常麻烦,所以一般应先注记数字、字母,再注记汉字,这样就避免了要经常切换的麻烦。

4)图幅接边

数字化作业时,通常会遇到一个地物被分别绘制在两幅图中的情况,在进行数字化时,每幅图中该地物只能被采集和数字化一部分,由于这两部分分别位于两幅图中,因此都是孤立存在的无联系的点或线,不能形成一个完整的地物,这会导致该地物应有的信息丢失。进行图幅接边就是将这种情况的地物复原成一个完整地物并拾取其各种应有的信息。

(四)手扶跟踪数字化精度分析及估算

1. 手扶跟踪数字化精度分析

手扶跟踪数字化作业步骤多,误差存在的形式较为复杂。根据手扶跟踪数字化的作业环节,可将其误差来源划分为原图固有误差和数字化方法产生的误差。前者主要包含原图数字化采集过程、制图过程带来的误差,图纸复制过程带来的误差及图纸本身伸缩变形产生的误差;后者主要包含仪器性能、采样、图纸定位造成的数字化误差等。

1)仪器误差

数字化仪器本身的误差是影响数字化精度的主要因素。其误差来自数字化仪器本身的结构和数字化仪的分辨率等,其中分辨率的影响最为显著。一般规定数字化仪的分辨率最低为394线/cm(约1 000 dpi),精度不低于0.127 mm(0.056 in),常见的数字化仪的分辨率都能达到上述要求。

2)图纸定位误差

产生图纸定位误差的原因主要有定位点本身的误差、定位点的分布状况、采用的坐标变换模型的精度等。在进行图纸定位时,尽量使选择的定位点分布均匀,在有多余定位点(大于4个)时,尽量多用,以增加多余观测值,提高图纸的定位精度,以便发现和剔除粗差;选择较理想的变形模型如线性正形变换等,尽可能减小图纸各种变形误差的影响。

3)数据采集误差

数据采集误差的来源之一是采集定位产生的误差,如采集一根具有一定宽度的线条,定标设备上的十字丝应精确对准线条的几何中心线,但实际作业时,由于对采样点最佳位置的判断以及十字丝和目标点的重合程度受作业员判断能力的限制,不可避免地会产生误差,特别是对线条更细的等高线进行数字化时,操作产生的位置偏移误差会更大;数据采集误差的来源之二是被数字化要素的宽度、密度及复杂性造成的误差。

数字化原图的主要误差来源是数据采集误差,该误差的大小受到作业员的技能、经验、视力、操作习惯、工作过程的影响,减少此项误差影响的主要途径是提高作业人员的操作技能和责任心。

2. 手扶跟踪数字化精度估算

由上述分析可知,数字化仪器本身的误差、图纸定位误差和数据采集误差是影响手扶跟踪数字化方法精度的主要因素。

根据误差传播规律,手扶跟踪数字化方法的综合精度可由下式计算:

$$M_{数} = \pm \sqrt{m_y^2 + m_d^2 + m_r^2} \tag{7-9}$$

式中 $M_{数}$——手扶跟踪数字化方法的中误差;

m_y——数字化仪器误差;

m_d——图纸定位误差;

m_r——数据采集误差。

取规程规定值 $m_y = \pm 0.127$ mm,一般取 $m_d = \pm 0.15$ mm,$m_r = \pm 0.1$ mm。

将上述数值代入上式计算得:

$$M_{数} = \pm 0.221 \text{ mm} \tag{7-10}$$

上述计算说明,手扶跟踪数字化方法数字化过程的综合精度在 ±0.22 mm 左右是符合客观实际的,但仅以此来评价数字化图的精度是不全面的。要客观地评价数字化图的精度,除采用上述方法外,还要采用对比的方法对数字化图的精度进行评价,即将数字化后的数据通过绘图机回放图形,将此回放图形(可用透明纸作图)与原工作底图套合,选择明显地物点进行对比、量测,分别计算图幅的平面和高程中误差。

二、扫描屏幕数字化

地形图扫描屏幕数字(矢量)化的实质是一个解释光栅图像并用矢量元素替代的过程。扫描屏幕数字化作业流程如图 7-6 所示。

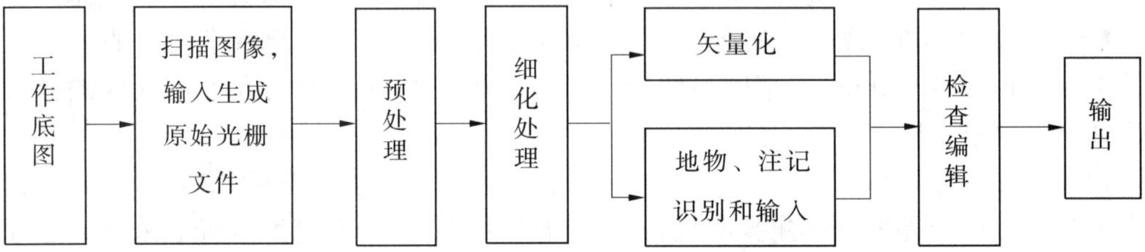

图 7-6　扫描屏幕数字化作业流程

(一)图像扫描及处理

地形图扫描屏幕矢量化,是先将图纸通过扫描仪录入计算机,生成按一定分辨率并按行和列规则划分的栅格数据,其栅格数据的文件格式有 JPEG、TIF、BMP、PCX、GIF、TGA 等;然后应用扫描数字化软件,采用人机交互与自动化跟踪相结合的方法来完成地形图的数字化,因其工作都是在屏幕上完成的,故又称为地形图扫描屏幕数字化。

目前的扫描数字化软件(如 CASSCAN、EPSCAN、RDSCAN、R2V 等)都有自动识别和自动跟踪功能,能大大地提高数字作业效率,是地形图数字化的主要方法。

1. 图像扫描

图像扫描是指利用扫描仪把图像通过光电部件变换为一个数字信息的阵列,使其可以存入计算机并进行处理。

地形图扫描则速度很快,在保证图纸质量的情况下,扫描精度也较高。如普通扫描仪的分辨率可达到 300 ~ 800 dpi,高精度扫描仪分辨率可更高。但利用扫描仪扫描,得到的是地形图的点阵图像数据。一幅数字图像可视为一个矩阵,矩阵中一个元素对应图像中的一个像点,而每个矩阵元素的值则对应于该点的灰度级,称这个数字阵列元素为像素(Pixel)。图像数据存储的格式为栅格(Raster)或网格(Grid)数据格式。如果图像的所有像素仅有黑和白两个灰度级,则称为二值图像,否则称为灰度图像或彩色图像。

2. 图像处理

1)原始光栅文件的预处理

地形图扫描后,由于地形图图纸的各种误差和扫描本身的原因,扫描结果提供的是有误差甚至有错误的光栅结构,因此扫描地形图工作底图得到的原始光栅文件必须进行多项处理后才能完成矢量化。对原始光栅文件的预处理实际上是对原始光栅文件进行修正,经修正最后得到正式光栅文件,以格式 TIFF、PCX、BMP 存储。

(1)采用消声和边缘平滑技术除去原始光栅文件中因工作底图图面不洁、线条不光滑及扫描系统分辨率等的影响带来的图像线划带有的黑斑、孔洞、毛刺、凹陷等噪声,减小这些因素对后续细化工作的影响和防止图像失真。

(2)对原始光栅图像进行图幅定位坐标纠正,修正图纸坐标的偏差。由于数字化图最终采用的坐标系是原工作底图采用的坐标系统,因此还要进行图幅定向,将扫描后形成的栅格图像坐标转换到地形图坐标系中。

(3)进行图层、图层颜色设置及地物编码处理,以方便数字化图的后续应用。

2)正式光栅文件的细化处理

细化处理过程是在正式光栅数据中,寻找扫描图像线条的中心线(原骨架)的过程,衡量细化质量的指标有细化处理所需内存容量、处理精度、细化畸变、处理速度等;细化处理时要保证图像中线段的连通性,由于地形图和扫描的因素,在图像上总会存在一些毛刺和断点,因此要进行必要的毛刺剔除和人工补断,细化结果应为原线条的中心线。

(二)地形图数字(矢量)化

矢量化就是在细化处理的基础上,将栅格图像转换为矢量图形的过程,一般的线段可做到自动跟踪矢量化,但由于地形图上线划分布比较复杂,尤其是大比例尺地形图,地物要素的多样、重叠、交叉以及一些文字符号、注记等,使得全自动跟踪矢量化更加困难。一般都采用人机交互与自动跟踪相结合的方法完成地形图的矢量化。

1. 自动跟踪矢量化

自动跟踪矢量化的工作方式为:

(1)指定线段的起点,记录其坐标。

(2)以起点为中心,按 8 个方向(东、西、南、北、北东、北西、南东、南西)的邻近像素束,搜索下一个未跟踪过的点,如果没有点,则退出;若有点,则记下它的坐标(搜索方向)。

(3)将找到的点作为新的判别中心,重复(2)的操作,依次循环,直到追踪至另一端点(结点),此时线段上的所有点被自动追踪出来,追踪结束。

若是追踪封闭曲线,其追踪方式与线段追踪基本相同,只是追踪的终点应为起点坐标。

在线段追踪过程中,若遇线段有断点或遇分叉点,追踪即停止,需由人工干预(或指定走向,或越过断线),追踪才继续进行下去。

2. 人机交互方式矢量化

大比例尺地形图的地物、地貌要素以单一线条表示的较少,多数符号是以各种线型或以规则图形表示的。在数字(矢量)化时,不仅要进行图形数字化,而且要赋予地物属性和等高线的高程等内容。对于大比例尺地形图,由于其自身的特点及满足建立大比例尺地形图数据库的要求,大部分地形要素栅格数据的矢量化是采用人机交互方式矢量化来完成的。人机交互方式矢量化是在计算机屏幕上显示扫描图,将它适当放大后,根据所用软件的功能,用鼠标标志效仿地形图手扶跟踪数字化的方法进行数字化。对于独立地物数字化定位点,线状地物数字化定位线的特征点,面状地物数字化轮廓线的特征点,在数字化前或数字化后输入地形要素代码,对于等高线还应输入高程。由程序将数字化的图像特征点的像元坐标转化成测量坐标,生成相应的矢量图形文件,并在计算机屏幕上显示矢量化的符号图形。

矢量化结束后,要对照地形图进行注记符号的输入及适当的检查与编辑工作,完成图形的数字化,使其能顺利地输出或转入到其他(如CAD、GIS等)应用软件中进行工程应用。

由于扫描矢量化在同等条件下(如纸张的变形程度、清晰程度)的精度比数字化仪数字化高[300 dpi或500 dpi的扫描仪分辨率可达到0.08 ~0.05 mm(800 ~500线/ mm)],自动化程度高,劳动强度小,是地形图数字化的发展方向。随着大比例尺图矢量化软件更加成熟,扫描屏幕数字化将逐渐取代手扶跟踪数字化,而成为地形图数字化的主流。

(三)AutoCAD扫描屏幕数字化

自AutoCAD R14版本开始,AutoCAD增加了栅格图像插入功能,从而使屏幕数字化成为可能。但是AutoCAD系统无图形校正(图纸定位)功能,故在AutoCAD下实现屏幕数字化的关键问题是解决栅格图像的配准问题,这个问题相当于前面讲的图纸定位问题。处理方法一般是借助AutoCAD相关命令,手工完成图形校正(图纸定位)工作。

1.调入光栅图像

启动CAD系统,执行【插入】→【光栅图像】命令项,调入需要矢量化的图形。

2.图像纠正

为解决栅格图像的配准问题,必须进行图像纠正。

1)旋转

若插入的图像不正,则画一条正交水平线作为参考线,用【旋转】命令中的“R”选项旋转图形,使之水平。

2)比例缩放

根据图形的比例尺,用CAD的量测距离命令测量相邻两网格的距离。如地形图比例尺为1∶1 000,则量测的相邻网格距离应为100;如不是100,则需要进行比例缩放。

选择【比例缩放】命令,并在命令行中执行如下操作:

命令:Scale ↙

Select objects:all ↙

Select objects:↙

Base Point:(用鼠标指定缩放基点)。

<Scale factor>/Reference:(输入实际的比例系数)。

如果已知图的缩放比例,则直接输入比例系数;如果不知道缩放比例,则输入“R”,参考已知距离进行校正,或用【Cal】命令计算出比例系数。

如选择参考(R命令),按下面步骤操作:

Reference length <1>:(选择参考线段的长度,可以用鼠标选择相邻两条或几条网格长度,选择时注意捕捉方式)。

New length:(输入新的长度,如图的比例尺是1∶1 000,参考长度选择了两个格网则输入200)。

有可能第一次纠正的精度不够,可重复纠正1次。

用一个实际坐标配准图像,使其坐标与实际坐标统一(一般是选中全图,然后用某一个点的实际坐标进行【移动】操作)。

3. 描图

图像配准完成后,就可以新建图层进行矢量化。矢量化时尽量用"多段线"命令进行矢量化,而少用"直线"命令,以方便修改。

由于 AutoCAD 没有自动跟踪功能,必须由操作者逐点采集,这和手扶跟踪数字化十分相似,所不同的是,一个是在数字化仪上按图纸采集,另一个是在计算机屏幕上按图像进行采集(与手工描图相似,即鼠标替代描图笔进行描图)。

4. 保存与输出图形

矢量化完后,删除图像并另存一个. dwg 文件,同时也可以利用 AutoCAD 的打印输出功能,进行打印输出,形成硬拷贝。

(四)CASS9.0 扫描屏幕数字化

CASS9.0 具有较强的图像处理功能,利用 CASS9.0 光栅图像工具(见图 7-7)可以直接对光栅图进行图形的纠正,并利用屏幕菜单进行图形数字化。

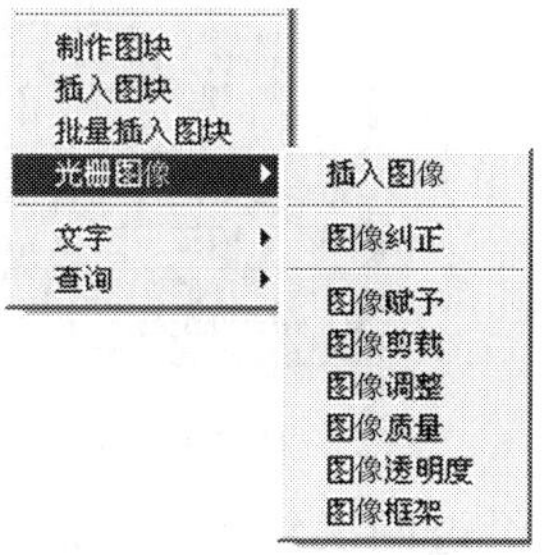

图 7-7　CASS9.0 光栅图像工具

1. 绘制图框

首先根据图形大小利用【绘图输出】菜单插入一个图框。

2. 插入光栅图像

执行【工具】→【光栅图像】→【插入图像】命令项,这时会弹出图像管理器对话框,单击【附着】按钮,弹出"选择图像文件"对话框,选择要矢量化的光栅图,点击【打开】按钮,进入"图像"对话框,如图 7-8 所示。

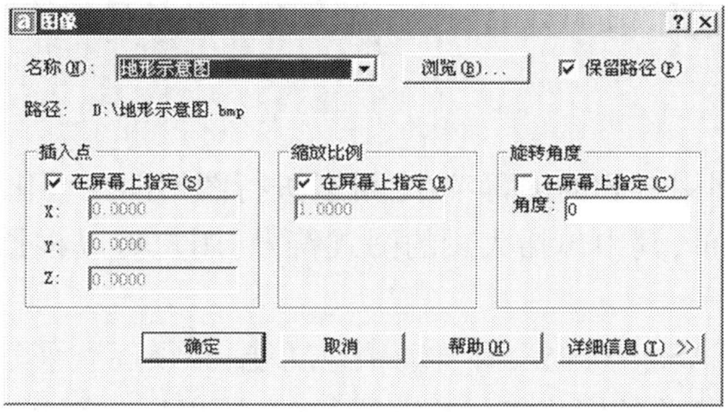

图 7-8　插入"图像"对话框

点击【确定】后,命令行提示:

指定插入点 <0,0>:(输入图像插入点坐标或捕捉图框右下角点,或直接在屏幕上点取)。

指定缩放比例因子或［单位(U)］ <1>:(移动鼠标到适当大小点击或输入比例因子)。

即可插入一幅扫描好的栅格图。

3. 图像纠正

执行【工具】→【光栅图像】→【图形纠正】命令,对图像进行纠正,命令区提示:

选择要纠正的图像:(鼠标选择扫描图像的最外框)。

会弹出如图 7-9 所示的“图像纠正”对话框。选择 5 点纠正“线性变换”,点击“图面:”一栏中【拾取】按钮,回到光栅图,局部放大后选择光栅图角点或已知点,然后自动返回纠正对话框,在“实际:”一栏中点击【拾取】按钮,再次返回光栅图,选取对应的矢量图框角点或已知点实际位置,返回“图像纠正”对话框后,点击【添加】按钮,添加此坐标。完成一个控制点的输入后,依次拾取输入各点,最后点击【纠正】按钮进行纠正。此方法最少输入 5 个控制点。

5 点纠正完毕后,进行 4 点纠正“仿射变换”,同样依次局部放大后选择各角点或已知点,添加各点实际坐标值,最后进行纠正。此方法最少 4 个控制点。纠正之前可以查看误差大小,如图 7-10 所示。

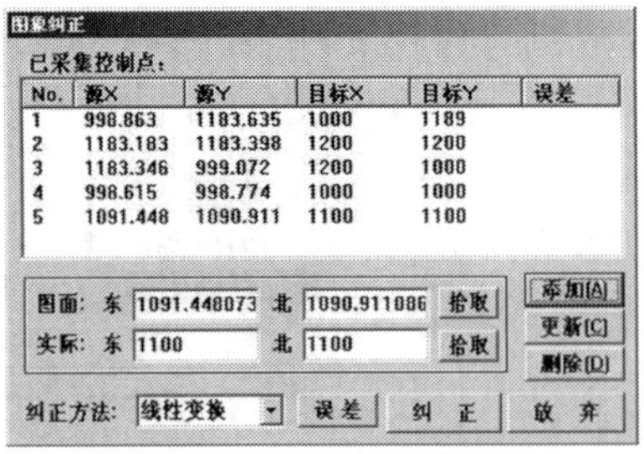

图 7-9 5 点线性变换对话框

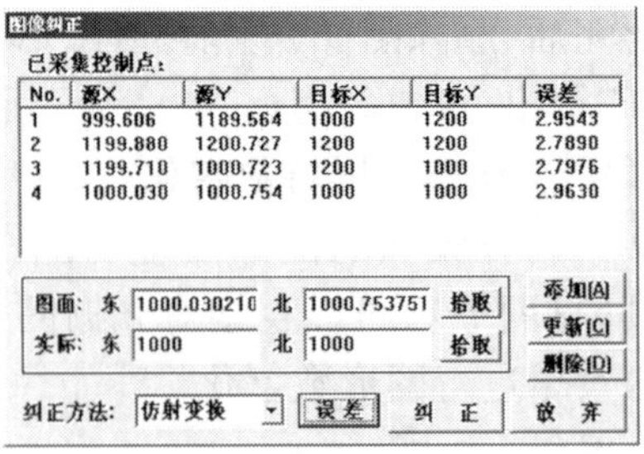

图 7-10 4 点仿射变换对话框

经过两次纠正后,栅格图像应该能达到数字化所需的精度。值得注意的是,纠正过程中将会对栅格图像进行重写,覆盖地形图,自动保存为纠正后的图形,所以在纠正之前需备份地形图。

4. 图像质量校正

如图 7-7 所示,利用【工具】→【光栅图像】菜单项有关功能,还可以对图像进行图像赋予、图形剪切、图像调整、图像质量、图像透明度、图像框架的操作等。可以根据具体要求,对图像进行调整。

5. 矢量化

图像纠正完毕后,利用右侧的屏幕菜单,可以进行图形的矢量化工作。右侧的屏幕菜单是测绘专用交互绘图菜单,其中包括大量的图式符号,用户可以根据需要,选择不同的图式符号进行矢量化。

和 AutoCAD 一样,CASS9.0 也没有自动跟踪功能,必须逐点采集,但 CASS9.0 的矢量化工作是利用右侧的屏幕菜单的图式符号交互进行的,所以所有图形对象都有了“属性”的特征和对应的“图层”,这是 AutoCAD 无法相比的。

(五)R2V 扫描屏幕数字化

1. 启动程序

程序安装完成后,双击桌面“R2V for Windows”快捷图标启动程序,打开如图 7-11 所示界面。

2. 调入光栅图像文件

执行【File】→【Open Image or Project】(打开图像或工程文件)命令项,在打开的对话框中输入图像文件名(*.TIF 或 *.BMP),打开一光栅图像文件。原始光栅图像文件显示在图像窗口中,如图 7-11 所示。

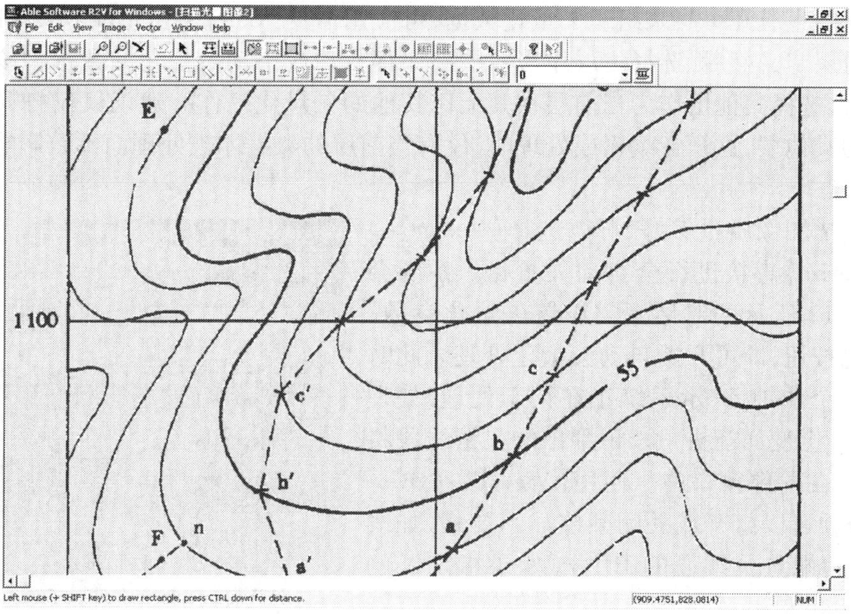

图 7-11 R2V 界面

3. 缩放

通过拖动鼠标调整图像窗口尺寸,图像会按正确的纵横比缩放,并可做一些显示方面的操作,选定一个矩形区域后按【F2】键可放大窗口,按【F3】键则缩小显示。光标键、【PgUp】键及【PgDn】键可用于在图像的不同部位移动放大窗口。

如果光栅图像为 1 位黑白图像,可以通过【View】→【Set Image Color】选项调整图像显示颜色。如果是灰度图像,则使用【Adjust Contrast】选项来改变图像显示质量。

用图像处理功能可以提高矢量化的质量。例如,在灰度图像上使用图像圆滑【Image smoothing】处理、在黑白图像上使用去点【Despeckle】,均可相应地去掉图像"噪点"。要改变图像的方向,可以使用【Image】菜单下的垂直翻转【Vertical Flip】、水平翻转【Horizontal Flip】、任意角度旋转【Rotate】、90°转置【Transpose】等选项进行操作,而重采样【Resample】可以改变图像的分辨率。如果仅需处理部分图像,则可以使用【Image】→【Crop Region】菜单项操作来保留选定的区域而去掉图像其他部分,或使用【Image】→【Set ROI】命令。如果扫描的图像分辨率太高,可以使用【Resample】命令降低图像分辨率,缩小图像尺寸,这样可加快处理速度。在应用上述图像处理命令后,应该将图像另存为新的图像文件,以保存所作的改变。

对于黑白或灰度图像,可以直接进入下一步,开始进行图像矢量处理。

如果是彩色图像,在进行矢量化处理之前应该首先对其进行颜色分类【Classification】操作以使图像更清晰。

对于有"噪点"的彩色图像,可以利用【Image】→【Pixel Tool】下的选取项来去除"噪点",【Map Pixel Values】选项可以修正色彩,而重画光栅点可以清除不需要的点。

4. 全自动矢量化

如果图像上仅有单一类型的线条,如地形等高线图或仅有分区线的区划图,就可以选择用【Vector】→【Auto Vectorize】菜单项命令直接矢量化之。

如果需要生成几个层来组织矢量化数据,可应用命令【Edit】→【Layer Define】定义层供使用。所需层定义好后,选择一层作当前层来保存自动或手动矢量化的数据。该层数据矢量化完成后,选择其他层作为当前层在其上作其他的矢量化工作。建议仅仅打开当前层而关掉所有的其他层,这样在编辑或处理时,仅有当前层的数据才被处理而不致影响到其他层的数据。

如果扫描图像质量够好,可以选择【Vector】→【Auto Vectorize】直接进行全自动矢量化。系统会显示如图 7-12 所示的对话框供设置矢量化参数,单击【Start】按钮,即可开始自动矢量化处理。此时光标变成一个沙钟,表示系统正在忙于处理,处理结束后,光标会变回箭头状。识别出的矢量线段将以绿色显示在图像窗口中。使用【View】→【Overlay】中的选项可以打开或关闭某些显示要素,如线的结点、线的端点及线段的 ID 号(如果指定了的话)。

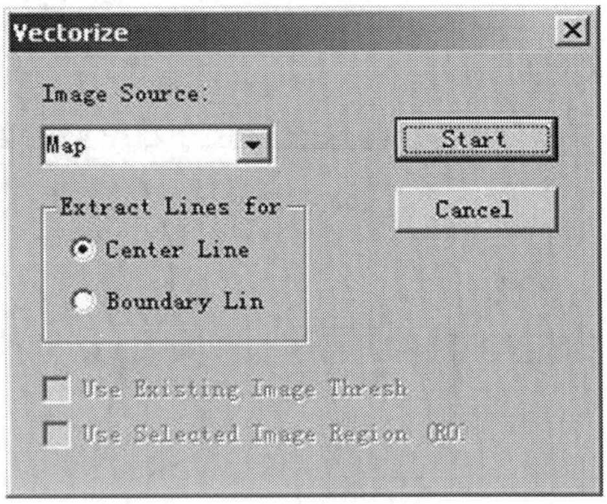

图 7-12 自动矢量化参数设置对话框

线段颜色可以使用【Use Layer Color】命令按照其所处的层的定义来改变,如果该线段标注有 ID 号,也可使用【View】→【Set Line Color By ID】命令按其 ID 号来改变颜色。

5. 交互式矢量化

如果图像比较复杂,有各种图素混在一起,就须使用 R2V 的交互跟踪功能进行有选择的矢量化。为进行交互跟踪,先选择【Edit】→【Lines】菜单项进入线编辑器,进入线编辑器后,通过选择主菜单、工具条或弹出菜单条中选项使光标处于【New Line】(新线)编辑状态,并确认【Auto Trace】项被选中。先用鼠标左键在要跟踪矢量的线上点一起点,再用同样的方法在该线上另点一点以便系统跟踪,在有图像交叉或断裂的地方,跟踪会暂停,等候点下一点继续跟踪。可以用【Backspace】键删掉最后的跟踪点,当一条线跟踪完成后,按【Space】键或其他键结束。重复上面的步骤,跟踪其他的线段。如果要在其他层上进行跟踪矢量化,仅需将其设为当前层,然后进行跟踪处理即可。

如果需要同时矢量化一组线,如地形等高线,可以使用线编辑器中的【Multi - Line Trace】(多线跟踪)功能。在主菜单、工具条或弹出菜单条中选择【Multi - Line Trace】模式,按下鼠标左键横跨需要跟踪的一组线段画一直线,R2V 会自动矢量化所选择的这些线。对其他的线重复这样的操作即可。

6. 编辑矢量线段

使用【Edit】→【Lines】命令编辑矢量化过的线段,用鼠标右键可调出编辑选项弹出式菜单。编辑功能可从主菜单【Edit】→【Line Editor】调用或直接按主菜单下的工具条。使用编辑器,可以添加线,添加、移动、删除结点,断开线,删除线,删除选择区或所有的线。在设置 ID 值参数后,线可被指定的 ID 值标注。各种矢量数据后处理及显示命令在【Vector】菜单项下可选用。

7. 投影转换

为了将生成的矢量数据转换到特定的投影坐标系统中,如 UTM,使用【Vector】→【Select

Control Points】选项去设定控制点。打开如图 7-13 所示对话框,分别输入对应的实际坐标值。可以选择 4 点或更多的点并指定其目的坐标。需要注意的是,在矢量数据被输出到矢量文件之前,控制点并未作用于矢量数据。只有在数据输出到文件时,坐标校正才起作用。

使用控制点可将光栅图像进行地理参照(Geo - reference)生成图像世界文件(Image World File)。光栅图像也可使用【mage】→【Warp】命令与选择的控制点进行坐标对齐或几何校正。

8. 保存工程文件

执行【Save Project】命令,打开“另存为”对话框,在对话框中指定保存路径,并选择保存类型为 DXF 文件(.dxf),将所有的数据存储为 R2V 工程(Project)文件,如果完成了所有的处理及编辑操作,可执行【File】→【Export Vector】输出矢量数据。生成的矢量数据可被存储为 Arc/Info(ARC)、ArcView 形文件(SHP)、MapInfo(MIF)、XYZ(三维点文件)、DXF 及 MapGuide SDL 文件格式。在输出特定的矢量格式文件时,系统会提示设置一些选项,如是否使用控制点校正矢量数据,需要使用何种变换方法等。

在“另存为”对话框中点击【保存】按钮,打开如图 7-14 所示的“DXF 输出选项”对话框,在对话框中选择使控制点有效并设置转换方法(控制点,双线性法 Bi - Linear)后,点击【确定】按钮,即可输出 DXF 数据。

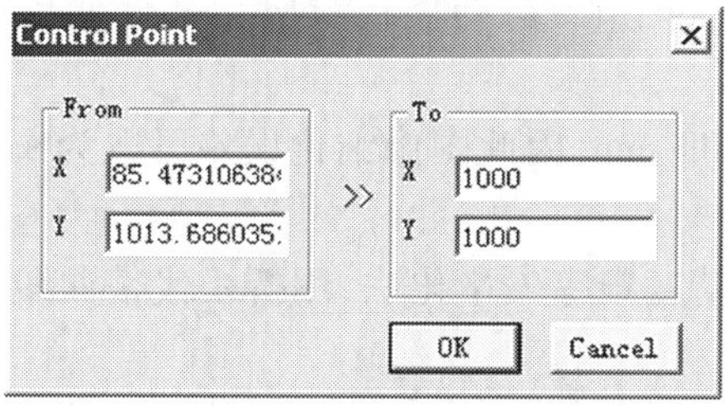

图 7-13　“设置控制点”对话框

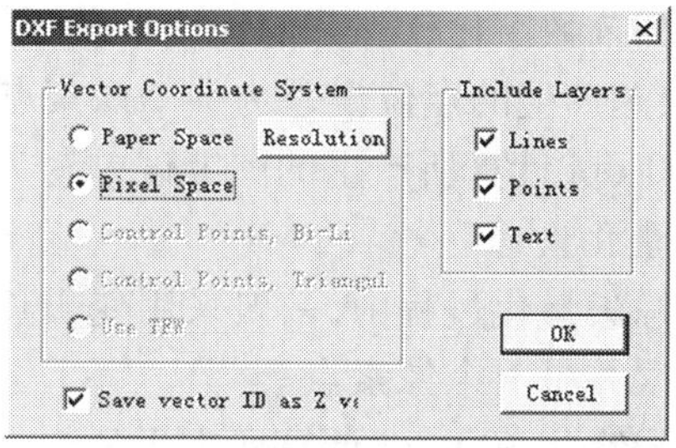

图 7-14　“DXF 输出选项”对话框

9. 调入 CAD 编辑处理

由于生成的是 DXF 文件,可用 CAD 直接调用。启动 AutoCAD 系统,选择【打开】命令即可,在 CAD 中可进一步进行编辑与处理。

(六)扫描屏幕数字化精度分析与估算

1. 扫描屏幕数字化精度分析

原图扫描数字化方法的主要误差来源包括原图固有误差和扫描屏幕数字化方法产生的误差。原图扫描屏幕数字化方法本身的误差主要包含图纸扫描误差、图幅定向误差、图像细化误差、矢量化误差等。

1) 图纸扫描误差

图纸扫描误差也称扫描仪响应误差,主要由扫描仪的性能参数、扫描对象的均匀度、原图中线的粗细、线划的密度、曲线复杂程度、图面洁净程度和处理扫描图的软件所决定。在图纸扫描误差中,扫描仪的几何分辨率误差是该项误差中的主要误差来源,要减小该误差,只有提高扫描仪的几何分辨率。但是当提高扫描仪分辨率时,栅格数据量将以平方级速度增加,数据处理时间也以平方级延长,这对计算机的配置提出了更高的要求,因此对扫描仪分辨率的提高必须加以限制。

当用分辨率为300 dpi的仪器扫描时,点间距离的相对精度为1.4/1 000左右。对全自动矢量化细化过程,由扫描仪扫描产生的点位误差为1～2个像素点;对交互式跟踪矢量化而言,点位误差可以控制到1个像素点。若按300 dpi计,每个像素点相当于图上0.09 mm,由此可确定图纸扫描误差取±0.1 mm是合适的。

2)图幅定向误差

原图经扫描后得到的是一帧栅格图像,矢量化时要从栅格图像中对图形要素进行采集,首先得到的是采样点在图像坐标系中的测量坐标,需要将其转换成原图坐标系坐标,这项工作是通过图幅定向来完成的。这些用于计算转换系数的若干已知点(如内图廓点、图幅内的控制点等)称为定向点,它们在原图坐标系中的坐标是已知的,在图像坐标系中的坐标是通过量测获得的。工作底图定向误差由定向点误差和采样点测量误差构成,定向点误差与扫描分辨率的大小成反比,提高扫描分辨率可减小该项误差的影响;采样点测量误差与点的量测精度有关,点的量测精度可以通过量测过程中的一种称为自动对中算法的方法提高,达到量测精度极限,此项误差可以忽略不计。

当用分辨率为300 dpi的扫描仪扫描大比例尺原图时,其误差约为0.1 mm,根据大量的试验结果分析,图幅定向误差一般取±0.12 mm。

3)图像细化误差

许多扫描数字化软件都能正确地获得线段的中心线,即使在线段交叉处变形也是很小的,细化误差产生的点位误差为1个像素点。

按300 dpi计算所产生的图上误差约为0.09 mm,因此图像细化误差可取为±0.1 mm。

4)矢量化误差

在跟踪矢量化过程中,一般采用变步长保精度跟踪矢量化法,用折线代替曲线所产生的最大点位误差是1个像素点。

用分辨率为300 dpi计算所产生的图上误差约为0.09 mm,取矢量化误差为±0.1 mm。

2. 扫描屏幕数字化精度估算

根据误差传播规律,原图扫描屏幕数字化方法的综合精度可由下式计算

$$M_{扫} = \pm \sqrt{m_y^2 + m_d^2 + m_x^2 + m_s^2} \tag{7-11}$$

式中　$M_{扫}$——原图扫描屏幕数字化方法的中误差;

m_y——图纸扫描误差;

m_d——图幅定位误差;

m_x——图像细化误差;

m_s——矢量化误差。

根据上述分析,将各项误差的取值代入式(7-12)得

$$M_{扫} = \pm 0.211 \text{ mm} \tag{7-12}$$

上述计算是在扫描光学分辨率300 dpi的情况下,对原图扫描屏幕数字化方法做出的精度估算。

【小贴士】

本任务主要介绍矢量化软件的安装、矢量化软件对纸质图件进行矢量化的步骤及方法;简要介绍矢量化的精度。通过本任务的学习,学生应能用CASS软件对扫描图件进行矢量化,初步认识矢量化的精度及质量控制。本任务属实际操作性任务,将通过上机实训进行

巩固。

小 结

本项目主要介绍了矢量化基本知识认识、纸质图件矢量化。通过本项目的学习,学生应该具备4项能力(认识与矢量化相关的硬件、认识常见的矢量化软件并能进行正确安装、能运用矢量化软件对纸质图件进行矢量化、能进行矢量图的整饰及输出)。其中特别注重上机实训。

复习与思考题

1. 简述手扶跟踪数字化和扫描屏幕数字化的作业过程,并说明它们各有何优、缺点。
2. 在地形图扫描屏幕数字工作中,为何要进行图幅定位坐标纠正和图幅定向工作?
3. 简述用CASS进行扫描屏幕数字化的简要步骤。
4. 为什么说人机交互方式矢量化方法是地形图扫描屏幕数字化的主要方法?

【技能训练】

一、技能训练题目及训练目的

在学习完本项目的理论学习内容和配套实训之后,请学生务必利用课余和周末的时间,对教师提供的纸质地形图扫描件用一种矢量化软件进行矢量化,目的在于使学生能运用软件将栅格数据转化为规范的矢量数据。

二、技能训练要求

1. 教师给学生准备1~2幅大比例尺地形图扫描件。
2. 学生自备安装好CASS9.0软件或其他矢量化软件的电脑,没有电脑的同学到专业机房进行技能训练。
3. 学生根据自己的学习情况自行选用一种软件进行矢量化。
4. 学生应记录碰到的问题并向教师请教或与任课教师共同探讨。

项目八　数字地形图检查、总结

项目概述

通过本项目2个学习任务(数字测图成果检查与评定、数字测图技术总结编制)的学习。要求掌握4项能力(能说明大比例尺数字地形图的质量要求、掌握数字测图过程中质量控制的过程及方法、理解数字测图技术总结的编制意义、整体认识数字测图技术总结的基本内容并初步能编制数字测图技术总结)。

学习目标

知识目标

1. 能说明大比例尺数字地形图的质量要求。
2. 掌握数字测图过程中质量控制的过程及方法。
3. 理解数字测图技术总结的编制意义。
4. 整体认识数字测图技术总结的基本内容。

技能目标

初步能编制数字测图技术总结。

【课程导入】

数字测图产品质量是测图工程项目成败的关键,它不仅关系到测绘企业的生存和社会信誉,甚至会影响整个工程建设项目的质量。为保证数字测图的质量,必须牢固树立"质量第一、注重实效"的思想观念。数字测图的质量控制,是指测绘单位从承接测图任务、组织准备、技术设计、生产作业直至产品交付使用全过程实施的质量管理。

任务一　数字测图成果检查与评定

数字地形图的质量要求是指数字地形图的质量特性及其应达到的要求。

数字测图是一项精度要求高、作业环节多、涉及知识面广、技术含量高、组织管理复杂的系统工程,要控制数字测图产品质量,就必须以保证质量为中心、满足需求为目标、防检结合为手段、全员参与为基础,明确各工序、各岗位的职责及相互关系,规定考核办法,以作业过程质量、工作质量确保数字测图产品质量。

一、数字地形图质量特性

(一)数据说明

数据说明是数字地形图的一项重要质量特性,数字地形图的质量要求应包含数据说明部分。数据说明可存储于产品数据文件的文件头中或以单独的文件存储,应为文本文件,内容编排格式可以自行确定。数字地形图的数据说明应包括表8-1所示内容。

表8-1 数字地形图的数据说明内容

产品名称、范围说明	①产品名称;②图名、图号;③产品覆盖范围;④比例尺
存储说明	①数据库名或文件名;②存储格式和(或)简要使用说明
数学基础说明	①椭球体;②投影;③平面坐标系;④高程基准;⑤等高距
采用标准说明	①地形图图式名称及编号;②测图规范名称及编号;③地形图要素分类与代码标准的名称及编号;④其他
数据源和数据采集方法说明	①摄影测量方法采集;②地形图数字化;③野外采集
数据分层说明	①层名;②层号;③内容
产品生产说明	①生产单位;②生产日期
产品检验说明	①验收单位;②精度及等级;③验收日期
产品归属说明	①归属单位
备　注	

(二)数据分类与代码

大比例尺数字地形图的数据分类与代码应遵循科学性、系统性、可扩延性、兼容性与适用性原则,符合《基础地理信息要素分类与代码》(GB 13923—2006)的要求。

补充的要素及代码应在数据说明备注中加以说明。

(三)数字地形图数据的位置精度

1. 平面、高程精度

地物点、高程注记点及等高线对最近野外平面、高程控制点的点位中误差不得大于表8-2的规定。特殊困难地区其精度可按地形类别放宽0.5倍。规定以2倍中误差为最大误差。

表8-2 数字地形图数据的位置精度

地形类别	1:500			1:1 000			1:2 000		
	地物点(mm)	注记点(m)	等高线(m)	地物点(mm)	注记点(m)	等高线(m)	地物点(mm)	注记点(m)	等高线(m)
平地	0.6	0.4	0.5	0.6	0.5	0.7	0.6	0.5	0.7
丘陵地	0.6	0.4	0.5	0.6	0.5	0.7	0.6	0.5	0.7
山地	0.8	0.5	0.7	0.8	0.7	1.0	0.8	1.2	1.5
高山地	0.8	0.7	1.0	0.8	1.5	2.0	0.8	1.5	2.0

注:地物点精度为图上点位中误差,高程注记点及等高线精度为实地点位中误差。

2. 形状保真度

各要素的图形能正确反映实地地物的形态特征,无变形扭曲。

3. 接边精度

在几何图形方面,相邻图幅接边地物要素在逻辑上保证无缝接边;在属性方面,相邻图幅接边地物要素属性应保持一致;在拓扑关系方面,相邻图幅接边地物要素拓扑关系应保持一致。

(四)数字地形图要素的完备性

数字地形图中各种要素必须正确、完备,不能有遗漏或重复现象。

1. 数据分层的正确性

所有要素均应根据其技术设计书和有关规范的规定进行分层。数据分层应正确,不能有重复或漏层。

2. 注记的完整性、正确性

各种名称注记、说明注记应正确,指示明确,不得有错误或遗漏。

(五)数字地形图的图形质量

数字地形图模拟显示时,其线划应光滑、自然、清晰,无抖动、重复等现象。符号表示规格应符合相应比例尺地形图图式规定。注记应尽量避免压盖地物,其字体、字大、字数、字向、单位等一般应符合相应比例尺地形图图式的规定。符号间应保持规定的间隔,达到清晰、易读。

(六)高程注记点密度

高程注记点密度为图上每 100 cm^2 内 8 ~ 20 个。

二、数字地形图其他要求

(一)分类

数字地形图按比例尺分类的方法与普通地形图相同,这里不再赘述。

数字地形图按其数据形式分为矢量数字地形图和栅格数字地形图两类产品,代号分别为 DV 和 DR。

数字地形图应包含密级要求,密级的划分按国家有关的保密规定执行。

(二)产品标记

数字地形图的产品标记规定为:产品名称 + 分类代号 + 分幅编号 + 使用标准号。

例如:分幅编号为 J500001001 的矢量数字地形图,其产品标记为:DV J500001001 GB/T 17278—2009。

(三)构成

数字地形图由分幅产品和辅助文件构成,每一分幅产品由元数据、数据体和整饰数据等相关文件组成。辅助文件可包括"使用说明"等,但辅助文件不作为数字地形图产品的必备部分。

元数据作为一个单独文件,用于记录数据源、数据质量、数据结构、定位参考系、产品归属等方面的信息。数据体用于记录地形图诸要素的几何位置、属性、拓扑关系等内容。

使用说明用于帮助、解释和指导用户使用数字地形图产品,可以包括分层规定、要素编码、属性清单、特殊约定、帮助文件、版权、用户权益等内容。

三、数字测图过程的质量控制

所谓质量控制就是为满足质量要求所采取的作业技术和活动，即运用科学技术与方法来管理和控制生产过程，以便在最佳的经济效果下生产出符合用户要求的产品。

数字测图过程的质量控制实质上就是严格执行技术设计和有关规范的过程。

数字测图是一项精度要求高、作业环节多、工序复杂、参与人员多、组织管理较为困难的系统工程。为了保证数字测图的质量，就必须从数字测图项目的准备阶段开始，直至项目的结束，实施全过程质量控制。

（一）准备阶段的质量控制

数字测图准备工作包括组织机构准备和业务技术准备两方面，其中的业务技术准备主要包括收集资料、野外准备、仪器设备准备及进行技术设计等工作。

1. 收集资料、野外准备的质量控制

测图任务确定后，根据评审后的测绘合同（或测量任务书）中确定的测区范围和相关要求，调查了解测区及其附近的已有测绘工作情况，并收集必要的测绘成果资料为本次测图任务服务。

已有测绘成果关系到后续测图工作的坐标系统和高程系统的选择，其质量直接影响到测图控制测量成果的质量，进而影响整个数字测图的质量。因此，收集的已有控制测量成果不但要有坐标和高程数据，而且应收集说明这些成果的平面坐标系统和高程系统、选用的投影面、投影带及其带号、依据的规范、施测等级、最终的实测精度（测角中误差、单位权中误差、最弱边位置及其相对中误差、平差后方向值中误差等）、测图比例尺及测量单位、施测年代等质量信息，其提供成果资料的单位（或个人）要加盖公章（或签字），以说明资料的真实性和正确性。

数字测图野外准备是对测区进行踏勘，是在充分研究分析已收集资料的基础上，现场调查了解已有控制点、图根点的实际质量（保存及完好情况、通视情况、分布状况等）。

此外，在野外踏勘过程中，还应考察了解测区的地物特点、地貌特征、测绘难易程度、交通运输情况、水系分布情况、植被情况、居民点分布情况及当地的风土人情等方面的信息，以便针对测区的具体情况考虑适当的测绘手段和对策。

2. 对仪器设备的要求

测量工作所使用的各种仪器设备是测图工程的物质基础，仪器设备的状态是否良好直接影响到实测数据的质量，所以各种测绘规范中均要求必须对其及时检查校正、精心使用和保养，使其保持良好状态。

一项测图任务实施前，必须对所用的仪器、设备、工具进行检验和校正，以判断仪器的状况。测量仪器经过较长时间的使用和搬运，其状况会产生不同程度的变化，甚至损坏，因此事先检验、校正所用的仪器对控制质量十分重要。

在数字测图生产过程中使用的计算机、信息存储介质、输入输出设备及其他需用的各种物资，应能保证满足产品质量的要求，不合格的不准投入使用；所使用的成图软件应具有软件开发证书、鉴定证书和应用报告等有关证明材料，绘制出的数字地形图，其分类、命名、内容、图形符号、各种线条等必须符合现行有关规范的规定。

(二)野外测图质量控制

在工程实施时,应对作业参与人员进行教育培训,培养其认真、负责、细致的工作态度和奉献精神,树立其规范意识;认真学习技术设计书及有关的技术标准、操作规程,工作要做到有章可循、有据可查,并对其工作质量负责。

要制定完整可行的工序管理流程表,严格遵循测绘工作的“三大基本原则”,严格执行技术设计书,加强工序管理的各项基础工作,有效控制影响产品质量的各种因素。

生产作业中的工序产品必须达到规定的质量要求,经作业人员自查、互检,如实填写质量记录,达到合格标准,方可转入下一工序。下一工序有权退回不符合质量要求的上一工序产品,上一工序应及时进行修正、处理,退回及修正的过程,都必须如实填写质量记录。应当在关键工序、重点工序设置必要的检验点,实施工序产品质量的现场检查。现场检验点的设置,可以根据测绘任务的性质、作业人员水平、降低质量成本等因素确定。

对检查发现的不合格品,应及时进行跟踪处理,做好质量记录,采取纠正措施。不合格品经返工修正后,应重新进行质量检查;不能进行返工修正的,应予报废并履行审批手续。

图根平面控制测量的布设层次不宜超过两次附合,图根点(包括高级控制点)密度应符合技术设计书的要求,地形复杂、隐蔽区及城市建筑区,一定要根据需要适当加大密度;图根点高程宜采用图根水准、图根光电测距三角高程或 GPS 测量方法测定。图根控制测量(平面和高程)无论野外观测还是室内计算,均应按照技术设计书及相关规范中的要求进行,成果的精度一定要符合相应的技术要求。

碎部点数据采集是数字测图工程的基本工作,也是数字测图成图精度的关键工序。所以应尽量采用自动化采集系统直接测量碎部点三维坐标(X,Y,H),这样不仅工效高、精度高,更重要的是可以大大降低出错率。测站设置时,其对中误差、仪器高及觇标高的量记等一定要符合技术设计书中的要求;后视定向后,务必要实测另一控制点坐标,确有困难时至少再实测后视点的坐标,并与其已知坐标相比较,平面位置误差和高程误差均应小于相关限差后,方可进行碎部坐标测量。一测站碎部测量完成后应重新检查后视点坐标。

采集数据时,碎部点坐标(X,Y,H)的读记位数、测距的最大长度、高程注记点间距及测绘内容的取舍等均应按照技术设计书和有关规范的要求进行。

野外草图的绘制要清晰明了,各种必要的信息表达明确、唯一,避免外业草图粗制滥造、以偏概全、过度省略、意思表达模棱两可等现象的发生,给后续工序造成不必要的麻烦。一般地区可以采用绘图法绘制草图,复杂地区可采用记录法代替草图。草图中还应记录测区号、测量日期、测站点号、后视点号、仪器高、后视觇标高、检查实测数据、观测者、记录者、本测站采集的碎部点起、终点号等辅助信息。

外业采集的数据应及时传输至计算机,做好原始数据的备份,并及时成图,要尽量做到当天所测当天成图,避免因时间间隔过长而造成内业混乱、遗忘现象的出现。

(三)内业成图质量控制

数字测图内业成图包括数据处理、图形处理和成果输出等工序。

数据处理是数字测图内业的主要工序之一,它是对传输至计算机中的原始数据文件进行转换、分类、计算、编辑,最终生成标准格式的绘图数据文件和绘图信息文件。

图形处理对最终成果质量具有至关重要的作用。它是利用数字化成图系统在计算机中依据绘图数据文件、绘图信息文件以及其他相关资源,最终生成地形图。绘制的地形图符号不仅要与现行地形图图式中规定的符号完全一致，而且位置精度要符合技术设计书的相关要求。

线状符号要进行余部处理，绘制的曲线不但要光滑美观，而且应满足规范的精度要求；面状符号要进行必要的直角纠正；绘制的等高线应能够正确表达实际地貌的高低起伏形态，更重要的是其精度也应满足规范的要求。标示地物、地貌、数据属性的代码应具有科学性、可扩性、通用性、实用性、唯一性和统一性。

成果输出就是根据编辑好的地形图图形文件在绘图仪上输出纸质地形图。图形绘制时应设置好绘图比例尺、绘图范围、各要素的线粗、绘图原点、旋转角等，绘图时应掌握绘图仪的各项性能，控制绘图质量。

（四）扫描数字化质量控制

原图扫描过程中的质量控制就是要对矢量化各个步骤有针对性地采取一些方法和技术措施，最终使数字产品符合应用的要求。

1. 工作底图检查

工作底图检查的目的是防止数据源可能存在的粗差进入系统，检查的方法有两种，即绝对精度检查和相对精度检查。所谓绝对精度检查，是利用距离量测工具对已知坐标点，坐标格网位置或底图对角线长度（针对矩形分幅）进行检查；相对精度可以用较高精度或大比例尺原图与工作底图进行比较，也可以对工作底图之间的接边精度进行检查得到，若检查结果满足规范有关规定，即可完成检查工作，否则不宜采用该底图扫描进入系统。

2. 扫描分辨率选择

目前，大幅面扫描仪的分辨率可以达到 800 dpi 以上，有的能够达到 1 200 dpi，高分辨率的好处是提高了扫描精度和准确性，但图像数据量将按平方级增长，图像处理和矢量化所需计算机资源也会大大增加，处理速度减慢，目前用 R2V 处理一幅扫描分辨率为 400 dpi 的 A0 幅面的地形图大约需要 4 h，而处理分辨率为 300 dpi 的同样大小的地形图只需要大约 70 min，如果分辨率采用 800 dpi 或更高，对于一般配置的微机可能出现资源耗尽而死机的现象。因此，在扫描矢量化之前或过程中确定合适的分辨率显得异常重要。实践证明，对于简单原图（图素稀少、交叉线、复杂曲线较少的情况），用 200 dpi 扫描矢量化结果与用 800 dpi 的结果没有显著差异。可根据原图的复杂程度选择扫描分辨率（一般常用 300 dpi），以使其图像数据量占用更合理的计算机资源。

3. 其他扫描参数确定

扫描参数中分辨率是影响扫描质量的一个关键因素，而其他参数，如扫描阈值、消蓝方式的选择也十分重要，对于蓝图或清晰度较差的旧图更是如此。

4. 图像去噪和变形纠正

由于扫描原图受脏污、老化或复制质量欠佳等影响，使经二值化处理得到的二值图像上存在着许多“噪声”，影响了图像的目标识别、矢量化等后处理。同时，会降低目标矢量化数据的空间定位精度。主要噪声类型及其对原图扫描数字化过程的影响包括以下几项。

1）斑点

斑点是指二值图像中所存在的不连续的小像元块，这些点状小块在原图上并不存在，一般是原图上的脏污所致，不是真正的制图要素。在二值图像上呈随机分布，斑点对目标的连续性没有影响，但会生成假的线性目标。

2)小孔

小孔是指二值图像中存在的目标线划中突然出现的空白,常出现在粗线划的内部,是粗线划着墨不均匀及脏污等因素造成的。它的存在破坏了线划的连续性、完整性,会造成骨架线的畸变。

3)空隙

空隙是指二值图像中线条的微小断裂,在质量较好的底图扫描图像中不会出现,而晒蓝图中线划与背景反差小,二值化参数选择不当时,会有少量空隙出现。空隙的存在破坏了线划的连续性和完整性,会在后续线划跟踪矢量化时产生断线。

4)边缘毛刺

边缘毛刺是指线划目标左右边缘上的微小突出,这是由像元邻域灰度变化造成的,它的存在会造成骨架线的畸变,而降低线划矢量重建的几何精度。

5)边缘凹陷

边缘凹陷是指线划目标左右边缘上的微小缺口,与边缘毛刺正好相反。它的存在与边缘毛刺一样,在细化时会产生畸变骨架线。

显然,为了提高图像的识别及矢量图形重建的精度,应在图像目标细化处理之前,消除这些“噪声”,以获得“干净”的二值图像。去噪处理时,要特别注意以下问题:

(1)去除斑点的大小超过4个像素时,要注意检查是否有点状图素丢失,如高程注记点,如果出现图素丢失应立即回撤【Undo】,然后选择适当区域逐块进行处理。

(2)如果图像中大量存在非常接近或较差的图素,应尽量避免填孔【Fill Hole】操作,由于大幅面扫描仪普遍采用滚筒走纸方式,图像歪斜和变形是不可避免的,此外原图本身也可能存在变形,为了纠正这些变形,首先要进行纠斜处理,建议选择图中心附近的坐标格网线作为纠斜基准,个别情况下,如果图像出现扭曲(可以通过比较对角线长度来检查),还要对图像进行仿射变换、橡皮板变换等,这些变换至少需要3~5个已知点,并且这些点应当均匀分布在图幅内,无法找到已知点或已知点分布不合理时可以用坐标格网交点代替。

5. 矢量化参数的选择

矢量化是整个数字化工作中最烦琐也是最重要的一步,目前的所谓全自动矢量化软件,在对地形图、地质图矢量化时几乎都不能令人满意,这是因为地形图、地质图中存在大量交叉线、符号、注记和文字,而符号和文字自动识别的成功率又很低,还需要大量的人机交互来修正它们。矢量化参数中比较关键的是线的拉直强度、圆弧识别半径、文字高度和最小缝隙值等。这些参数的确定需要做一些试验来确定,且对不同类型的原图应当选择各自适宜的参数。

四、数字测图成果检查与评定

测绘产品的检查验收是生产过程必不可少的工序,是保证测绘产品质量的重要手段,是对测绘产品最终质量的评价。

数字测图产品实行过程检查、最终检查和验收制度。测绘生产单位对产品质量实行过程检查和最终检查。过程检查由工程项目部的技术部门检查人员承担,是在作业组(人员)自查互检的基础上,对作业组生产的产品进行的全面检查;最终检查由生产单位的质量管理机构负责实施,是在过程检查的基础上,生产单位对该测图项目的产品质量所进行的再一次全面检查。验收就是通过判断抽检产品能否被接收进而确定整个工程质量是否合格而进行的检验。

生产单位按合同或计划实施测绘产品交验,经最终检查合格后,以书面形式向委托生产单位或任务下达部门申请验收,并提交最终检查报告;任务的委托单位或其委托的具有检验资格的检验机构组织实施验收工作,并出具验收报告。

各级检查、验收工作必须独立进行,不得省略或代替。

检查验收应依据有关的测绘任务书、合同书或委托检查验收文件、有关法规和技术标准、批准后的技术设计书和有关的技术规定等进行。

生产单位的最终检查和验收单位的验收工作均应按随机抽样的方法从受检产品中抽取样本,进行详查和概查。其中详查比例应不低于表8-3的规定,其余部分作概查。

表8-3　数字测图产品检查、验收中的详查比例

产品名称	单位	比例(%)	产品名称	单位	比例(%)
三角测量	点	10	GPS测量	点	10
导线测量	点	10	大地测量计算	项目	20
水准测量	测段	10	数字地形图	幅	5
电磁波测距	边	10	标石埋设实地抽查	座	3

经验收判为合格的产品,被检单位要对验收中发现的问题进行处理。经验收判为不合格的产品,要将被检产品全部退回被检单位,令其重新检查处理后,再重新申请验收。

检查、验收人员应认真做好检查、验收记录,并将它随产品移交,供分级存档之用。

(一)数字测图成果检查与验收

1.基本规定

测绘产品的检食验收与质量是生产过程必不可少的环节,是测绘产品的质量保证,是对测绘产品的质量的评价。为了控制测绘产品的质量,测绘工作者必须具有较高的质量意识和管理才能。因此,完成数字地形图后也必须做好检查验收和质量评定工作。

1)检查验收的依据

(1)有关的测绘任务书、合同书中有关产品质量特性的摘录文件或委托检查、验收文件。

(2)有关法规和技术标准。

(3)技术设计书和有关的技术规定等。

2)二级检查一级验收制度

对数字测绘产品实行过程检查、最终检查和验收制度。

过程检查由生产单位的中队(室)检查人员承担。最终检查由生产单位的质量管理机构负责实施。验收工作由任务的委托单位组织实施,或由该单位委托具有检验资格的检验机构验收。各级检查工作必须独立进行,不得省略或代替。

3)应提交检查验收的资料

(1)提交的成果资料必须齐全。一般应包括:

①项目设计书、技术设计书、技术总结等;

②文档簿、质量跟踪卡等;

③成果说明文件;

④数据文件,包括数据采集原始数据文件、图根点成果文件、碎部点成果文件、图廓内外整饰信息文件,元数据文件等;

⑤作为数据源使用的原图或复制的底图;

⑥图形或影像数据输出的检查图或模拟图;

⑦图形信息数据文件和地形图图形文件;

⑧最终检查报告。

(2)凡资料不全或数据不完整者,承担检查或验收的单位有权拒绝检查验收。

4)检查验收的记录及存档

检查、验收记录包括质量问题的记录,问题处理的记录以及质量评定的记录等。记录必须及时、认真、规范、清晰。检查、验收工作完成后,须编写检查、验收报告,并随产品一起存档。

2. 检查验收的内容与方法

1)内业检查与验收

(1)各等级控制测量(平面和高程)成果的检验。包括对控制网点的密度、位置的合理性;标石的类型和质量;手簿的记录和注记的正确、完备性;电子记录格式的正确性和输出格式的标准化程度;各项误差与限差的符合情况;各项验算的正确性,资料的完整性等,以及对控制网平差计算采用的软件的检验。

(2)各种原始数据文件的检验。

①数据采集原始信息资料的可靠性、正确性检验是检查、验收的重要内容之一,它包括对数据采集原始数据文件、图根点成果文件和碎部点成果文件的检查。

②图根点、碎部点成果文件的检验,即是对所有图根点和碎部点的三维坐标成果检查核对。

③仪器设备检验的项目、方法、结论和计量核定等方面的原始记录和文件的检查。

(3)各项电子成果资料的检查验收。数字测图的大部分成果是以数字的形式(计算机文件)存储在计算机中,除特殊需要须将成果输出外,多数情况下均是应用计算机进行处理、传输、共享及成果的提交。因此,在数字测图成果的检查、验收中,电子成果资料的检查、验收是必不可少的关键环节。目前,对电子成果资料的检查、验收在国内还没有形成一套完整的、操作性强的检查体系和方法。大体上,数字测图电子成果资料的检查、验收包括以下内容。

①成果说明文件及图幅数量的检查。对成果说明文件的检查主要包括表 8-1 中的内容,并检查成果的目录格式及目录文件是否齐全、各目录下图幅数量与图幅结合表记录的数量是否一致等。

②图形信息文件和地形图图形文件的检查。

包括空间数据检查、逻辑一致性检查、图形要素的完备性检查和高程注记点检查。

a. 空间数据检查。主要包括数学基础的检查,即图廓点、坐标格网顶点、控制点的理论值输入是否正确、有无遗漏;各类地形要素(如测量控制点、房屋、道路、桥梁、水系、独立地物、境界等)的精度及表示是否符合要求;检查数据分类与代码是否符合《基础地理信息要素分类与代码》(GB/T 13923—2006)的要求等。

b. 数据逻辑一致性检查。主要包括地理要素的协调性检查(检查有无适应性矛盾,如出现平行道路明显不平行、河流流向自相矛盾等);图幅接边检查(检查相邻图幅图边要素的几何位置、属性接边,重点检查不同作业组分界处的图幅接边是否满足要求);形状保真度检查(主要是各要素图形能否正确反映实地地物的形态特征,有无逻辑变形扭曲);拓扑关系检查(主要检查地物有无伪接点及多边形闭合情况)。

c. 图形要素的完备性检查。主要包括检查数据分层是否正确、有无重复或漏层;图层数量、图层名、颜色、属性等是否正确完整,有无非本层要素;检查实体种类、数据属性、各种名称注记和说明注记表示是否正确、指示是否明确、有无错漏等。

d. 高程注记点检查。应检查高程注记点密度能否达到"图上每 100 cm^2 内 8 ~ 20 个"的要求。

③其他方面检查验收。其他方面检查控制点数据库、数字地形图分类与代码、密级、产品标记、数字地形图的构成等是否符合技术设计书的要求。

④数字地形图的模拟显示检验及底图检查验收。数字地形图的模拟显示检验,是检查其线划是否光滑、自然、清晰,有无抖动、重复等现象;符号表示规格是否符合地形图图式规定;注记压盖地物的比率等。数字地形图底图检查是检查其数量、图名、编号是否与图形文件一致;图中字体、字大、字数、字向、单位等能否符合相应比例尺地形图图式的规定;符号间是否满足规定的间隔,能否达到清晰、易读。

2)外业检查与验收

外业检查是在内业检查的基础上进行的,重点检测数字地形图的测量精度,包括数学精度和地理精度的检测。

(1)地物点点位(X,Y,H)的检测。数字地形图检测点的选择应均匀分布,随机选取明显地物点,对样本进行全面检查。检测点的数量视地物复杂程度、比例尺等具体情况确定,原则上应能准确反映所检样本的平面点位精度和高程精度,一般每幅图选取 20 ~ 50 个点。

检测方法视数据采集方法而定。野外测量采集数据的数字地形图,当比例尺大于 1∶5 000 时,检测点的平面坐标和高程采用外业散点法按测站点精度施测。用钢尺或测距仪量测相邻地物点间距离,量测边数量每幅一般不少于 20 处。摄影测量采集数据的数字地形图按成图比例尺选择不同的检测方法:

①比例尺大于 1∶5 000 时,检测点的平面坐标和高程采用外业散点法按测站点精度施测。若用内业加密能达到控制点平面与高程精度,也可用加密点来检测,而不必采用外业检测。

②比例尺小于 1∶5 000(包括 1∶5 000)且有不低于成图精度的控制资料时,采用内业加密点的方法检测。

③用高精度资料或高精度仪器进行检测。

(2)检测数据的处理:

①分析检测数据,检查各项误差是否符合正态分布。

②检测点的平面位置和高程中误差计算。

地物点的平面中误差按式(8-1)和式(8-2))计算。

$$\begin{cases} m_x = \pm \sqrt{\dfrac{\sum\limits_{i=1}^{n}(X_i - x_i)^2}{n-1}} \\ m_y = \pm \sqrt{\dfrac{\sum\limits_{i=1}^{n}(Y_i - y_i)^2}{n-1}} \end{cases} \tag{8-1}$$

$$M_{检} = \pm \sqrt{m_x^2 + m_y^2} \tag{8-2}$$

式中　$M_{检}$——检测地物点的平面位置中误差,m;

m_x——坐标 x 的中误差,m;

m_y——坐标 y 的中误差,m;

X_i——第 i 个检测点的 x 坐标检测值(实测),m;

x_i——第 i 个同名地物点的 x 坐标原测值(从数字地形图上提取),m;

Y_i——第 i 个检测点的 y 坐标检测值(实测),m;

y_i——第 i 个同名地物点的 y 坐标原测值(从数字地形图上提取),m;

n——检测点数。

相邻地物点之间间距中误差(或点状目标位移中误差、线状目标位移中误差)按式(8-3)计算。

$$M_s = \pm \sqrt{\frac{\sum\limits_{i=1}^{n}\Delta s_i^2}{n-1}} \tag{8-3}$$

式中　Δs_i——相邻地物点实测边长与图上同名边长较差或地图数字化采集的数字地形图与数字化原图套合后透检量测的点状或线状目标的位移差,m;

n——量测边条数(或点状目标、线状目标的个数)。

高程中误差按式(8-4)计算。

$$M_H = \pm \sqrt{\frac{\sum\limits_{i=1}^{n}(H_i - h_i)^2}{n-1}} \tag{8-4}$$

式中　H_i——检测点的实测高程,m;

h_i——数字地形图上相应内插点高程,m;

n——高程检测点个数。

③地理精度的检测。

对于用作详查的图幅,通过野外巡视的方法,全数检查各地理要素表示的正确性、合理性,以及有无丢、错、漏的现象。

(二)质量评定

1. 质量评定指标及要求

数字地形图质量评定指标要求,如表 8-4 所示。

表 8-4 数字地形图质量评定指标

一级质量评定指标	二级质量评定指标
基本要求	文件名称、数据格式、数据组织
数学精度	数学基础、平面精度、高程精度、接边精度
属性精度	①要素分类与代码的正确性；②要素属性值的正确性；③属性项类型的完备性；④数据分层的正确及完整性；⑤注记的正确性
逻辑一致性	拓扑关系的正确性；多边形闭合；节点匹配
要素的完备性及现势性	要素的完备性、要素采集或更新时间、注记的完整性
整饰质量	线划质量、符号质量、图廓整饰质量
附件质量	文档资料的正确、完整性，元数据文件的正确、完整性

2. 评定方法

1）基本规定

数字测绘产品质量实行优级品、良级品、合格品、不合格品评定制。数字测绘产品质量由生产单位评定，验收单位则通过检验批进行核定。数字测绘产品检验批质量实行合格批、不合格批评定制。

（1）单位产品质量等级的划分标准。单位产品质量等级根据得分 N 的大小划分为：

优级品：$N=90\sim100$ 分；

良级品：$N=75\sim89$ 分；

合格品：$N=60\sim74$ 分；

不合格品：$N=0\sim59$ 分。

（2）检验批质量判定。对检验批按规定比例抽取样本，若样本中全部为合格品以上产品，则该检验批判为合格批。若样本中有不合格产品，则该检验批为一次检验未通过批，应从检验批中再抽取一定比例的样本进行详查。若样木中仍有不合格产品，则该检验批判为不合格批。

2）单位产品质量评定方法

单位产品质量一般有两种评定方法：

（1）采用百分制表示单位产品的质量水平。

（2）采用缺陷扣分法计算单位产品得分。

国家测绘局 2009 年发布的《测绘产品检查验收规定》（GB/T 24356—2009）采用缺陷扣分法。缺陷扣分标准为：

严重缺陷的：缺陷值 42 分；

重缺陷的：缺陷值 $12/T$ 分；

轻缺陷的：缺陷值 $1/T$ 分。

其中，T 为缺陷值调整系数，根据单位产品的复杂程度而定，一般取值范围为 0.8～1.2。设单位产品由简单至复杂分别为三级、四级或五级，则 T 可分别取为 0.8、1.0、1.2 或 0.8、0.9、1.0、1.1 或 0.8、0.9、1.0、1.1、1.2。缺陷值保留一位小数，小数点后第二位数字 4 舍 5

入。严重缺陷、重缺陷、轻缺陷的缺陷分类详见规范要求。

3)质量评分方法

每个单位产品得分预置为 X 分,根据缺陷扣分标准对单位产品中出现的缺陷逐个扣分。单位产品得分按式(8-5)计算。

$$N = X - 42i - (12/T)j - (1/T)K \tag{8-5}$$

式中　X——单位产品预置得分;

i——单位产品中严重缺陷的个数;

j——单位产品中重缺陷的个数,

K——单位产品中轻缺陷的个数;

T——缺陷值调整系数。

生产单位最终检查质量评定时,X 预置得分为 100 分。验收单位进行质量核定时,X 预置得分根据生产单位最终检查评定的质量等级取其最高分,即优级品、良级品、合格品分别为 100、89、74 分。

3. 检查验收报告

最终检查和验收工作结束后,生产单位和验收单位应分别先后编写检查报告和验收报告。检查报告经生产单位领导审核后,随产品一并提交验收。验收报告经验收单位主管领导审核(委托验收的验收报告送委托单位领导审核)后,随产品归档,并抄送生产单位。

1)检查报告的主要内容

(1)任务概要。

(2)检查工作概况(包括仪器设备和人员组成情况)。

(3)检查的技术依据。

(4)主要质量问题及处理情况。

(5)对遗留问题的处理意见。

(6)质量统计和检查结论。

2)验收报告的主要内容

(1)验收工作概况(包括仪器设备和人员组成情况)。

(2)验收的技术依据。

(3)验收中发现的主要问题及处理意见。

(4)质量统计(含与生产单位检查报告中质量统计的变化及其原因)。

(5)验收结论。

(6)其他意见及建议。

【小贴士】

本任务主要介绍大比例尺数字地形图的质量要求,数字测图过程的质量控制的过程。通过本任务的学习,学生应能理解大比例尺数字地形图的质量要求,理解数字测图过程中质量控制的过程。

任务二 数字测图技术总结编制

一、技术总结编写的目的

测绘技术总结是测图项目完成后，对技术设计书和技术标准的执行情况，技术方案、作业方法、新技术的应用，成果质量和主要问题的处理等所进行的分析研究与认真总结，以及做出的客观评价与说明，它有利于生产技术和理论水平的提高，为其他工程积累经验，为科学研究积累资料。测绘技术总结是与测绘成果有直接关系的技术性文件，是永久保存的重要技术档案。其目的主要有：

（1）进一步整理已完成的作业成果，使其更加完备、准确和系统化。

（2）对成果成图和各项资料给以说明和鉴定，便于各有关部门可靠地利用。

（3）为生产和科学研究提供有关数据和资料。

（4）通过实践总结经验，吸取教训，进一步提高作业的技术水平和理论水平。

二、技术总结编写的程序和方法

（1）在控制测量、碎部测量工作结束后，应由作业单位分别编写外业技术总结和内业技术总结，并随成果成图资料一并呈交验收单位。

（2）技术总结应以工程项目为单位，按专业分别编写。

（3）综合性的作业单位一般按专业编写，当作业量不太大和工作性质简单时，也可编综合性的技术总结。

（4）编写技术总结必须广泛收集资料，进行综合分析，作业单位认为有必要时，可以规定其所属队（室）或作业组按统一要求编写技术报告或技术总结，作为单位编写技术总结的原始资料。

三、技术总结主要内容

（一）概述

简述任务来源、目的，测图比例尺，生产单位，作业起止日期，任务安排概况；测区名称、范围，行政隶属，自然地理特征，交通情况，困难类别；作业技术依据，采用的基准、系统、比例尺、等高距，投影方法，图幅分幅与编号方法及完成的图幅数量（附小比例尺测区略图）；计划与实际完成工作量的比较，作业率的统计。新技术、新方法、新材料的采用情况。

（二）已有成果资料的利用和说明

1. 资料的来源和利用情况

作业单位、施测时间和依据的标准，比例尺、等高距、成图方法、图幅数量，成图精度，接边情况等。利用的已有平面控制网的名称、等级，采用的坐标系统和精度，并附略图标明点的密度和分布情况；利用的已有水准点的名称、等级，采用的高程系统和精度；已有控制点标志的埋设和保存状况。

2. 主要问题与处理

简述资料中存在的主要问题及处理方法。

(三)控制测量

1. 平面控制测量

采用的平面坐标系统、投影带和投影面,作业技术依据及其执行情况,首级控制网及加密控制网的等级、起始数据的配置、加密层次及图形结构、点的密度,使用的仪器设备、觇标和标石情况,施测方法,观测权数与测回数,记录方法及记录程序来源,出现的问题和处理方法等。

2. 高程控制测量

采用的高程系统,作业技术依据及其执行情况,首级高程网及加密网的网形、等级、点位分布密度,使用的仪器、标尺、记录计算工具等,埋石情况,施测方法,视线长度(最大、最小、平均)及其距地面和障碍物的距离,重测测段和数量等。

3. 内业计算

使用的软件来源、审查或验算结果,平差计算方法及各项限差与实际测量结果的统计、比较,外业检测情况及精度分析等。

(四)测图作业方法、质量和有关技术数据

1. 设备及检校

使用的仪器、主要设备与工具及其检校情况。

2. 图根控制测量

说明施测方案、作业方法和各类图根点的布设,标志的设置,观测使用的仪器和方法,各项限差与实际测量结果的比较,并根据测图范围大小附较小比例尺的控制点图。

作业的质量情况,并附控制测量精度统计表;作业中所遇到的问题和处理情况。

3. 数字测图

测图方法,仪器型号、规格和特性,外业采集数据的内容、密度、记录的特征,数据处理、图形处理所用软件和成果输出的情况等。

4. 内业编辑及成图情况。

采用的方法和使用的仪器、软件简介;作业质量情况;地物、地貌的综合取舍情况;接边情况和接边中发现的问题及处理情况;分幅情况及数据格式转换情况;作业中所遇到问题及处理情况。

5. 精度分析

测图精度的统计、分析和评价,检查验收情况,存在的主要问题及处理结果等。

(五)工程的经济指标统计

投入人力、物力、总工日,完成的工作量,劳动生产率,完成任务的经济效益情况。

(六)技术结论

(1)对本项目成果质量、设计方案和作业方法等的评价。

(2)重大技术遗留问题的处理意见。

(七)经验、教训和建议

(1)作业过程中遇到的主要问题和特殊情况,采取的处理措施及其效果,并对今后的生产提出的改进意见。

(2)技术设计书、作业方法及组织措施等方面存在的不足,提出的改进意见和建议。

(3)新技术、新方法、新材料应用的经验、教训。

（八）附图、附表

利用的已知资料清单；图幅分布和质量评定图；平面、高程控制点分布略图；成果质量统计表，上交测绘成果清单；其他。

【小贴士】

本任务主要介绍数字测图技术总结编写的意义及内容。通过本任务的学习，学生应能理解数字测图技术总结编写的意义及重要性，应能初步认识数字测图技术总结编写的主要内容。

【案例分析】

某测绘单位承接了某城市1∶500地形图测绘任务，测绘范围为3 km×4 km，测量控制资料齐全，图幅按50 cm×50 cm分幅。依据的技术标准有《城市测量规范》（CJJ/T 8—2011）、《1∶500　1∶1 000　1∶2 000外业数字测图规程》（GB/T 14912—2017）、《数字测绘成果质量检查与验收》（GB/T 18316—2018）、《测绘成果质量检查与验收》（GB/T 24356—2009）等。外业测图采用全野外数字测图，外业碎部点采集时采集了房屋、道路、河流、桥梁、铁路、树木、池塘、高压线、绿地等要素，对测量数据用成图软件进行处理后结合草图进行编辑后成图。作业中队检查员对成果进行了100%的检查，再送交所在单位质检部门进行检查，然后交甲方委托的省级质检站进行验收，省级质检站抽样检查了15幅图。

请思考：该案例中测量成果检查验收的流程和验收抽样比例是否符合规范要求？说明理由。

【案例点评】

本案例考察学生对数字测绘成果检查验收的要求，主要使学生明白除了认真学习书本的内容和教师扩展的内容外，一定要认真阅读测绘规范规程。

根据题意，作业中队检查员对成果进行了100%的检查，再送交所在单位质检部门进行检查，然后交甲方委托的省级质检站进行验收。《测绘成果质量检查与验收》（GB/T 24356—2009）规定测绘成果质量通过二级检查一级验收方式进行控制，故该测量成果检查验收的流程符合规范要求。但在描述二级检查时是否“合格”不明确，规范要求的是“依次通过测绘单位的部门过程检查、测绘单位质量管理部门的最终检查和项目管理单位组织的质量验收或委托具有资质的质量检验机构进行验收”，该项目测量成果检查验收的“流程”符合要求。

该测区共有图幅数为12 km^2×16幅/km^2=192幅，位于181～200批量档次，按《数字测绘成果质量检查与验收》（GB/T 18316—2018）与《测绘成果质量检查与验收》（GB/T 24356—2009）的规定，样本量为15幅。验收时抽样检查了15幅图，故验收抽样比例符合规范要求。

小　结

本项目主要介绍了大比例尺数字地形图的质量要求、数字测图质量控制方法、成果检查与评定、技术总结的编制意义及内容等。质量是产品或服务的生命，测绘工程单位应从不同层面上保证、改善、提高测绘产品质量。国家测绘管理部门及各级地方行业管理部门制定的一系列测量技术规范、规程，是进行各项测绘工作的指导性文件，是测绘成果质量检查验收的基本依据之一,具有法律效力,在数字测图工作中,要认真学习,严格执行,做到有章可循、有据可查。

复习与思考题

1. 数字地形图的质量特性有哪些?
2. 与传统测图相比,数字测图的内业质量控制有哪些特点?
3. 数字测图成果质量检查与验收包括哪些内容?
4. 简述数字测图成果质量评定的方法。
5. 试述检查报告、验收报告和技术总结的编写内容。

【技能训练】

一、技能训练题目及训练目的

在学习完本项目的理论学习内容之后,请学生务必利用课余和周末的时间,在教师或实验员的指导下对校园地形图测绘成果(即项目四、项目五、项目六技能训练的成果)进行全面检查,检查后编写自查质量报告。

二、技能训练要求

1. 教师把学生的测绘成果打印出图。
2. 教师为学生准备好外业检查配套设备。
3. 教师或实验员指导学生进行外业检查和内业检查。
4. 学生应记录碰到的问题并向教师请教或与任课教师共同探讨。

项目九 数字地形图的应用

项目概述

通过本项目2个学习任务(数字地面模型的建立与应用、数字地形图在工程建设中的应用)的学习,要求掌握3项能力(理解数字地面模型的建立与应用原理、掌握数字地形图在工程建设中的应用、了解数字地形图在其他方面的应用)。

学习目标

知识目标

1.理解数字地面模型的建立与应用原理。

2.理解数字地形图在工程建设中的各种应用的原理。

3.了解数字地形图在其他方面的应用。

技能目标

1.能用已有地形图建立数字地面模型。

2.能在工程建设中合理应用数字地形图。

【课程导入】

数字地形图在国民经济建设、国防建设和科学研究等各个方面发挥着越来越大的作用,利用数字地形图能很好地完成过去用纸质地形图进行的各种量测工作,可以很容易地获取各种地形信息,还可以很方便地制作各种专业用图。利用数字地形图,可以建立数字地面模型(Digital Terrain Model,DTM),利用DTM可以绘制等高线地形图、地形立体透视图、地形断面图,确定汇水范围和计算面积,确定场地平整的填挖边界和计算土石方量等。本项目主要介绍数字地面模型的建立与应用、数字地形图在工程建设中的应用等内容。

任务一 数字地面模型的建立与应用

一、概述

数字地面模型简称数模,是在空间数据库中存储并管理的空间数据集的通称,它是以数字形式按一定的结构组织在一起,表示实际地形特征的空间分布,是地形属性特征的数字描述。

DTM的核心是地球表面特征点的三维坐标数据和一套对地面提供连续描述的算法。最基本的DTM至少包含了相关区域内一系列地面点的平面坐标(X,Y)和高程(Z)之间的映射关系,即 $Z=(X,Y),(X,Y)\in$ DTM 所在区域。此外,在数字地面模型中还包括高程、平均高程、极值高程、相对高程、最大高差、相对高差、高程变异、坡度、坡向、坡度变化率、地面形态、地形剖面、地性线、沟谷密度以及太阳辐射强度、观察可视面、三维立体观察等因素。DTM 的数字表示形式包括离散点的三维坐标(测量数据),由离散点组成的规则或不规则的网络结构,依据模型及一定的内插和拟合算法自动生成等高线、断面、坡度等图形。

由于 DTM 是带有空间位置特征和地形属性特征的数字描述,包含地面起伏和属性两个含义。当 DTM 中地形属性为高程时就是数字高程模型(Digital Elevation Model,DEM),一般情况下指以网络组织的某一区域地面高程数据。在地理信息系统中,DEM 是建立 DTM 的基础数据。

(一)DTM 的特点

数字地面模型便于存储、更新、传播和计算机处理,根据需要选择变换比例尺,适合各种定量分析与三维建模。与传统纸质地形图相比,DTM 作为地面起伏形态和地形属性的一种数字描述形式有以下特点:

(1)地形数据经过计算机软件处理后,可根据应用需求生成各种比例尺的地形图、纵横断面图和立体图等,以多种形式显示地形信息。

(2)DTM 采用数字媒介,图形采用 DTM 直接输出,精度不会损失,能保持不变。

(3)由于 DTM 是数字形式的,所以增加或改变地形信息只需将修改信息直接输入到计算机,经软件处理后立即可产生实时化的各种地形图,容易实现自动化和实时化。

(二)DTM 的数据结构

数据结构是一门研究非数值计算的程序设计问题中计算机操作对象以及它们之间的关系和操作等的科学。DTM 的数据结构对 DTM 的应用有着重要的影响,不同的数据结构采用的算法不同,占用的存储空间大小不同,进行计算的效率也不相同。

DTM 是由离散数据点构造生成的,最初在构造 DTM 时多采用离散点结构,这种结构的 DTM 中只包含了分块、分类存储的离散点坐标和某些断裂线(如房屋边线、陡坎等地物的连接信息),这是一种最简单的结构,实际上很少采用。目前,常用的数据结构是网格结构,在等高线和断面图的绘制中广泛应用,即将离散点连接成多边形格网。它可分为规则格网和不规则格网。

1.数学分块曲面结构

数学分块曲面结构是把地面分成若干个块,每块用一种数学函数(如傅里叶级数高次多项式、随机布朗运动函数等),以连续的三维函数高平滑度地表示复杂曲面,并使函数曲面通过离散采样点。这种近似数学函数表示的 DTM 不太适合于制图,但广泛用于复杂表面模拟的机助设计系统。

2.规则格网结构

规则格网结构是将离散的原始数据点依据插值算法求算出规则形状的结点坐标,每个结点坐标有规律地放在 DTM 中。最常用的规则格网结构是矩形格网,如图 9-1(a)所示。航测内业一般按格网结构进行采点。

规则格网表示方法是把 DTM 表示成高程矩阵:

$$DTM=\{Z_{ij}\} \tag{9-1}$$

式中　$i=1,2,\cdots,m-1,m$;

$j=1,2,\cdots,n$。

如图 9-1 所示为几种规则格网的 DTM。

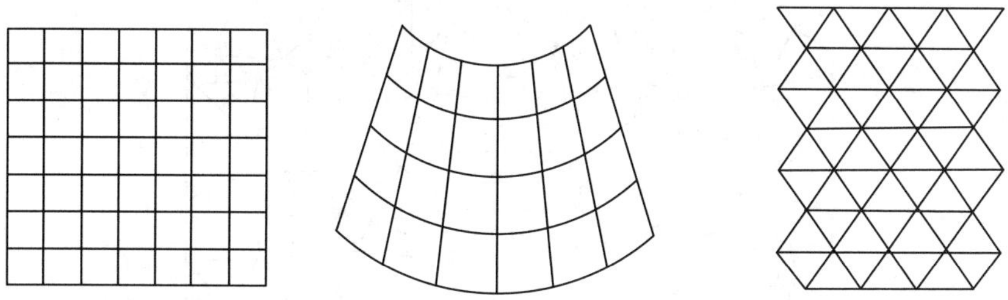

(a)矩形格网　(b)圆锥格网　(c)等边三角形格网

图 9-1　几种规则格网

利用规则格网结构可以比较方便地进行数据的检索,可以用统一的算法完成检索和插值计算,由于计算机对矩阵的处理比较方便,特别是以栅格为基础的 GIS 系统中高程矩阵已成为 DTM 最通用的形式。利用规则格网结构进行数据检索和插值计算时,应考虑到利用野外采集的离散点建立规则格网结构以计算规则形状格网坐标的过程中,所用的算法对原始数据的精度会有不同程度的影响。另外,规则网格应用于不规则边界区域时,对不位于格网结点的边界处需要进行特殊处理。

规则格网系统有如下缺点:

(1)地形简单的地区存在大量冗余数据。

(2)如不改变格网大小,则无法适用于起伏程度不同的地区。

(3)对于某些特殊计算如视线计算时,格网的轴线方向被夸大。

(4)由于栅格过于粗略,不能精确表示地形的关键特征,如山峰、洼坑、山脊、山谷等。为了压缩栅格 DTM 的冗余数据,可采用游程编码或四叉树编码方法。

3.不规则格网结构

不规则格网结构是以原始数据的坐标位置作为网格的结点,组成不规则形状格网。在实际作业时,由于野外采集的测点具有不规则性,依次建立的格网结构是不规则的格网结构,与规则格网结构相比较,它可以克服规则格网结构的不足,可在野外采集的原始数据的基础上直接建立格网结构。在实际应用时,大多采用不规则三角格网(Triangle Irregulation Network,TIN),如图 9-2 所示。

显然,建立不规则格网能较好地克服规则格网结构的缺点(如高程矩阵中冗余数据问题),利用原始数据作为格网结点,不改变野外采集数据和数据精度,所以这样的格网结点更好地保存了原有地形信息所表达的地形特征,而且能更加有效地用于各类以 DTM 为基础的计算,利用 TIN 追逐等高线的算法也相对简单;TIN 能较好地适应不规则的边界区域。不规则三角形格网存储结构可以分成两部分,对应于二维数组的存储方式,其核心分别是坐标数组和三角形数组。

不规则格网的三角形构成如图 9-3(a)所示。结点用其在坐标数组中的存储位置作为三角形号。

TIN 结点坐标的数据存储结构是以行序为主序的存储方式,数据结构中仅使用了点号,根据点号可以在坐标数据文件中查找坐标。其数据存储结构如图 9-3(b)所示。

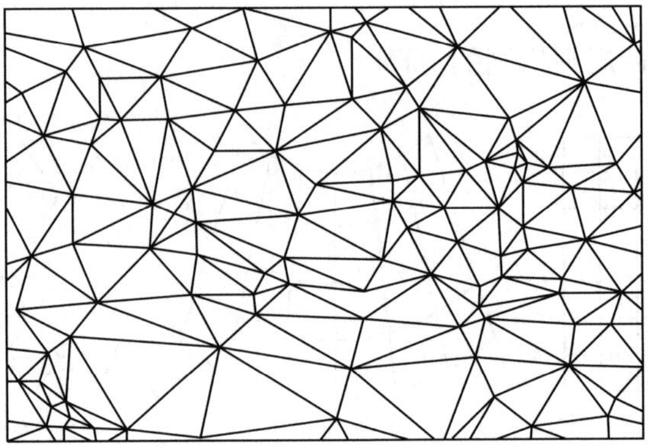

图 9-2　不规则三角格网

三角形数组中规定了每个三角形的三个顶点按顺时针(或逆时针)排列,并且以点号最小的顶点作顺序第一顶点;全部三角形按各自的第一顶点的点号大小顺序排列,它是以列序为主序的存储方式,如图 9-3(c)所示。

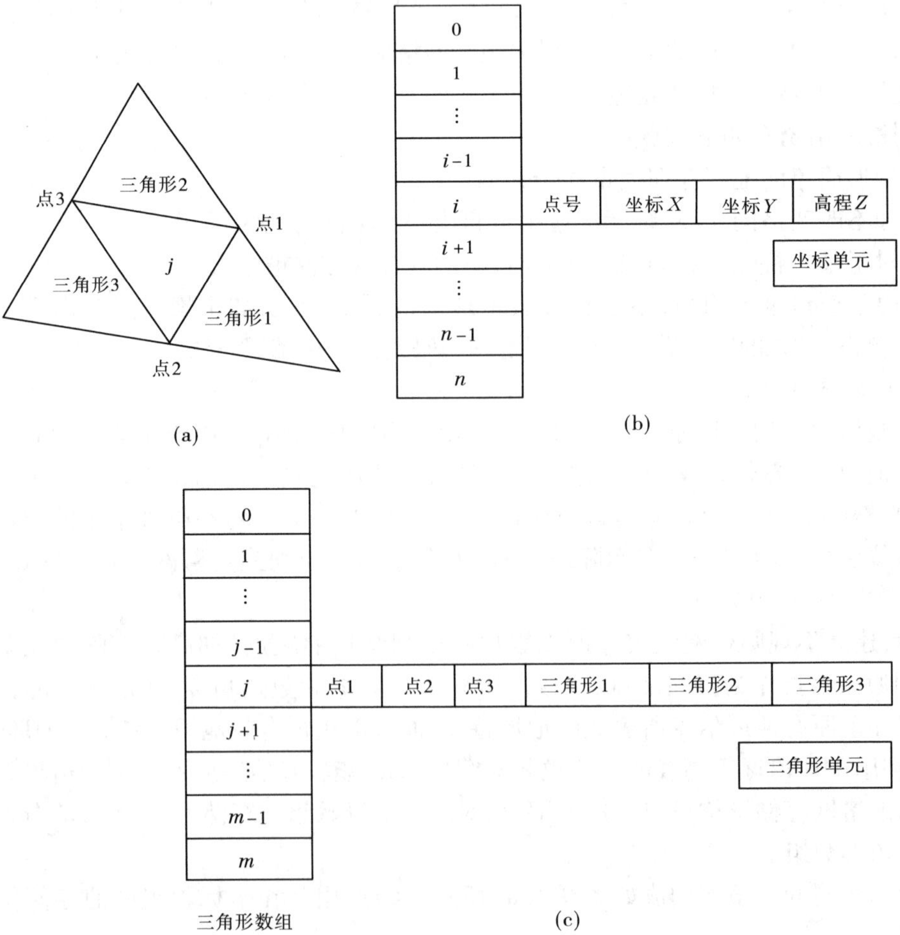

图 9-3　不规则三角格网构成及其存储结构

二、数字地面模型的建立

DTM 系统主要由计算机程序来实现，主要功能应是从多个离散数据构造出相互连接的网络结构，以此作为 DTM 的基础。例如，等高线、断面和三维立体地形图都可以根据这个模型生成。

建立 DTM 有各种方法，由于地球表面本身的非解析性，若采用某种代数式和曲面拟合的算法来建立地形的整体描述是比较困难的，故一般建立区域的数字地面模型是在该区域内采集相当数量可表达地形信息的地形数据（三维空间离散的采样值）来完成的。

但是，实际地形由于受到表面既有连续，也有如断裂和挖损等不连续等因素的影响，加之在构造 DTM 时采集的地形数据量是有限的，采样点的位置、密度以及选择构造 DTM 的算法及应用时的插值算法，均有可能影响 DTM 的精度和使用效率。

（一）数据获取

DTM 的数据获取就是提取已测定的地貌特征点，即将一个连续的地形表面转化成一个以一定数量的离散点来表示的离散地表。因此，这些离散点数据的获取是建立数模工作中花费时间最长、用工最多，而且最重要的一个环节，它直接影响到建模的精度、效率和成本。

DTM 数据的获取主要有人工量取（用方格网在地形图上逐点量取和内插求出网格点的三维坐标）、手扶跟踪、数字测图、扫描输入等。

（二）数据转换

不同来源的原始数据类型是各种各样的，例如三维坐标、距离、高程、方位角等。这些数据除了具有离散点的坐标信息，还包含了离散点之间的地形关系及地物特征等信息。因此，DTM 系统除了应具有各种类型数据输入的接口，能接收不同设备、不同方式传输的数据外，还要有数据格式转换的功能。在对不同来源的原始数据进行数据转换处理时，应利用转换模块对原始数据进行分类，将坐标数据、连接信息、地物特征等按 DTM 系统的标准格式分别存放。为了保证 DTM 系统应有的精度以准确表达实际的地形变化，在对不同来源的数据进行标准格式转换时不得影响或改变原始数据的精度。

（三）数据预处理

1.原始数据的预处理

通过数据采集和数据转换后，即可得到一个区域内的 DTM 原始数据。这些输入计算机的数据中，还含有一些不符合建模要求的数据。因此，在建模前必须对这些数据进行过滤和剔除，以顺利完成构网建模，这种在建模前对原始数据的处理称为数据的预处理。数据的预处理主要指数据过滤、粗差剔除、重合或近重合数据的剔除、给定高程限值和必要的数据加密等内容内容。

2.地形地物特征信息的提取

为了便于计算机程序识别、提高工作效率以及保证等高线的绘制精度和正确走向，除地面坐标数据外，地形和地物的特征信息（如地性线、断裂线、路沿、房屋边线等）是 DTM 不可缺少的信息。这些信息是由地形地物的特征代码及连接点关系代码表示的。从原始数据中提取地形地物特征的依据是数据记录中的特定编码，不同类型的原始数据在不同的测量软件中有各自的编码方式。

DTM 系统的特征提取功能有以下几个内容：

(1)识别原始数据记录中的特征编码。

(2)将地性线特征编码及相关空间定位数据转换成 DTM 标准数据格式。

(3)提取地性线、断裂线以及特殊地形(如陡坎等)。

(4)数据编辑。

(四)构网建立数字模型

1.不规则三角形格网(TIN)的建立

TIN 是不规则格网中最简单的一种结构,它是利用测区内野外测量采集的所有地形特征点构造出的邻接三角形组成的格网形结构,大比例尺数字测图的建模一般都采用这种方式。由于它保持了细部点的原始精度,从而使整个建模精度得到保证。

1)建立 TIN 的基本过程

TIN 的每一个数据元素的核心是组成不规则三角形三个顶点的三维坐标,这些坐标数据完全来自外业原始测量成果。在外业作业过程中,地形点的选择往往是那些能代表地形坡度的变换点或平面位置的特征点,因此这些点在相关区域内呈离散型(非规则和非均匀)分布。将这些离散点按照一定的规则(一般采用"就近连接原则")构造出相互连接的三角形格网结构。如果测定了地性线,构网时位于地性线上的相邻点就被强制连接成三角网的各条边。网中每个三角形所决定的空中平面就是该处实际地形的近似描述。根据计算几何原理,可以计算格网中的三角形数目,若区域中有 n 个离散数据点,它们可以构成互不交叉的三角形个数最多不超过 $2n-5$ 个。

建立 TIN 的基本过程是:根据外业实测的地形特征点,按照"就近连接原则"将邻近的三个离散点相连接构成初始三角形,再以这个三角形的三条边为基础连接与其邻近的点组成新的三角形,如此依次连接,直到所有三角形都无法扩展成新的三角形,所有点均包含在这些三角形构成的三角网中止。为了保证 DTM 网格具有较高的精度,应注意构网时把地性线作为 TIN 中三角形的边,扩展 TIN 时先从地性线特征点开始。

2)生成 TIN 格网的几种算法

在构成 TIN 时,由于取相邻离散点的判断准则不同,就产生了生成 TIN 的不同算法。这里所讲的算法就是对问题求解步骤的一种描述,它是指定的有限程序列,其中每一条指令表示一个或多个操作。

(1)最近距离算法。所谓最近距离算法就是在生成 TIN 时,先在离散点中找到两个距离最近的点(一般可以从地性线开始),以两点连线为基础,寻找与此段连线最近的离散点构成三角形,以此三角形三条边为基础按同样规则扩展,构成新的三角形,如此反复,直到没有可扩散的离散点或所有三角形的边均无法再构造出新的三角形。

应用最近距离算法判断和选择最近离散点时要注意使离散点与线段两端点连线所形成的角最大,如图 9-4 所示。

(2)最小边长算法。这种算法在生成 TIN 时,首先在离散点中找到两个距离最近的点构成基础边,如图 9-5 中 AB 边,在其余离散点中进行比较,选择到 A、B 点距离之和最小的点作为三角形的另一个顶点,构成三角形,如此按同样的方法进行扩展,直到所有的离散点都包含在三角形格网格中。

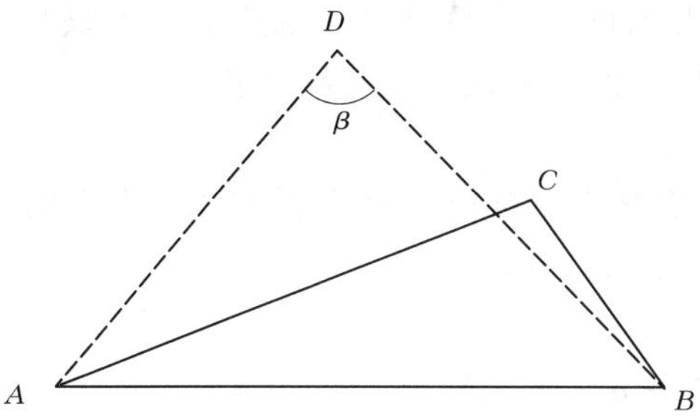

图 9-4 最近距离算法

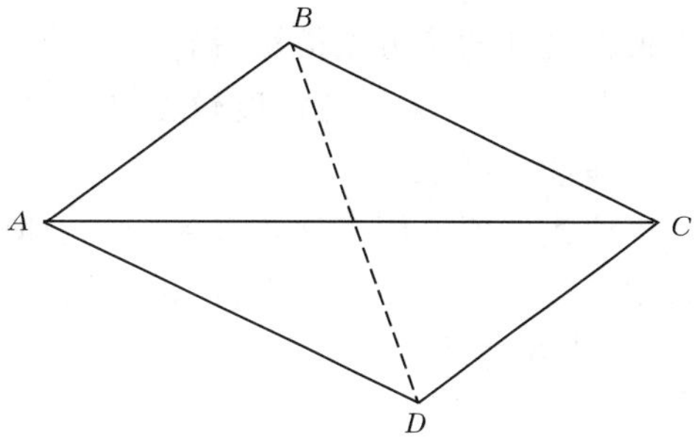

图 9-5 最小边长算法

(3)泰森(Taiesson)多边形算法。这种算法的实质是将分布在平面区域内的一组离散点用直线分隔,使每个离散点都包含在一个由这些直线所组成的多边形内。在进行分隔时,要求每一个多边形只包含一个离散点,而这个离散点应位于多边形的外接圆圆心上,如图 9-6 中的虚线所示。把每两个相邻的泰森多边形中的离散点用直线连接后生成的三角形称为泰森多边形的直线对偶,又称 Delaunay 三角形,如图 9-6 中的实线所示。该三角形的特点是每个 Delaunay 三角形的外接圆内不包含其他离散点,而三角形的最小内角达到最大值。

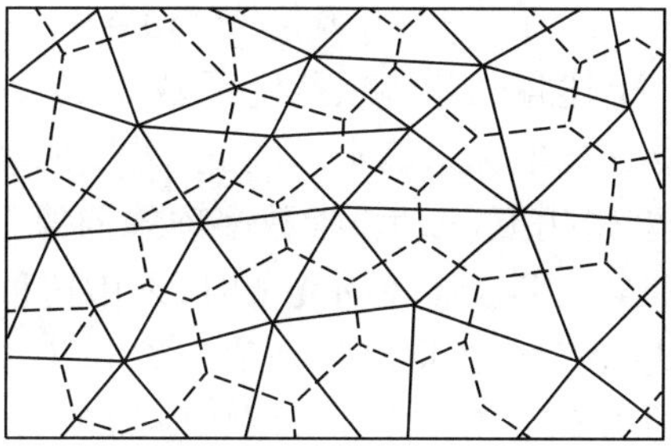

图 9-6 泰森多边形

在构造 TIN 时可以通过构造泰森多边形产生 Delaunay 三角形,也可以根据 Delaunay 三角形的特点直接构成 TIN。

2.矩形格网的建立

矩形格网是将区域平面划分为相同大小的矩形单元,以每个单元的顶点作为 DTM 的数据结构基础,它是规则形状格网中较为常见的一种。建立矩形格网的原始数据来源于外业数字测图获得的地物、地貌特征点坐标(这些采集点的分布是离散的、不规则的),以及在航测的立体模型上按等间隔直接采集的矩形格网的顶点坐标两个方面。

数字测图中,外业采集的离散点的区域分布是不规则的。在构造矩形格网时,要求在构建过程中既保持原始数据中地形特征的信息,又尽可能在保持原始数据的精度的前提下通过数学方法将这些离散点格网化,算出新的规则格网交点的坐标。

常用的数学方法是高程插值算法,其过程就是根据矩形格网给定的平面坐标,利用邻近的已知高程的离散采集点作为参考点,计算格网点 P 的高程。下面简单介绍两种高程插值的计算方法。

1)线性插值

在插值点(网格点)P 附近找出三个最邻近的采样点,其相应的三维坐标测量值为 $P_1(X_1,Y_1,Z_1)$、$P_2(X_2,Y_2,Z_2)$、$P_3(X_3,Y_3,Z_3)$,用此三点构成一个平面,作为插值的基础,计算 $P(X,Y)$ 的相应高程:

$$Z = a_0 + a_1X + a_2Y \tag{9-2}$$

式中　a_0, a_1, a_2——平面方程的系数,可利用三个邻近的已知点求出。

采用线性插值可以很快得到计算结果,计算也比较简单,特别是在地势平坦区域的大比例尺测图中,由于采样点密度较大,也较均匀,采用线性插值还是很有实用价值的。

2)多项式插值

多项式插值是用多项式 $Z=f(x,y)$ 拟合的曲面来表示被插点 P 附近的地形表面的。一般采用二次多项式模型来拟合,常采用如下几种形式的表达式:

(1)四参数多项式插值

$$Z=f(x,y)=a_0+a_1X+a_2Y+a_3XY \tag{9-3}$$

(2)五参数多项式插值

$$Z=f(x,y)=a_0+a_1X+a_2Y+a_3X^2+a_4Y^2 \tag{9-4}$$

(3)六参数多项式插值

$$Z=f(x,y)=a_0+a_1X+a_2Y+a_3XY+a_4X^2+a_5Y^2 \tag{9-5}$$

上述各式的各项待定系数 a_0、a_1、a_2、a_3、a_4、a_5 可以利用被插值点附近的已知高程的离散点三维坐标来确定。因此,采用四参数多项式插值至少需要 5 个离散点坐标数据求解。同理,采用五(或六)参数多项式插值至少分别需要 6(或 7)个离散点坐标数据求解。

当地形表面较为复杂时,采用这种拟合方法得到的效果不是很理想,此时可采用移动多项式插值算法,即将被插值点 P 作为原点,在其周围的限定范围内搜寻离散点数据,并按搜寻的离散点数目分别采用相应的多项式形式,这样可拟合出这些点控制的局部地形曲面并求出被插值点的高程。使用这种方法是很难对拟合效果进行评价的。

三、数字地面模型的应用

数字地面模型(DTM)是为了适应计算机处理而产生的,它是在空间数据库中存储并管理的空间数据的集合,是带有空间位置特征和地形属性特征的数字描述,也是建立不同层次的环境和信息系统不可缺少的组成部分。目前,DTM 已是建立不同层次的地理信息系统(GIS)不可缺少的组成部分,也即 DTM 的生成已成为 GIS 数据源研究的重要课题之一。在信息系统分析并以此为依据进行规划和决策时,十分重视地表属性的三维特征,诸如高度、坡度、坡向等重要的地貌要素,并使这些要素成为生产应用中的基础数据,它们可以广泛地应用在多种领域,如公路、铁路、输电线的选线,水利工程的选址,军事制高点的选择,土壤侵蚀、土地类型的分析等,还可应用于测绘、制图、遥感等领域。DTM 在各个领域中的应用是以以下几个方面应用为基础的。

(一)绘制等高线图

格网型 DTM 将区域表示为规则或不规则的格网单元,从矩形格网某个单元的边开始,利用格网数据结构存储的格网结点信息及附加的格网单元结构信息生成等高线,如图 9-7 所示。

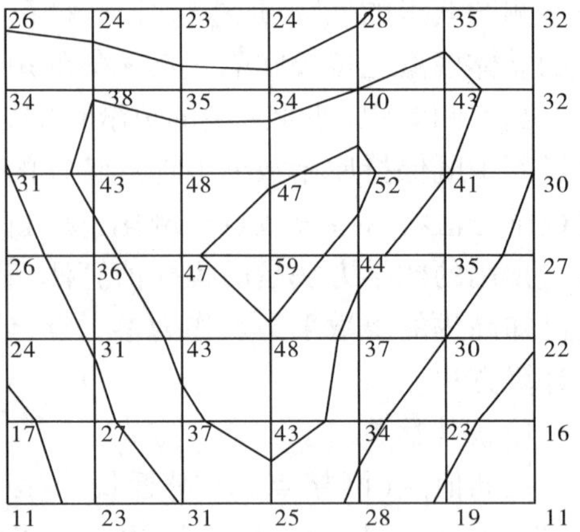

图 9-7　利用 DEM 绘制等高线

对于用常规方法测图所绘制的等高线,若用柯培公式来衡量等高线的高程精度,对于比例尺为1∶1 000 的地形图在平坦地区大约为±0.12 m，因此可以在地形图上用插值方法求一点高程。利用 DTM 绘制等高线的高程精度，实际上就是 DTM 的插求点的高程中误差。一般认为，影响 DTM 在高程方面的主要因素有地形类别、插值算法、外业采集的地形点密度和采集方式、粗差剔除等四个方面。通过试验，其等高线的高程精度通常可达到±(0.3~0.4 m)，可以满足1∶1 000 比例尺测图时规程对丘陵地区的高程要求，即满足 1/2~1/3 基本等高距的要求。对于数字测图，一般可采用增加高程注记的办法，以提高整个图幅的高程精度。所需高程点可以通过高程注记点或通过格网模型内插求得，不再利用大比例尺数字地形图通过等高线内插求得，这是数字测图在用图观点上的一种变革。

(二)绘制地面晕渲图

晕渲图是以通过模拟实际地面本影与落影的方法有效反映地形起伏的地图制图学方法，在各种小比例尺地形图、地理图以及各类有关专题地图上得到非常广泛的应用。但是，传统的人工描绘晕渲图的方法不但费工、费时，而且带有很大的主观因素。而利用 DEM 数据作为信息源，将地面光照通量作为数学函数的自变量，计算该栅格应选用输出的灰度值。由此产生的晕渲图具有相当逼真的立体效果，如图 9-8 所示。

图 9-8　由 DEM 产生的地面晕渲图

(三)绘制坡度图与坡向图

坡度和坡向是互相联系的两个参数。坡度反映斜坡的倾斜程度，是水平面与局部地表之间的正切值，是斜度—高度变化的最大比率，常用百分比测量；坡向反映斜坡所面对的方向，是坡向变化比率最大的方向，按从正北方向起算的角度测量。

坡度和坡向的计算通常使用 3×3 的网格窗口，每个窗口中心为一个高程点。窗口在 DEM 数据矩阵中连续移动后完成整幅图的计算工作。

在计算出各地表单元的坡度后，可对坡度计算值进行分类，使不同类别与显示该类别的颜色或灰度对应，即可得到坡度图。

在计算出每个地表单元的坡向后，可制作坡向图。坡向图是坡向的类别显示图，因为任意斜坡的倾斜方向可取方位角 0°~360°中的任意方向。通常把坡向分为东、南、西、北、东北、西北、东南、西南 8 类，加上平地共 9 类，并以不同的色彩显示，即可得到坡向图。

(四)绘制地形剖面图

用 DEM 可以很方便地制作任一方向的地形剖面。根据工程设计的路线，只要知道剖面线在 DEM 中的起点和终点位置，就可以唯一地确定其与 DEM 格网的各个交点的平面位置和高程以及剖面线上相交点之间的距离，然后按选定的垂直比例尺和水平比例尺，按距离和高程绘出地形剖面图，如图 9-9 所示。

剖面线端点的高程按求单点高程的方法计算，剖面线与 DEM 格网的交点高程可采用简单的线性内插计算。

同理，可以沿给定的某方向绘制地层图及其在土地景观中点与点之间是否相互通视的视线图，这些在军事活动、测绘、城市和旅游点的规划等工作中都有非常重要的意义。

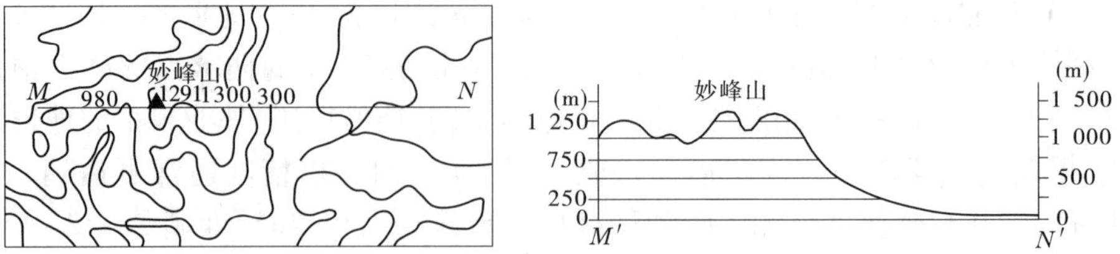

图 9-9　地形剖面图

(五)绘制三维透视立体图形

前面提到,当 DTM 中地形属性为高程时就是数字高程模型 DEM,一般情况下指以网络组织的某一区域地面高程数据。根据数字高程模型绘制透视立体图是 DEM 的一个非常重要的应用。将三维地面表示在二维屏幕上实际是一个投影问题。为了取得与人类视觉一致的观察效果,产生立体感强、形象逼真的透视图,在计算机图形领域广泛采用透视投影。

数字高程模型三维图形显示一般采用两点透视投影变换,其本质就是通过三维到二维的坐标转换,隐藏线处理,把三维空间数据投影到二维屏幕上,进行透视变换。

地面模型透视图制作流程如图 9-10 所示。

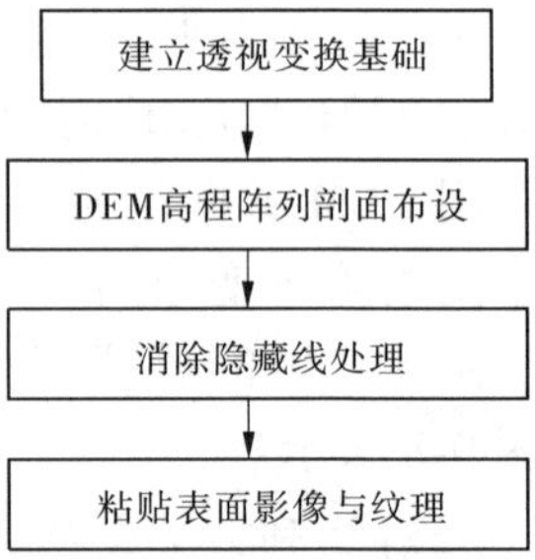

图 9-10　制作地面模型透视图基本流程

在利用 DEM 绘制透视立体图时,要使三维图形显示具有立体图形的效果,必须对三维图形特有的隐藏线、隐藏面进行处理。否则,三维图形将失去立体感,显示的线条将杂乱模糊,容易产生二义性或多义性。所谓的隐藏线,是指三维物体在其投影视像给定后,沿投影线观察图形时,由于物体(图形)中表面的遮盖,使某些线段成为不可见线段,这些不可见线段就是隐藏线。为了消除多义性,增强立体感,在显示过程中应对实体中被遮盖部分进行消影处理。对于消影处理,现有多种成熟有效的算法,相关内容请参阅计算机图形学。

三维透视立体图是人们熟悉和习惯的数字模型的形式之一,它能非常直观地反映地形的立体形态。与采用等高线表示地形形态相比有其自身独特的优点,更接近人们的直观视觉,特别是随着计算机图形处理能力的增强以及屏幕显示系统的发展,使立体图的制作具有更大的灵活性,人们可以根据不同的需要,对同一个地形形态做出各种不同的立体显示。例如局部放大,改变放大倍率以夸大立体形态,改变视点位置以便从不同的角度进行观察,甚至转动立体图形让人们更好地研究地形的空间形态等,如图 9-11 所示。

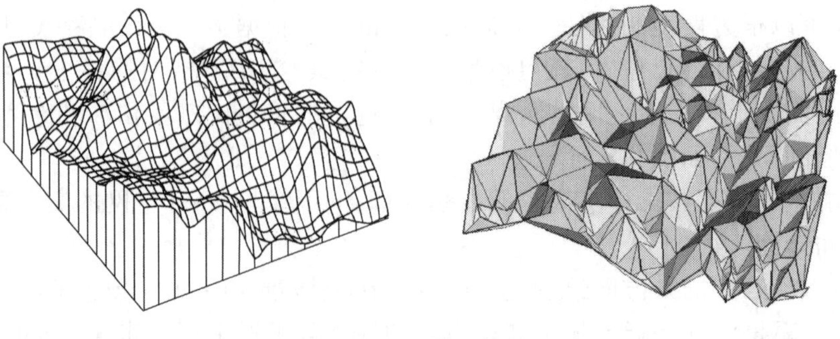

图 9-11　三维立体图

(六)绘制三维地形立体图形

传统地图制作时主要通过符号语言描述其相关内容,地图符号种类繁多,各行业、各学科采用也不一定相同,尽管在地图符号设计时充分顾及符号的形象性,但同时需要顾及符号的简单性,往往造成这两者之间发生诸多矛盾,使得地图的通用性受到较大限制,只有具备一定专业知识的人员才能够较好地进行地图的相关识别与判读。随着计算机技术和测绘技术的发展,如利用数字地形图加上楼高等数据,可以实现地面地形的立体三维图形,形象逼真地表现客观现实,如图 9-12 所示,给地形图的识图、用图、普及应用带来极大的方便。

图 9-12　三维地形立体图形

(七)DEM 水文分析

从 DEM 生成的集水流域和水流网络数据,是大多数地表水文分析模型的主要输入数据。表面水文分析模型用于研究与地表水流有关的各种自然现象,如洪水水位及泛滥情况,或者划定受污染源影响的地区,以及预测当改变某一地区的地貌时对整个地区将造成的后果等。在城市和区域规划、农业及森林等许多领域,对地球表面形状的理解具有十分重要的意义。

地表的物理特性决定了流经其上的水流的特性,同时水流的流动将反过来影响地表的特性。对地表影响最大的水流特性为水流的方向和速度。水流方向由地表上每一点的方位决定。水流能量由地表坡度决定,坡度越大,水流能量也越大。当水流能量增加时,它携带更多和更大泥沙颗粒的能力也相应增加,因此更陡的坡度意味着对地表更大的侵蚀能力。另外由不同地表曲率决定的凸形或凹形地表也会对水流的流动产生影响,在凸形地表区域,水流加速,能量增大,其携带泥沙的能力增加,因而凸形剖面的区域为水流侵蚀地区。与此相反,在凹形剖面处水流流速降低,能量减少,导致泥沙的沉积。因此对水文分析来说,关键在于确定地表的物理特征,然后在此特征之上再现水流的流动过程,最终完成水文分析过程。

(八)剖面积计算

根据工程设计的线路,可计算其与 DEM 各格网边交点 $P_i(X_i, Y_i, Z_i)$,则线路剖面面积为:

$$S = \sum_{i=1}^{n-1} \frac{Z_i + Z_{i+1}}{2} D_{i,i+1} \tag{9-6}$$

式中　n——交点数;

$D_{i,i+1}$——P_i 与 P_{i+1} 之间的距离。

(九)体积计算

DEM 体积由四棱柱(无特征的格网)与三棱柱体积进行累加得到,四棱柱体上表面用抛物双曲面拟合,三棱柱体上表面用斜平面拟合,下表面均为水平面或参考平面,计算公式分别为:

$$V_3 = \frac{Z_1 + Z_2 + Z_3}{3} S_3 \tag{9-7}$$

$$V_4 = \frac{Z_1 + Z_2 + Z_3 + Z_4}{4} S_4 \tag{9-8}$$

式中　S_3、S_4——三棱柱与四棱柱的底面积。

根据两个 DEM 可计算工程中的挖方、填方及土壤流失量等。

(十)表面积计算

对于含有特征的格网,将它分解成三角形,对于无特征的格网,可由 4 个角点的高程取平均即中心点高程,然后将格网分成 4 个三角形。由每一个三角形的三个角点坐标(X_i,Y_i,Z_i)计算出通过该三个顶点的斜面内三角形的面积,最后累加就得到了实地的表面积。

【小贴士】

本任务主要介绍数字地面模型的建立与应用原理。通过本任务的学习,学生应初步了解数字地面模型的建立,理解数字地面模型的应用原理。

任务二　数字地形图在工程建设中的应用

随着计算机技术的迅速发展及向工程建设各个领域的渗透,数字地图在工程建设中的应用也越来越广泛,如在 AutoCAD 软件环境下,利用数字地形图可以很方便地查询各种工程建设中需要的基本几何要素;应用专业软件可以非常方便地进行面积、土方量计算和地形三维轴视图以及纵、横断面图的绘制等。

本节针对工程建设对地形信息的需求及量测工作,以南方 CASS9.0 数字化成图软件中工程应用部分为例,从基本几何要素的查询、土方量计算、断面图绘制和面积应用等方面介绍数字地图在工程建设中的应用。

一、基本几何要素的量测

地形图的基本几何要素主要包括指定点坐标、两点间距离和方位角、线段长度、实体面积等。

在如图 9-13 所示的南方 CASS9.0【工程应用】菜单中,可以执行【查询指定点坐标】命令,然后用鼠标点取所查询的点即可得到该点的实地坐标。

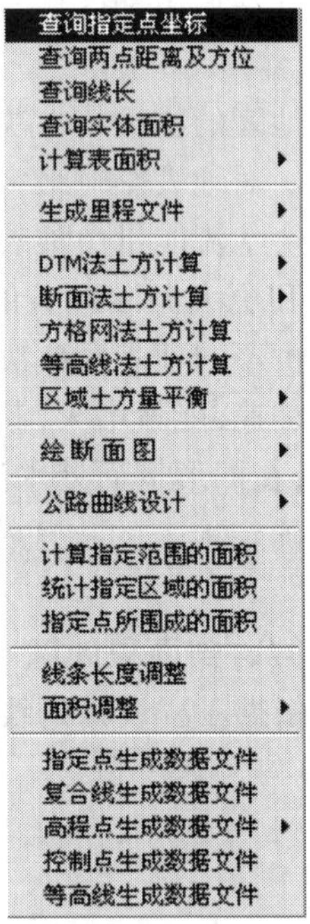

图 9-13　工程应用菜单

同样,在该“菜单”中,分别执行【查询两点距离及方位】、【查询线长】、【查询实体面积】命令,然后用鼠标分别点取所要查询的两点、点取图上曲线、点取待查询的实体边界线(实体应该是闭合的)即可得到所查询的两点的实地距离及方位、图上曲线长度、实体面积。

二、土石方量的计算

(一)由 DTM 计算土方量

由 DTM 模型来计算土方量是根据实地测定的地面点坐标(X,Y,Z)和设计高程,通过生成三角网,计算每一个三棱锥的填、挖量,最后累计得到指定范围内填方和挖方的土方量,并绘出填挖方分界线。

用 DTM 模型计算土方量的方法有两种:一种是进行完全计算,它包含重新建立三角网的过程,又分有"根据坐标计算"和"根据图上高程点计算"两种方法;另一种是依照图上的三角网进行计算,此法直接采用图上已有的三角形,不再重建三角网。

1.完全计算

1)根据坐标计算操作过程

用复合线沿需要计算土方量的区域画出闭合线,注意不要拟合。

执行【工程应用】→【DTM 法土方计算】→【根据坐标文件】命令项,命令行提示选择边界线,用鼠标点取所画的闭合复合线,弹出如图 9-14 所示的"DTM 土方计算参数设置"对话框。

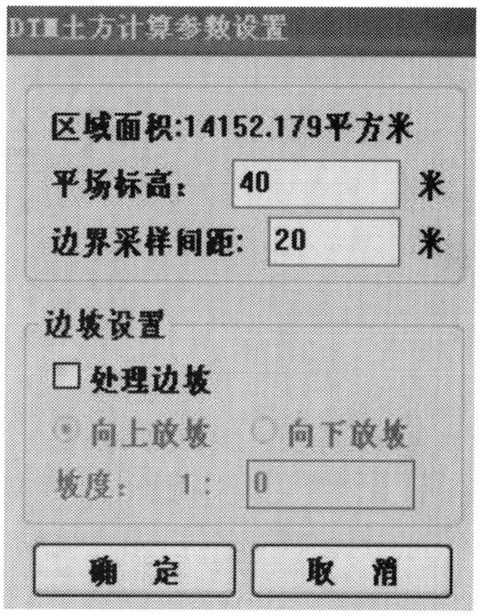

图 9-14 "DTM 土方计算参数设置"对话框

其中:

区域面积:该值为复合线围成的多边形的水平投影面积。

平场标高:指设计要达到的目标高程。

边界采样间距:边界插值间距的设定,默认值为 20 m。

边坡设置:选中"处理边坡"复选框后,则坡度设置功能变为可选,选中放坡的方式(向上或向下:指平场标高相对于实际地面高程的高低,平场标高高于地面高程,则设置为向下放坡,系统就不能计算向内放坡和向范围线内部放坡的工程量),然后输入坡度值。

设置好计算参数后,点击【确定】,命令行显示:

"挖方量=××××立方米,填方量=××××立方米"。

同时创建了三角网、填挖方的分界线(白色线条)和 Atuo-CAD 信息提示框,如图 9-15 所示。

图 9-15 填挖方提示框

关闭对话框后,系统提示:

请指定表格左下角位置:<直接回车不绘表格>(用鼠标在图上适当位置点击)

CASS9.0 会在该处绘出一个表格,包含平场面积、最小高程、最大高程、平场标高、挖方量、填方量和图形,如图 9-16 所示。

2)根据图上高程点计算操作过程

首先展绘高程点,然后用复合线沿需要计算土方量的区域画出闭合线,注意不要拟合;执行【工程应用】→【DTM 法土方计算】→【根据图上高程点】命令;命令行提示选择边界线,用鼠标点取所画的闭合复合线;输入边界插值间隔,设定的默认值为 20 m;根据实际需要在提示中进行选择,选“1”则选取高程点的边界,选“2”再键入“ALL”将选取图上所有绘出的高程点。在提示中输入场地平整标高(即设计高程),屏幕上即显示填、挖土方量和填、挖土方的分界线。

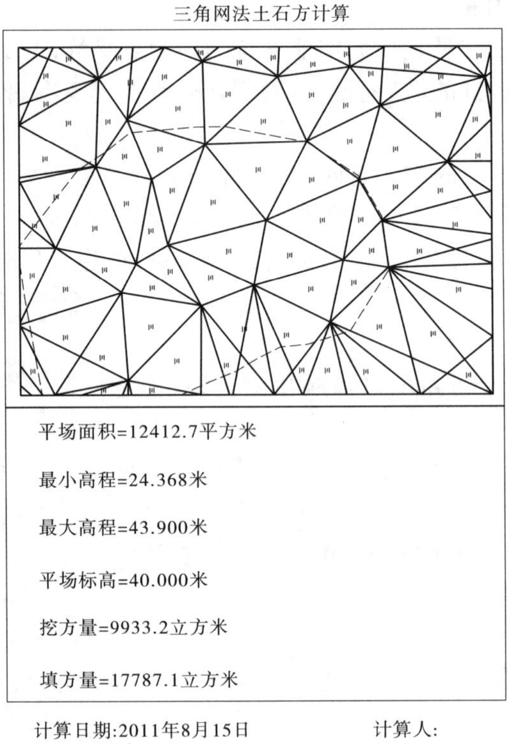

图 9-16 填挖方量计算结果表格

2.根据图上三角网计算

对上述用完全计算功能生成的三角网进行必要的添加和删除,使结果符合实际地形。选择【工程应用】→【DTM 法土方计算】→【根据图上三角网】命令项;在提示“平场标高”后输入平整后的目标高程,用鼠标在图上选取三角形,一般是拉对角线批量选取,屏幕上即显示填、挖土方量和填、挖方的分界线。

(二)用断面法进行土方量计算

当地形复杂、起伏变化较大,或地块狭长、挖填深度较大,断面又不规则时,宜选择断面法进行土方量计算。图 9-17 为线路的测量断面图形,利用横断面法计算土方量时,可根据线路长度,一般采用按一定的间距 L 截取平行的断面,计算出各横断面的面积 $S_1, S_2, \cdots, S_n$,然后用梯形公式计算出总的土方量。

断面法计算土方量的公式为:

$$V = \sum_{i=2}^{n} V_i = \sum_{i=2}^{n} \frac{(S_{i-1} + S_i)L}{2} \tag{9-9}$$

式中 S_{i-1}、S_i——第 i 单元线路起终断面的填(挖)方面积;

L——间隔长;

V_i——填(挖)方体积。

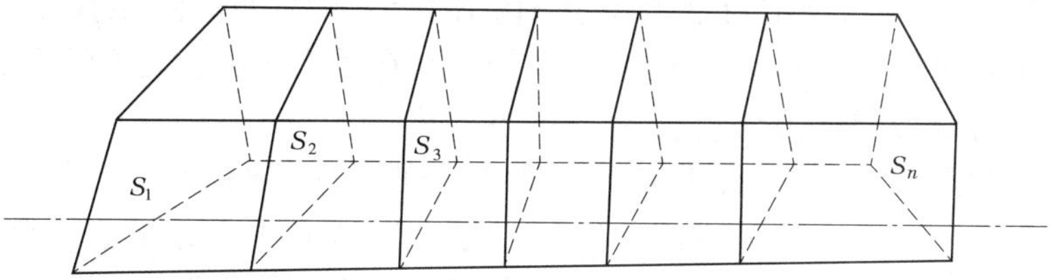

图 9-17 断面法土方量计算

断面法土方计算主要用在线路土方计算和区域土方计算,对于特别复杂的地方,可以用任意断面设计方法。CASS9.0 断面法土方计算主要有线路断面、场地断面和任意断面三种计算方法。该法计算操作比较复杂,下面以道路断面法土方计算为例,简要介绍其主要操作步骤。

1.选择土方计算类型

执行【工程应用】→【断面法土方计算】→【道路断面】命令,弹出"断面设计参数"对话框,如图 9-18 所示。道路的所有参数都是在这个对话框中进行设置。

2.给定计算参数

在"断面设计参数"对话框中输入道路的各种参数。【确定】后,打开"绘制纵断面图"对话框,如图 9-19 所示。

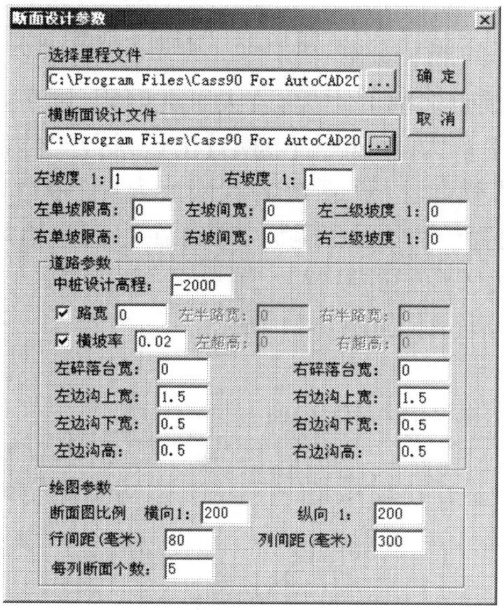

图 9-18 "断面设计参数"对话框

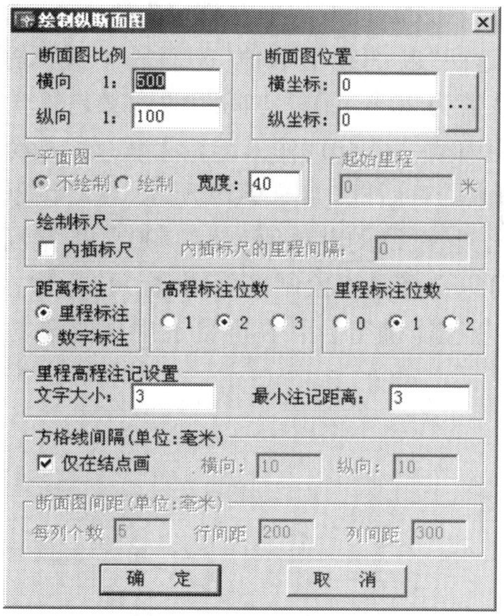

图 9-19 "绘制纵断面图"对话框

在对话框中输入绘制断面图的横向比例和纵向比例,单击【确定】,在屏幕上适当处指定横断面图起始位置,即可绘出道路的纵断面图。

如果生成的部分断面参数需要修改,可执行【工程应用】→【断面法土方计算】→【修改设计参数】命令,在弹出的"断面设计参数"对话框中,可以非常直观地修改相应参数。修改完毕后单击【确定】按钮,系统取得各个参数,自动对断面图进行修正,实现"所改即所得"。

3.计算工程量

执行【工程应用】→【断面法土方计算】→【图面土方计算】命令,按命令行提示,选择要计算土方的断面图和指定土方计算表位置,系统自动在图上绘出土石方计算表。

(三)其他计算土方量的方法

在【工程应用】菜单中,用鼠标点取下拉菜单,分别选用【方格网法土方计算】和【等高线法土方计算】命令项,根据软件的应用功能可以很方便地完成土方量的计算。若在某区域内进行土方平衡计算,用鼠标点取【区域土方平衡】后,很容易得到土方平衡设计高程,这些对工程设计是很有用的。

三、断面图的绘制

CASS9.0 有“根据已知坐标生成、根据里程文件、根据等高线、根据三角网生成”等几种绘制断面图的方法。

(一)根据已知坐标生成断面图

首先在数字地图上用复合线画出断面方向线。在CASS9.0 中,执行【工程应用】→【绘断面图】→【根据已知坐标】命令,命令行出现提示“选择断面线”,用鼠标点取复合线,弹出“断面线上取值”对话框,如图 9-20 所示。

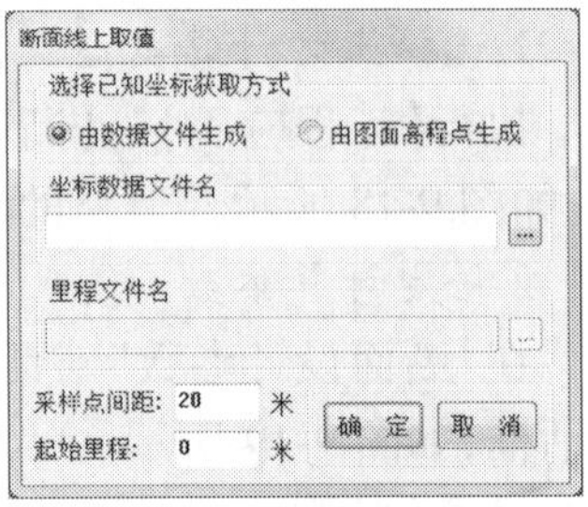

图 9-20 “断面上取值”对话框

在对话框中,选择“由数据文件生成”,单击“...”按钮。弹出“输入高程点数据文件名”对话框,选择高程点数据文件后,返回“断面线上取值”对话框。输入采样点的间距(系统默认值为 20 m,采样点间距的含义是复合线上两顶点之间的距离,若大于此间距,则每隔此间距内插一个点);输入起始里程(系统默认起始里程为 0),单击【确定】按钮,打开“绘制纵断面图”对话框,如图 9-19 所示,在对话框中,输入横向比例(系统的默认值为1∶500)和纵向比例(系统的默认值为1∶100),指定断面图位置(可以手工输入,亦可在图面上拾取)。还可以选择是否绘制平面图、标尺、标注,及一些关于注记的设置。

点击【确定】后,在屏幕上出现所选复合线的断面图,如图 9-21 所示。

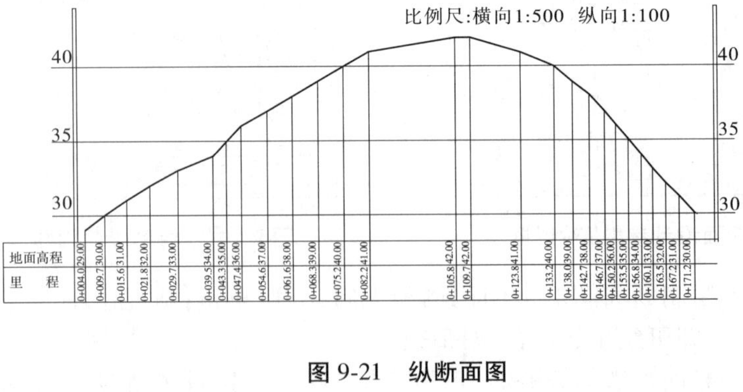

图 9-21 纵断面图

(二)根据里程文件生成断面图

执行【工程应用】→【绘断面图】→【根据里程文件】命令,弹出“输入断面里程数据文件名”对话框，在对话框中输入断面里程数据文件名，点击【确定】后，弹出如图 9-19 所示的“绘制纵断面图”对话框，在对话框中，输入横向比例和纵向比例，指定断面图位置，点击【确定】后，在屏幕上出现断面图。

（三）根据等高线生成断面图

首先在等高线图上用复合线画出断面方向线。在 CASS9.0 中，执行【工程应用】→【绘断面图】→【根据等高线】命令；命令行出现提示“选择断面线”，用鼠标点取复合线，弹出如图 9-19 所示的“绘制纵断面图”的对话框，在对话框中，输入横向比例和纵向比例，指定断面图位置，点击【确定】后，在屏幕上出现断面图。

（四）根据三角网生成断面图

首先在三角网图上用复合线画出断面方向线。在 CASS9.0 中，执行【工程应用】→【绘断面图】→【根据三角网】命令；命令行出现提示“选择断面线”，用鼠标点取复合线，弹出如图 9-19 所示的“绘制纵断面图”的对话框，在对话框中，输入横向比例和纵向比例，指定断面图位置，点击【确定】后，在屏幕上出现断面图。

此外，在【绘断面图】菜单下还有“绘设计线、计算断面面积、查询断面点、绘制断面图框”等功能。

四、面积应用

面积应用是数字地图在工程建设中应用的一个重要内容，应用范围非常广泛，如在地籍和土地管理等方面有广泛的应用，应用功能与专业应用软件密切相关。这里仅介绍一些在工程建设中常用的面积应用方法，其中包括用复合线凑面积、计算并注记实体面积、统计指定区域的面积、计算指定范围的面积和指定点所围成的面积等。

（一）用复合线凑面积

通过调整封闭复合线（不拟合）的一点或一边，把该复合线面积凑成所要求的面积。

1.调整一点

如果选择调整一点，复合线被调整点将随鼠标的移动而移动，整个复合线的形状也会跟着发生变化，同时可以看到屏幕左下角实时显示变化着的复合线面积，待该面积达到所要求数值，点击鼠标左键确定被调整点的位置。如果面积数变化太快，可将图形局部放大再使用本功能。

2.调整一边

若选择调整一边，复合线被调整边将会平行向内或向外移动，以达到所要求的面积值。

（二）计算并注记实体面积

1.计算指定范围内的面积

执行【工程应用】→【指定范围内的面积】命令。根据提示选择下列内容：

1.选目标/2.选图层/3.选指定图层的目标<1>：

输入“1”：要求用鼠标指定需计算面积的地物，可用窗选、点选等方式，计算结果注记在地物重心上，且用青色阴影线标示。

输入“2”：系统提示输入图层名，然后把该图层的封闭复合线地物面积全部计算出来并注记在重心上，且用青色阴影线标示。

输入“3”：先选图层，再选择目标，特别是采用窗选时系统自动过滤，只计算注记指定图

层被选中的以复合线封闭的地物。底行提示为:

是否对统计区域加青色阴影线? <Y>↙

总面积=×××平方米

2.统计指定区域的面积

该功能是用来累加注记在图上的面积的。

执行【工程应用】→【统计指定区域的面积】命令。根据底行的提示“选择对象”选择面积文字注记,用鼠标拉一个窗口即可;在底行可得到总面积统计结果。

3.计算指定点所围成的面积

执行【工程应用】→【指定点所围成的面积】命令。根据底行的提示“输入点”,用鼠标指定想要计算的区域的第一点,底行将一直提示输入以下各点,直到按鼠标的右键或回车键确认指定区域封闭(结束点和起始点并不是同一个点,系统将自动封闭结束点和起始点);在底行可得到总面积统计结果。

五、数字地图在其他方面的应用

(一)数字地图在现代战争中的应用

数字地图是高技术测绘产品,具有信息量大、动态显示,便于数据处理、修改、补充、更新等特点,在现代战争中具有广泛的运用。

1.数字地图是指挥自动化系统的一个重要支撑

现代战争战场广阔、武器装备先进、战场情况瞬息万变,要取得战争胜利,必须实施集中统一、高效灵敏的指挥,以提高部队的快速反应能力。20世纪90年代以来,美、俄、英、法、德、日等发达国家争相研制各自的C31系统,使作战指挥、控制、通信、情报融为一体。数字地图以及由此派生的其他高技术测绘产品,如地理(地形)分析系统、电子沙盘等是军队指挥自动化系统的重要组成部分。

有了数字地图等高技术测绘产品,指挥员再不必去翻阅一大堆地图就能指挥部队作战。只要坐在荧光屏前观察屏幕上显示的电子地图,就可开窗放大分析研究某一部分,实现自动标绘军标,制订作战计划,并可在屏幕上观察战局的变化,实现距离、面积、角度及高程等的自动量测计算,实现实时指挥。因此,有人把电子地图称作“指挥员的得力助手”。

2.数字地图是精确制导武器的“眼睛”

精确制导武器具有射程远、速度快、精度高等特点,是现代高科技战争的“杀手锏”。海湾战争中,美军发射的战斧巡航导弹200多枚,至少有90%命中了目标。精确制导武器之所以能高精度命中目标,关键在于数字地图。在惯性导航系统中,地图仅为导弹发射提供点位坐标等初始导向参数,其导航精度主要取决于初始对准误差、陀螺和加速度机械误差、重力场匹配模型误差以及坐标系的系统误差等。为了提高导航精度,不仅要限制各个误差的范围,而且在导弹飞行中必须随时测定或推算出不断变化着的位置误差的速率,利用地形传感或数字地形匹配制导技术是最有效的途径之一。精确制导武器正是采用了这一当代最新的制导技术,才大大提高了打击精度。

3.数字地图是部队机动的向导

数字地图可与全球定位系统结合使用,实现快速定位。在未来高技术战争中,部队必须快速定位,才能保证高速机动和大范围的协调,在飞机、坦克、汽车、军舰上安装电子地图并与卫星定位系统联网,即可随时确定其位置,并在电子地图上显示出来,进而分析、选择前进路线及打击目标等。单兵携带和利用微型电子地图,在炮火弥漫的战场,可以准确地分析地形、判明方向,保持与上级的联系。

4.数字地图是作战训练模拟的重要工具

过去军事指挥员进行作战模拟一般是利用地图、沙盘等传统工具。随着高技术武器的运用,要求在很短的时间内完成大量数据周密细致的计算,分析各种因素对作战进程的影响,预测各种作战方案实施的后果。传统的方法已不能满足其要求,必须借助于电子计算机系统和作战模型对作战对抗的全部或部分过程进行仿真试验,才能选出最佳方案,定下决心,使战略、战役、战术决策更加具有科学性。利用数字地图和虚拟现实技术在计算机上可以生成一个身临其境的地理环境。在这样的环境中,作战训练效果更佳,指挥员和参谋人员能得到更多的锻炼和提高。这是一种适应数字化战场需要的全新的数字地图的应用形式,是各兵种21世纪作战和训练的工具。

(二)电子地图在数字社区中的应用

随着人们对居住条件要求的不断提高,打造数字化社区已逐步被开发商所重视。所谓数字社区,就是利用多种网络技术、计算机及微处理器技术、多媒体地理信息系统技术等建立社区建设、管理、服务数字化综合信息共享平台,并与城市建设、管理、服务数字化的综合信息共享平台互联互通,能为社区管理和社区用户提供方便、快捷、高效、形象、丰富的数字服务。数字社区很重要的要求是有完善的数字社区管理系统,以满足对这些对象有关图形、属性信息的各种查询、分析、统计与检索,以及信息录入、编辑、更新、修改等工作要求,为物业的科学管理提供现代化技术手段。通过电子地图技术,将社区中与空间地理位置相关的信息和数字社区的管理系统结合起来,从而建立一个综合、实用、安全、可靠的数字社区管理系统。

数字社区主要包括社区建设、社区管理和服务数字化系统。使用对象应是社区内居民、企业、事业、公共事业部门和政府等。通过一系列数字化应用系统的建立,使社区政府部门、公安、消防、企事业单位等的工作效率大大提高,信息更为安全,并可共享。

电子地图技术是指把地图信息数字化,通过计算机来表现、处理地理信息数据的技术。电子地图在社区管理系统中的作用主要体现在以下几个方面:

(1)应用于社区规划的可视化系统。建立该社区的规划电子地图,供人们了解规划方案并提出改进建议。另外,建立社区基于空间数据的电子地图系统,供社区建设、管理与服务用。

(2)应用于社区安防系统。主要将社区内的居住小区、单位、宾馆等联网,建立社区安全防范系统。应用电子地图技术,并与各电子监控点的"电子眼"联网,及时发现安全隐患,使得报警信息在第一时间内得以发现,从而使安防联动系统快速启动。

(3)应用于社区防灾数字化系统。主要是将社区内消防、燃气泄漏、自来水管破裂等设备监控装置联网使用,并及时传递灾害信息和所在地点信息,为预防和消除灾害提供有效保障。

(4)应用于公共事业服务系统。解决供水、供电、供燃气以及供热等远程计量收费,提供方便查询收费信息的接口,提供管道查询等信息,为维护、施工提供原始依据。

数字化社区是数字化城市的基础之一。通过数字化社区管理信息系统的建立,可以有效地提高社区管理的现代化水平,提高基层管理工作效率和准确性,实现办公自动化的科学管理,有利于多种数据的统一和共享。数字社区管理信息系统的开发是适应当前信息社会中数字社区管理计算机化的需要,也是建设"数字城市"的基础工作。

(三)数字地图在移动通信中的应用

当今世界随着移动通信用户数量的增多,其技术越来越成熟。我国移动通信产业飞速发展,已经从第一代模拟移动通信向第二代数字移动通信转变,目前正在进行第三代移动通信的建设。用户地域分布面积的扩展也随着移动通信网业务的高速发展出现了许多问题和挑战。移动通信网络规划与优化部门要进行准确的场强覆盖预测,不考虑地理环境对无线电信号传播的影响因素,就无法保证预测结果的准确性。因此,在这种条件下,要做移动通信系统的小区规划和网络优化,就必须采用专业的无线小区规划软件(包括与之配套的数字地图),才能够得出可信的结果。

借助于数字地图,规划软件可以模拟网络的实际覆盖与干扰情况,工程设计人员可以根据软件对现有网络进行模拟计算,分析存在的问题,调整网络参数,使其良好运行,提高网络的容量与服务质量。在新建网络或新增基站前,也可以先利用软件进行预测,为站址选择、参数设定等提供参考,从而节省不必要的投资,带来巨大的经济效益。

移动通信用数字地图应当包括地形高度、地面用途种类等对移动通信电波传播有影响的地理信息,以下内容是规划软件进行覆盖预测、干扰分析以及频率规划的重要基础数据。

(1)数字高程模型(DEM 数据),是按规定分辨率等间隔表示的地面高程数据,采用栅格数据结构。

(2)地面覆盖模型(DOM 数据),是按规定分辨率等间隔表示的地面覆盖类型,采用栅格数据结构。

(3)线状地物模型(LDM 数据),是以弧段坐标表示的线状地物平面位置,采用矢量数据结构。

(4)建筑群空间分布模型(BDM 数据),描述建筑物的平面位置和高度数据,采用栅格数据结构或矢量数据结构。

移动通信中无线场强预测结果的准确与否取决于传播模型和数字地图。只有在传播模型对影响电波传播的各种因素有充分的考虑、数字地图又有足够精度的情况下,才有可能达到较高的预测精度。而要把数字地图合理、高效地运用到移动通信的场强预测中,必须结合移动通信的具体特点。

1.根据网络的话务密度来确定数字地图的应用

在市中心这一类基站较密的地区,其话务密度较高,突出的矛盾是提高容量与提高服务质量。因此,对无线预测要求较准确,从而对数字地图的要求也就比较高。一般要求用 50 m 精度甚至 20 m 精度的数字地图。而在话务密度较低的地区,主要是解决覆盖问题,允许一定的无线预测偏差,对数字地图的要求就比较低,一般精度只需 100 m 左右。

另外,数字地图中的线状地物模型(LDM 数据)也与话务密度有紧密的关系。做频率规划时,需要将话务量分配到每个地区,而各个地区中的话务量并不是平均分布的。即使是同一块区域内的不同线状地物模型的话务量分布也是各不相同的。通常市区内的一些主干道和主要商业街集中了较高的话务量,郊区的高等级公路和国道比一般开阔地带的话务量也要高,因此需要针对不同的 LDM 数据,对话务量的分配进行一定的加权。这就要求数字地图中必须包含有详细的 LDM 数据信息。

2.根据传播环境来确定数字地图的应用

对于移动通信来说,传播环境越复杂,对数字地图的要求就越高;反之,传播环境越简单,对数字地图的要求就越低。以对地貌的划分为例,一般的中小城市及郊区分为 7~9 种,大城市市区建筑物密度大、高层建筑多,电波传播多以绕射与反射为主,地貌可分为 12~15 种,而对于一些建筑物特别密集的地区,传播环境更为复杂,对地貌的划分可以更多。

由此可见,对于不同的地区和环境,要因地制宜地采取相应的分类和精度的数字地图,不能一概而论制定统一标准。

3.根据使用地图的软件特性来确定数字地图的应用

使用数字地图除要结合无线网络和传输的特性外,还要考虑到网络规划与优化软件的特性。由于不同的模型所要求的地形参数不同,所以软件使用不同的传播模型,对数字地图中包含的分类要求就不同。

以最通用的 Okumura 模型来说,它的主要思路是先计算出准平滑地区条件下空间传输中值损耗,然后对其做修正,其修正系数中包含的地图信息成分包括有效基站天线高度、地面不规则修正系数、地面倾度修正系数、海面修正系数、市郊地区修正系数、开阔地地区修正系数、单刃形修正系数、多刃形修正系数、道路修正系数等。

由此可见,数字地图的地形分类必须要适应所用的模型,才能够按模型计算出准确的预测。对于地面覆盖模型(DOM 数据)的分类,各个厂家稍有区别。

另外,使用何种精度的数字地图应与模型的精细程度相对应,只有两者结合起来才能充分而有效地发挥作用。一般来讲,对于宏蜂窝预测来说,地图精度达到 20 m 已经足够满足需要,进一步提高精度对预测结果的准确性影响不大,所以考虑到地图的制作成本,没有必要一味追求过高的精度。

4.根据网络的变化情况确定数字地图的应用

数字地图的使用还要考虑到能满足一定时期内网络的变化情况。传播环境的变化一般来说比较缓慢,但移动通信网的发展可能会很快,因此在应用数字地图时,要有发展的眼光,不仅要看到网络的现状,还要考虑网络的发展潜力。有些地区虽然目前网络规模并不大,但其发展潜力很大,如果按照仅仅满足现状的要求来制作数字地图,很可能用不了多久就不再适应网络规划与优化工作的需要,还要投入资金对其进行更新,造成不必要的浪费。

为避免这种情况的发生,运营部门必须对近期网络的发展情况做到心中有数,使所制作的数字地图在其更新周期内基本满足网络发展的需要。

根据移动通信这几年的发展势头,基本上是每年扩容一次,甚至有时不到一年就扩容一次,所以在应用数字地图时,要有提前的考虑。对于变化较大的城市地区,一般采用 DOM 数据、LDM 数据、BDM 数据更新周期为 1 年的地图;对于郊区和农村地带,可以使用更新周期为 2 年的数字地图。

5.微蜂窝模型下的数字地图的应用

特别值得提出的是室外微蜂窝的无线预测使用数字地图的情况,现有的预测模型可以分为统计模式和确定性模式两种类型。

统计模式是以大量的实测数据为基础总结出来的经验公式,而确定性模式则考虑收发之间所有可能的传播路径以计算传播损耗。统计模式的优点是对数字地图的要求较低,计算速度快;确定性模式虽然预测精度略高于统计模式,但对数字地图要求非常高,计算时间也很长。这两类模型都有二维和三维之分,二维模型只需要街道与建筑物的水平二维空间数据,而三维模型还需要建筑物的高度信息。因此,微蜂窝的地理数据也有基本标准与扩展标准之分。

目前,室外微蜂窝的应用还处于初步应用阶段,数量不多,尚未连成网,其频率安排一般采用借频的方法,待其安装后通过测试来调整。但是,当微蜂窝大量使用后,必须做频率重新规划,并结合实测调整。在微蜂窝数量较多的地区,数字地图应该具有满足微蜂窝要求的地理数据。

目前的各种微蜂窝传播模型还不像宏蜂窝模型那样成熟,如果有实测作为保障,地理数据完全可以采用基本标准,这样可以避免在数字地图上投入过大,且能够满足一定时期的需要。等到微蜂窝的传播模型应用成熟后,如果确有需要,可以考虑采用三维传播模型,并采用相应的扩展数据标准。

精确的数字地图、准确的传播预测模型、功能强大的规划软件、大型的工作平台及经验丰富的工程设计师是移动通信规划和优化的基础。只有达到协调统一才能设计出优良的移动通信网,以便更好地为网络建设者和用户服务。

【小贴士】

本任务主要介绍数字地形图在工程建设中的应用。通过本任务的学习,学生应能在数字地形图上查询坐标、方位角、边长,绘制任意方位上的断面图,计算任一封闭区域的土方量。

小　结

本项目主要介绍数字地形图的应用,数字地图技术的发展迅速渗透到科学、技术与社会的各个领域,社会对数字地图的需求已经十分迫切。数字地图是未来信息社会中一种极其重要的空间信息产品,硬件、软件和数据基础建设正在形成一个数字地图综合应用体系。这个体系为社会所提供的服务将是全方位的、实时的、动态的。发展数字地图产业,构建数字中国地理空间基础框架是测绘行业光荣而艰巨的任务。作为新世纪的测绘青年更应该努力学习和掌握新技术,接受新观念,把握信息技术和测绘技术的发展趋势,为构建未来信息社会基础设施做出更多贡献。

复习与思考题

1.什么是地面数字模型?它有什么用途?

2.建立一个区域数字地面模型系统需要哪些基本组成部分?试简述其内容。

3.数字地面模型在各个领域的基础应用有哪些?试简述其内容。

4.如何应用数字地形图绘制断面图?

5.如何在数字地形图上确定直线的距离、方位角和坡度?

6.结合 CASS9.0 成图软件,试述面积计算和调整的方法。

7.结合南方 CASS9.0 成图软件,说明一种利用数字地图计算土方量的操作方法。

8.试举例说明身边数字地图的应用。

【技能训练】

一、技能训练题目及训练目的

在学习完本项目的理论学习内容和配套实训之后，请学生务必利用课余和周末的时间，按教师制定的要求对教师提供的数字地形图进行应用。目的在于使学生能运用软件对数字地形图进行常规应用和提出一些在工程建设中的应用方法，真正体会到数字地形图比纸质图件的优越性。

二、技能训练要求

1.教师给学生准备1~2幅大比例尺数字地形图。

2.教师指定要训练的项目(包括基本要素的查询、坡度的量算、汇水面积的确定、指定区域挖填方量的计算、指定方向线断面图的绘制等)。

3.学生自备安装好CASS9.0软件或其他矢量化软件的电脑，没有电脑的同学到专业机房进行技能训练。

4.学生根据自己的学习情况自行进行数字地形图的应用训练。

5.学生应记录碰到的问题并向教师请教或与任课教师共同探讨。

项目十　实训指导

数字测图实训一般要求与注意事项

一、测量仪器及工具借用

(1)每次实训所需仪器及工具均在指导书上载明,学生应以小组为单位于上课前凭学生证向数字测图实训中心仪器保管室借领。

(2)借领仪器时,各组依次由1~2人进入仪器保管室,在指定地点清点、检查仪器和工具,然后在登记表上填写班级、组号及日期。借领人签名后将登记表及学生证交管理人员。

(3)实习过程中,各组应妥善保护仪器、工具。各组间不得任意调换仪器、工具。若有损坏或遗失,视情节按照实训中心有关章程处理。

(4)实习完毕后,应将所借用的仪器、工具上的泥土清扫干净再交还仪器保管室,由管理人员检查验收后发还学生证。

二、测量仪器、工具的正确使用和维护

(一)领取仪器时的检查

(1)仪器箱盖是否关妥、锁好。

(2)背带、提手是否牢固。

(3)脚架与仪器是否相配,脚架各部分是否完好,脚架腿伸缩处的连接螺旋是否滑丝。要防止因脚架未架牢而摔坏仪器,或因脚架不稳而影响作业。

(二)打开仪器箱时的注意事项

(1)仪器箱应平放在地面上或其他台子上才能开箱,不要托在手上或抱在怀里开箱,以免将仪器摔坏。

(2)开箱后未取出仪器前,要注意箱内仪器安放的位置与方向,以免用毕装箱时因安放位置不正确而损伤仪器。

(三)自箱内取出仪器时的注意事项

(1)不论何种仪器,在取出前一定要先放松制动螺旋,以免取出仪器时因强行扭转而损坏制、微动装置,甚至损坏轴系。

(2)自箱内取出仪器时,应一手握住照准部支架,另一手扶住基座部分,轻拿轻放,不要用一只手抓拿仪器。

(3)自箱内取出仪器后,要随即将仪器箱盖好,以免沙土、杂草等不洁之物进入箱内,还要防止搬动仪器时丢失附件。

(4)取仪器和使用过程中,要注意避免触摸仪器的目镜、物镜,以免玷污,影响成像质量。不允许用手指或手帕等物去擦仪器的目镜、物镜等光学部分。

(四)架设仪器时的注意事项

(1)伸缩式脚架三条腿抽出后,要把固定螺旋拧紧,但不可用力过猛而造成螺旋滑丝。要防止因螺旋未拧紧使脚架自行收缩而摔坏仪器。三条腿拉出的长度要适中。

(2)架设脚架时,三条腿分开的跨度要适中;并得太靠拢容易被碰倒,分得太开容易滑开,都会造成事故。若在斜坡上架设仪器,应使两条腿在坡下(可稍放长),一条腿在坡上(可稍缩短)。若在光滑地面上架设仪器,要采取安全措施(例如用细绳将脚架三条腿连接起来),防止脚架滑动摔坏仪器。

(3)仪器架设的高度要适中,以适合观测员观测并能很好完成观测任务为宜。

(4)在脚架安放稳妥并将仪器放到脚架上后,应一手握住仪器,另一手立即旋紧仪器和脚架间的中心连接螺旋,避免仪器从脚架上掉下摔坏。

(5)仪器箱多为薄型材料制成,不能承重,因此严禁蹬、坐在仪器箱上。

(五)仪器在使用过程中的注意事项

(1)在阳光下观测必须撑伞,防止日晒和雨淋(包括仪器箱),雨天应禁止观测。对于电子测量仪器,在任何情况下均应撑伞防护。

(2)任何时候仪器旁必须有人守护。禁止无关人员拨弄仪器,注意防止行人、车辆碰撞仪器。

(3)如遇目镜、物镜外表面蒙上水汽而影响观测(在冬季较常见),应稍等一会或用纸片扇风使水汽散发。如镜头上有灰尘应用仪器箱中的软毛刷拂去。严禁用手帕或其他纸张擦拭,以免擦伤镜面。观测结束应及时套上物镜盖。

(4)操作仪器时,用力要均匀,动作要准确、轻捷。制动螺旋不宜拧得过紧,微动螺旋和脚螺旋宜使用中段螺纹,用力过大或动作太猛都会造成对仪器的损伤。

(5)转动仪器时,应先松开制动螺旋,然后平稳转动。使用微动螺旋时,应先旋紧制动螺旋。

(六)仪器迁站时的注意事项

(1)在远距离迁站或通过行走不便的地区时,必须将仪器装箱后再迁站。

(2)在近距离且平坦地区迁站时,可将仪器连同三脚架一起搬迁。首先检查连接螺旋是否旋紧,松开各制动螺旋,再将三脚架腿收拢,然后一手托住仪器支架或基座,一手抱住脚架,稳步行走。搬迁时切勿跑行,防止摔坏仪器。严禁将仪器横扛在肩上搬迁。

(3)迁站时,要清点所有的仪器和工具,防止丢失。

(七)仪器装箱时的注意事项

(1)仪器使用完毕,应及时盖上物镜盖,清除仪器表面的灰尘和仪器箱、脚架上的泥土。

(2)仪器装箱前,要先松开各制动螺旋,将脚螺旋调至中段并使其大致等高。然后一手握住仪器支架或基座,另一手将中心连接螺旋旋开,双手将仪器从脚架上取下放入仪器箱内。

(3)仪器装入箱内要试盖一下,若箱盖不能合上,说明仪器未正确放置,应重新放置,严禁强压箱盖,以免损坏仪器。在确认安放正确后再将各制动螺旋略为旋紧,防止仪器在箱内自由转动而损坏某些部件。

(4)清点箱内附件,若无缺失,则将箱盖盖上、扣好搭扣、上锁。

(八)测量工具的使用

(1)花杆应注意防止横向受力,不得将花杆斜靠在墙上、树上或电线杆上,以防倒下摔断。也不允许在地面上拖曳或当标枪投掷。

(2)使用钢尺时,应防止扭曲、打结,防止行人踩踏或车辆碾压,以免折断钢尺。携尺前行时,不得沿地面拖曳,以免钢尺尺面刻画磨损。使用完毕,应将钢尺擦净并涂油防锈。

(3)小件工具如垂球、尺垫等,应用完即收,防止丢失。

三、测量资料的记录要求

(1)观测记录必须直接填写在规定的表格内,不得用其他纸张记录再行转抄。

(2)凡记录表格上规定填写的项目应填写齐全。

(3)所有记录与计算均用铅笔(2H或3H)记载。字体应端正清晰,字高应稍大于格子的一半。一旦记录中出现错误,便可在留出的空隙处对错误的数字进行更正。

(4)观测者读数后,记录者应立即回报读数,经确认后再记录,以防听错、记错。

(5)禁止擦拭、涂改与挖补。发现错误应在错误处用横线划去,将正确数字写在原数上方,不得使原数模糊不清。淘汰某整个部分时可用斜线划去,保持被淘汰的数字仍然清晰。所有记录的修改和观测成果的淘汰,均应在说明栏内注明原因(如测错、记错或超限等)。

(6)禁止连环更改,若已修改了平均数,则不准再改计算得此平均数的任何一原始数。若已改正一个原始读数,则不准再改其平均数。若两个读数均错误,则应重测重记。

(7)读数和记录数据的位数应齐全。如在普通测量中,水准尺读数0325;度盘读数4°03′06″,其中的“0”均不能省略。

(8)数据计算时,应根据所取的位数,按“4舍6入,5前单进双不进”的规则进行凑整。如1.314 4、1.313 6、1.314 5、1.313 5等数,若取三位小数,则均记为1.314。

(9)每测站观测结束,应在现场完成计算和检核,确认合格后方可迁站。

(10)实训结束,应按规定每人或每组提交一份记录手簿或实训报告。

实训一　全站仪认识与基本操作

一、实训目的及要求

(一)实训目的

(1)掌握全站仪各个部件、按钮的功能及操作。

(2)初步认识屏幕显示的各项符号的含义。

(3)掌握各项基本参数、项目的设置。

(二)实训要求

(1)根据实训目的提前预习教材中的相关知识点。

(2)提前从实训室借领全站仪的操作使用说明书进行详细阅读。

(3)以小组为单位从实训室提前借领全站仪 1 套(包括全站仪 1 台、脚架 1 个)。

(4)教师讲解示范过程中认真听取并自备笔记本进行记录。

二、实训指导

(一)实训步骤

(1)仪器未取出仪器箱之前,先引导学生观察全站仪及其附件的摆放位置,再由教师演示全站仪的取出、装箱过程,并强调注意事项。

(2)由教师结合全站仪详细介绍各部件、按钮的功能及其操作方法和注意事项。

(3)由教师结合所借型号的全站仪讲解各项基本参数的设置方法。

(4)教师讲解、演示完毕后以小组为单位进行实际操作,完成教师安排的内容。

(5)实训完毕后,正确关机、取下电池,并整理仪器,按指定位置摆放各部件及附件。

(二)实训注意事项

(1)实训开始前请务必认真阅读教材中全站仪使用注意事项这一部分的内容。

(2)教师讲解和演示完成之前切忌私自搬动或操作各设备。

(3)全站仪属精密贵重实验设备,严禁在仪器周围打闹,仪器取出箱子后必须尽快固定仪器至架头上,禁止过度用力操作各按钮、扳手,各组务必保证仪器的安全。

三、实训作业

(1)全站仪在使用前一般需要进行哪些基本参数、项目的设置?如何设置?不设置参数就进行观测是否可以?为什么?

(2)全站仪的使用主要有哪些注意事项?

实训二　全站仪水平角和竖直角观测

一、实训目的及要求

(一)实训目的

(1)熟悉全站仪的安置方法,各个部件、按钮的功能及操作。

(2)掌握全站仪测角参数的设置方法。

(3)掌握全站仪观测水平角和竖直角的方法。

(4)巩固水平角、竖直角的观测、记录程序、计算方法。

(二)实训要求

(1)根据实训目的提前预习教材中的相关知识点。

(2)各小组提前从实训室借领全站仪的操作使用说明书进行详细阅读。

(3)以小组为单位从实训室提前借领全站仪 1 套(包括全站仪 1 台、脚架 1 个)、测钎 4 根、小钢尺 1 把。

(4)自备铅笔 1 支、测/雨伞 1 把。

二、实训指导

(一)实训步骤

(1)正确安置全站仪,量取仪器高2次取平均值。

(2)正确设置各测角参数。将角度单位设置为度、分、秒格式,倾斜传感器(竖直角倾斜改正)设置为"开",水平方向读数设置为HR。

(3)每位同学按测回法或方向观测法观测程序观测有3~4个方向的水平角2测回,并记录、计算。

观测程序同经纬仪测角。若需要配置度盘,则用置盘功能进行设置。

(4)每位同学按中丝法观测程序观测竖直角2测回,并记录、计算。

(5)实训完毕后,正确关机、取下电池,并整理仪器按指定位置摆放各部件及附件。

(二)实训注意事项

(1)仪器的操作应正确、规范,应注意随时观察屏幕的显示信息。

(2)项目及参数的设置必须符合客观实际和需要。

(3)记录表格(见表10-1~表10-3)的填写次序和计算应规范、正确。

(4)观测成果应符合规范要求(各测回间的观测应根据公式变换度盘,上、下半测回的角度差应不超过±40″;各测回之间的角度互差应不超过±24″;竖直角指标差互差应不超过±24″),对不合格的成果返工重测。

表10-1　测回法外业观测手簿

天气:________　日期:________　观测者:________

型号:________　组别:________　记录者:________

测站	目标	盘位	水平度盘读数(° ′ ″)	半测回角值(° ′ ″)	一测回平均角值(° ′ ″)	说明

表 10-2 方向观测法外业观测手簿

天气:________ 日期:________ 观测者:________

型号:________ 组别:________ 记录者:________

测站	目标	度盘读数		左-右 (2C) (″)	$\frac{左+右}{2}$ (″)	归零方向值 (° ′ ″)
		盘左 (° ′ ″)	盘右 (° ′ ″)			
	A					
	B					
	C					
	D					
	A					
		$\Delta_{左}$ =	$\Delta_{右}$ =			
	A					
	B					
	C					
	D					
	A					
		$\Delta_{左}$ =	$\Delta_{右}$ =			

表 10-3 竖直角外业观测手簿

天气:________ 日期:________ 观测者:________

型号:________ 组别:________ 记录者:________

测站	目标	盘位	度盘读数 (° ′ ″)	指标差 (″)	竖直角 (° ′ ″)	仪器高 (m)	觇标高 (m)
		盘左					
		盘右					
		盘左					
		盘右					
		盘左					
		盘右					
		盘左					
		盘右					

三、实训作业

(1)在用全站仪观测角度时,一般需进行哪些测角参数的设置?如何设置?不设置是否可以?为什么?

(2)应用全站仪观测水平角和竖直角的方法与用经纬仪观测角度的观测程序是否相同?若不同,有何区别?

实训三　全站仪距离测量

一、实训目的及要求

(一)实训目的

(1)熟悉全站仪的安置方法,各个部件、按钮的功能及操作。

(2)掌握全站仪测距参数的设置方法。

(3)掌握全站仪测量距离的方法,并进行斜距、平距和高差的转换。

(4)掌握各种测距模式(精确测距、单次测距、跟踪测距)的进入和操作方法。

(二)实训要求

(1)根据实训目的提前预习教材中的相关知识点。

(2)以小组为单位提前从实训室借领全站仪的操作使用说明书进行详细阅读。

(3)以小组为单位从实训室提前借领全站仪1套(包括全站仪1台、脚架1个、棱镜1个、棱镜杆1根)、小钢尺1把。

(4)自备记录纸若干、铅笔1支、测/雨伞1把。

二、实训指导

(一)实训步骤

(1)正确安置全站仪,量取仪器高2次取平均值。

(2)正确设置各测距参数[棱镜常数(PSM)、温度、气压等],设置合作目标。

(3)每位同学以不同测距模式测两段不同距离各4测回。

(4)实训完毕后,正确关机、取下电池,并整理仪器按指定位置摆放各部件及附件。

(二)实训注意事项

(1)仪器的操作应正确、规范,应注意随时观察屏幕的显示信息。

(2)项目及参数的设置必须符合客观实际和需要。

(3)应根据需要进行测距模式的合理选择(或转换)。

三、实训作业

(1)应用全站仪进行距离测量时必须进行哪些参数的设置?

(2)应用全站仪进行测量时有哪些测距模式?各种模式有何不同,各适用于什么情况?

全站仪距离观测手簿见表10-4。

表 10-4 全站仪距离观测手簿

天气:________ 日期:________ 观测者:________

型号:________ 组别:________ 记录者:________

测站 仪器高	目标 棱镜高	竖盘位置	水平角观测		竖直角观测		距离测量(m)		
			水平度盘读数 (° ′ ″)	方向值 (° ′ ″)	竖盘读数 (° ′ ″)	竖角值 (° ′ ″)	斜距	平距	高差

实训四 全站仪的检验及校正

一、实训目的及要求

(一)实训目的

(1)掌握全站仪主要轴线应满足的几何条件。

(2)掌握全站仪基本项目检验与校正的方法。

(二)实训要求

(1)根据实训目的提前预习教材中的相关知识点。

(2)以小组为单位提前从实训室借领全站仪的操作使用说明书进行详细阅读。

(3)以小组为单位从实训室提前借领全站仪 1 套(包括全站仪 1 台、脚架 1 个、棱镜 1 个、棱镜杆 1 根)、小钢尺 1 把,校正针 1 根,小螺丝刀 1 把。

(4)自备记录纸若干、铅笔1支、测/雨伞1把。

二、实训指导

(一)实训步骤

(1)照准部水准管轴垂直于竖轴的检验与校正。

(2)圆水准轴平行于仪器旋转轴的检验与校正。

(3)十字丝竖丝垂直于横轴的检验。

(4)视准轴垂直于横轴的检验。

(5)横轴垂直于竖轴的检验。

(6)竖盘指标差的检验与校正。

(7)全站仪的视准轴误差、指标差、横轴倾斜误差的电子校正。具体校正方法可参见相关全站仪操作手册。

(8)光学对中器的检验与校正。

(二)实训注意事项

(1)实训课前,各组要准备平板供实训使用。

(2)每项校正结束时,要旋紧各校正螺丝。

(3)每项检验后应立即填写全站仪检验与校正记录表(见表10-5)中相应项目。

(4)本实训项目也可使用校正台进行。

三、实训作业

实训结束后将测量实训报告(含表10-5)以小组为单位装订成册上交。

表10-5　全站仪检验记录

仪器编号____________　　班组____________　　检验者____________

检验日期____________　　　　　　　　　　　　　记录者____________

检验项目	检验和校正过程			
照准部水准管轴垂直于竖轴	气泡位置图			
	仪器整平后 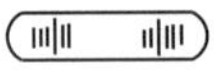	旋转180°后 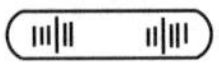	用脚螺旋调整后 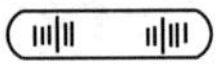	用校正针校正后 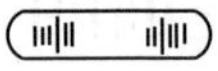
十字丝竖丝垂直于横轴	检验初始位置望远镜视场图 (用×标示目标在视场中的位置)		检验终了位置望远镜视场图 (用×标示目标在视场中的位置,用虚线表示目标移动的轨迹)	
	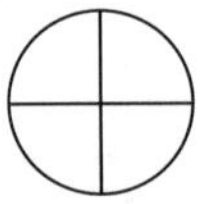		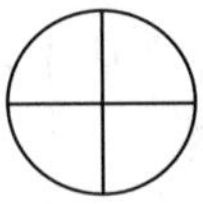	

续表 10-5

检验项目	检验和校正过程	
视准轴垂直于横轴	盘左读数 $L'=$ 盘右读数 $R'=$ 视准轴误差 $C=\frac{1}{2}(L'-R'\pm180°)=$ 盘右目标点应有的正确读数： $R=R'+C=\frac{1}{2}(L'+R'\pm180°)=$	
横轴垂直于竖轴	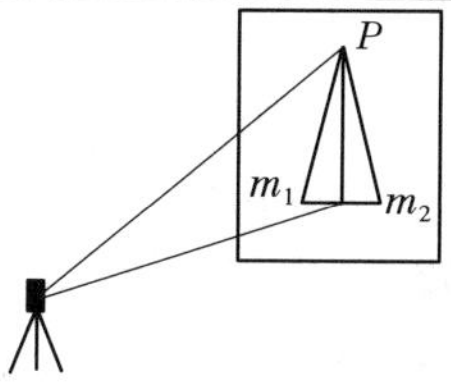 	$d=$ $D=$ $\alpha=$ $i=\frac{d}{2D\tan\alpha}\rho=$
竖盘指标差	盘左读数 $L=$ 盘右读数 $R=$ 竖盘指标差：$x=\frac{1}{2}[(L+R)-360°]=$	

实训五　全站仪专项测量功能操作

一、实训目的及要求

（一）实训目的

（1）熟悉全站仪的安置方法，各个部件、按钮的功能及操作。

（2）掌握相关项目、参数的设置。

（3）掌握全站仪各个专项测量功能的操作方法。

（二）实训要求

（1）根据实训目的提前预习教材中的相关知识点。

（2）各小组提前从实训室借领全站仪的操作使用说明书进行详细阅读。

（3）从指导教师处领取校园内控制点坐标成果、放样点坐标 1 份。

（4）以小组为单位从实验室提前借领全站仪 1 套（包括全站仪 1 台、脚架 1 个、棱镜 1 个、棱镜杆 1 根）、小钢尺 1 把。

（5）自备记录纸若干、铅笔 1 支、测/雨伞 1 把。

二、实训指导

（一）实训步骤

（1）教师先演示坐标放样、悬高测量的操作过程，并强调触类旁通的学习方法。

(2)正确安置全站仪、量取仪器高 2 次取平均值。

(3)正确设置各参数(包括设置基本参数、测角参数、测距参数)。

(4)练习坐标放样、悬高测量、面积测量等专项测量功能和距离放样的进入和操作。

(5)实训完毕后,正确关机、取下电池,并整理仪器按指定位置摆放各部件及附件。

(二)实训注意事项

(1)仪器的操作应正确、规范,应注意随时观察屏幕的显示信息。

(2)项目及参数的设置必须符合客观实际和需要。

三、实训作业

(1)全站仪的专项测量功能一般有哪些?

(2)在进行放样之前,一般需要做哪些准备工作?

(3)试阐述用悬高测量功能测量一旗杆高度的步骤。

(4)距离放样时屏幕显示的“+”和“-”号分别表示什么?

实训六　全站仪坐标测量

一、实训目的及要求

(一)实训目的

(1)掌握全站仪设站和定向。

(2)掌握坐标数据的输入与调用的方法。

(二)实训要求

(1)根据实训目的提前预习相关知识点。

(2)从指导教师处领取校园内控制点坐标成果 1 份。

(3)以小组为单位从实训室提前借领全站仪 1 套(包括全站仪 1 台、脚架 1 个、棱镜 1 个、棱镜杆 1 根)、小钢尺 1 把。

二、实训指导

(一)实训步骤

(1)将全站仪安置(对中、整平)于测站点上,装上充好电的配套电池,量取仪器高 2 次取平均值。

(2)根据实际情况,进行温度、气压、棱镜常数、测角参数、测距参数等的设置。

(3)录入控制点坐标。

(4)进行数据采集:①进入数据采集页面;②设置测站点;③设置后视点(定向);④瞄准另一已知点测定其坐标,检查无误后则开始碎部点坐标测定。

(5)观测完毕后,退出数据采集模式并关机整理仪器。

(二)实训注意事项

(1)控制点坐标不能完整输入时,可进行整体减少位数,在进行数据传输后对数据进行批量坐标处理、系统改正。

(2)在进行存储设置时,为确保数据传输时保险起见,建议把自动存储坐标和自动存储数据均设置为“是”。

(3)在进行数据采集时必须进行“选择文件”这一步骤。

(4)瞄准后视点后不能按置零键,否则会发生定向错误。

三、实训作业

(1)全站仪野外坐标数据采集的主要步骤有哪些?

(2)若在数据采集过程中所选择的文件不是控制点坐标所在的文件,将会发生哪些情况? 应如何处理?

(3)数据采集过程中的“偏心”测量模式在哪些情况下可以选用?

实训七 全站仪数据采集(测记法模式)

一、实训目的及要求

(一)实训目的

(1)掌握全站仪测记法模式(草图法)进行野外数据采集的流程、方法。

(2)掌握全站仪测记法模式进行野外数据采集的人员组织安排及协调。

(二)实训要求

(1)根据实训目的提前预习相关知识点。

(2)从指导教师处领取校园内控制点坐标成果 1 份。

(3)以小组为单位从实训室提前借领全站仪 1 套(包括全站仪 1 台、脚架 1 个、棱镜 1 个、棱镜杆 1 根)、小钢尺 1 把、根据情况可考虑配备对讲机 2 部。

(4)自备草图本 1 本、铅笔 1 支、测/雨伞 1 把。

二、实训指导

(一)实训步骤

(1)由组长根据本小组的人员情况和测记法的人员配置要求进行合理分工。

(2)观测者按照操作步骤进入数据采集界面,司镜员根据地物的情况合理选择地物点,草图绘制员实地配绘草图。

(3)草图绘制员绘草图的同时应对整体地形提前进行观察,合理选择一级支站点的位置,以方便进行引测,避免重复搬站。

(4)观测完毕后,退出数据采集模式并关机整理仪器。

(二)实训注意事项

(1)控制点不够用时,各小组应根据总体情况考虑用辐射点法、交会法、支导线法或其他方法来增补测站点。

(2)草图绘制员应注意用对讲机随时保持与测站和司镜员沟通,以确保点号对应。

(3)碎部点采集过程中应根据实际情况合理选用极坐标法、偏心测量法、交会法等方法进行测定。

(4)因时间有限,每测6~10个碎部点后轮换同学完成上述全部内容。

三、实训作业

(1)绘制草图有些什么样的原则和注意事项?

(2)通过本次实训,你认为用全站仪按测记法作业模式进行野外数据采集有哪些优、缺点?应如何改进?

(3)在图根控制已做完的前提下,若由你本人组织一个作业小组用全站仪按测记法模式测绘校园地形图,请简要写出你的人员、设备配备方案。

实训八　全站仪数据采集(电子平板法模式)

一、实训目的及要求

(一)实训目的

(1)掌握电子平板法模式野外数据采集的流程、方法。

(2)掌握电子平板法模式野外数据采集的人员组织、安排及协调。

(二)实训要求

(1)根据实训目的提前预习教材中的相关知识点。

(2)提前从实训室借领全站仪操作使用说明书进行详细阅读。

(3)从指导教师处领取校园内控制点坐标成果1份。

(4)以小组为单位从实训室提前借领全站仪1套(包括全站仪1台、脚架1个、棱镜1个、棱镜杆1根)、借领或自备装有CASS成图软件的手提电脑1台(将测区控制点提前录入到电脑中),小钢尺1把、通信电缆1根,根据情况可配备对讲机2部。

二、实训指导

(一)实训步骤

(1)测站设置。在测站点上安置全站仪,对中、整平、量仪器高,并把便携机与全站仪用相应的电缆连接好,开机后进入CASS系统;设置全站仪的通信参数;执行【文件】→【CASS参数配置】命令,选择【电子平板】页,并进行正确设置;然后定显示区,再鼠标点击右侧屏幕菜单的【坐标定位】→【电子平板】。

(2)进行定向、检查。

(3)进行地形图测绘。

在屏幕右侧菜单中选取相应图层图标,然后按【确定】按钮,弹出全站连接窗口,系统驱动全站仪测量,瞄准碎部点的合作目标进行测量,当系统接收到数据后,便自动在图形编辑区将所测地物的符号展绘出来。

(二)实训注意事项

(1)当测三点房时,要注意立尺的顺序,必须按顺时针或逆时针立尺。

(2)当测某些不需要参与等高线计算的地物时,选择“不建模”选项。

(3)跑尺员在野外立尺时,尽可能将同一地物编码的地物连续立尺,以减少切换。

三、实训作业

(1)通过本次实训,你认为用全站仪按电子平板法作业模式进行野外数据采集有哪些优缺点?应如何改进?

(2)与全站仪测记法模式相比,全站仪电子平板法模式有何优、缺点?哪种模式的适用性更强一些?

实训九 RTK GPS 认识与基本操作

一、实训目的及要求

(一)实训目的

(1)熟悉 RTK GPS 系统的基本操作。

(2)掌握用两点校正的方法求四参数。

(二)实训要求

(1)根据实训目的提前预习教材中的相关知识点。

(2)提前从实训室借领 RTK GPS 系统操作使用说明书进行详细阅读。

(3)从指导教师处领取校园内控制点坐标成果 1 份。

(4)以班级为单位从实训室借领 RTK GPS 系统 1 套(1 个基准站+3 个移动站)。

二、实训指导

(一)实训步骤

(1)认真观察全套 RTK GPS 系统的组成及主件、附件的摆放位置。

(2)认识 RTK GPS 系统主机外型、电池的安装方法、指示灯和蜂鸣器。

(3)认识电台的面板、接口、使用注意事项。

(4)认识 RTK GPS 系统的附件,包括电池及充电器、数据链接收天线及发射天线、各种传输线及电缆、移动站对中杆、手簿托架、基座对点器、连接器和卷尺等。

(5)认识基准站、移动站的安装步骤以及安装过程中的重点注意事项。

(6)认识基准站、移动站各按键的操作、仪器设置的内容及方法、仪器在工作状态中的表现、天线高的量测方法、蓝牙连接作业方法。

(7)认识 PSION 手簿,并重点认识安装在 PSION 手簿中的应用软件的界面。

(8)分小组分别练习基准站架设已知点上、架设未知点位时求四参数的校正方法。

(9)实验完毕后,正确关机,并整理仪器按指定位置摆放各部件及附件。

(二)实训注意事项

(1)特别注意电台电源“+”“-”极的连接,以免发生烧毁电台的意外。

(2)注意插孔内部的针数,不要对应错误,以免导致损坏插针或插孔。

(3)每个部件的安装和连接严格按照教师示范和说明书来操作,切忌随意安装,以免损坏设备;基准站必须留人看守,并随时观察其工作状态。

三、实训作业

(1)RTK GPS 系统主要由哪些部件组成?基准站安置地点的选择应注意哪些事项?

(2)移动站接收机和基准站主机是否可以互换?若可以,应如何操作?如何区分主机处于静态模式还是动态模式?如何进行静态和动态的切换?

实训十　RTK GPS 野外数据采集

一、实训目的及要求

(一)实训目的

(1)进一步巩固 RTK GPS 系统的使用方法。

(2)掌握 RTK GPS 系统进行野外数据采集的具体方法。

(二)实训要求

(1)按实训目的提前预习教材中的相关知识点。

(2)从实训室借领 RTK GPS 操作使用说明书进行详细阅读。

(3)从指导教师处领取校园内控制点坐标成果 1 份。

(4)以班级为单位从实训室借领 RTK GPS 系统 1 套(1 个基准站+3 个移动站)。

(5)自备草图本、铅笔一支。

二、实训指导

(一)实训步骤

(1)教师根据校园总体地形情况,将校园分为 3 个测区,并指定各小组的测绘区域。

(2)将基准站安置于未知点上,并进行正确设置。

(3)根据已学理论知识和上一次实训对 RTK GPS 系统的认识,3 个小组分别按照基准站架设在未知点位时求四参数的校正方法及步骤用已有控制点成果进行两点纠正。

(4)测定第三个已知点的坐标进行检核,若满足要求,则进入数据采集。

(5)一名作业员合理选择碎部点进行测定和存储,另一名作业员跟绘草图。

(6)实验完毕后,正确关机,并整理仪器按指定位置摆放各部件及附件。

(二)实训注意事项

(1)特别注意电台电源“+”“-”极的连接,以免发生烧毁电台的意外。

（2）注意插孔内部的针数，不要对应错误，以免导致损坏插针或插孔。

（3）每个部件的安装和连接严格按照教师示范和说明书来操作，切忌随意安装，以免损坏设备。

（4）基准站必须留人看守，并随时观察其工作状态。

（5）雷雨天气避免 RTK GPS 野外作业。

三、实训作业

（1）在进行校正和数据采集时，通常要求 RTK GPS 的哪些主要指标？达到什么要求？

（2）RTK GPS 进行大比例尺地形图测绘时，应如何将大测区合理划分为几个小区域？

（3）与全站仪野外数据采集相比，RTK GPS 野外数据采集有何优、缺点？

（4）RTK GPS 野外数据采集的弊端可以采取哪些措施、方法进行改进或补充？

实训十一　CASS9.0 界面认识与基本操作

一、实训目的及要求

（一）实训目的

（1）认识 CASS9.0 成图软件的操作界面。

（2）掌握 CASS9.0 成图软件基本操作方法。

（二）实训要求

（1）按实训目的提前预习教材中的相关知识点。

（2）认真听取教师讲解并做好记录。

（3）以班级为单位，提前进入数字测图专业机房（配投影仪）。

二、实训指导

（一）实训步骤

（1）教师讲解并示范 CASS9.0 的启动、设置、各菜单栏、工具栏、右侧屏幕菜单、快捷按钮的具体位置和功能。

（2）教师演示平面图绘制、等高线生成等成图过程。

（3）根据教师讲解和演示，练习 CASS9.0 基本操作。

（4）实训完毕后，正确退出软件、关机，并整理机房。

（二）实训注意事项

（1）本次实训为认识性质，主要熟悉 CASS9.0 界面及一般操作方法。

（2）注意利用 CASS90\DEMO 文件夹中的数据进行操作练习。

（3）注意养成习惯随时观察命令行提示。

（4）注意 CASS 与 AutoCAD 界面的异同及相互切换。

三、实训作业

(1)CASS9.0 顶部菜单有几个？分别针对什么工作？能否对它们进行分类？

(2)熟悉 CASS9.0 右侧屏幕菜单,能快速找到具体地物符号。

(3)简述执行【修改高程点】命令的菜单方式操作步骤。

(4)CASS9.0 是成图软件还是 GIS 软件？两者有何区别？

实训十二　数据传输与图形显示及输出

一、实训目的及要求

(一)实训目的

(1)掌握数据传输的方法。

(2)了解数据文件的格式。

(3)掌握图形显示与输出方法。

(二)实训要求

(1)根据实训目的提前预习教材中的相关知识点。

(2)认真听取教师讲解并做好记录。

(3)以小组为单位,从实训室借领笔记本电脑一台,全站仪一台(各组所领用的全站仪与上次数据采集实训所用全站仪对应)及配套数据线一根。

二、实训指导

(一)实训步骤

(1)教师讲解并示范 CASS9.0 与全站仪连接,进行数据传输的方法与步骤。

(2)以小组为单位,按教师讲解方法和要求连接设备。

(3)开机进行数据传输。

(4)实训完毕后,正确退出软件、关机,装箱并整理。

(5)在 CASS9.0 中,启动"记事本"对数据文件进行编辑,并打印输出。

(6)对数据进行展点处理,并通过打印机输出"展点图"。

(二)实训注意事项

(1)特别注意要在开电源前进行设备连接,以免发生损坏设备的意外。

(2)注意插孔内部的针数,不要对应错误,以免导致损坏插针或插孔。

(3)通信口、波特率、数据位等参数设置一定要正确,否则无法传输。

三、实训作业

(1)在进行数据传输时,如何设置通信参数？

(2)如何把传输文件保存到指定位置？

(3)如何把控制点坐标数据传输到全站仪中?

(4)简述 CASS9.0 图形文件输出的基本步骤。

实训十三　CASS9.0 平面图绘制

一、实训目的及要求

(一)实训目的

(1)熟悉 CASS9.0 成图软件的基本操作。

(2)掌握 CASS9.0 成图软件参数配置方法。

(3)掌握 CASS9.0 碎部点展绘方法。

(4)掌握根据草图绘制地物的方法。

(二)实训要求

(1)根据实训目的提前预习教材中的相关知识点。

(2)认真听取教师讲解并做好记录。

(3)以班级为单位,提前进入数字测图专业机房。

二、实训指导

(一)实训步骤

(1)教师讲解并示范 CASS9.0 参数配置方法、碎部点展绘方法。

(2)教师演示根据草图绘制地物方法。

(3)根据教师讲解和演示,各同学练习 CASS9.0 参数配置方法、碎部点展绘方法及根据草图绘制地物的基本操作。

(4)实训完毕后,正确退出软件、关机,并整理机房。

(二)实训注意事项

(1)每位同学独立操作,完成参数配置。

(2)每位同学用实训十三传输的数据文件进行展点。

(3)要根据草图,调用右侧屏幕菜单绘制地物。

(4)操作时随时注意观察命令行提示信息。

(5)将展点成果和绘制的平面图传输至教师指定的路径。

三、实训作业

(1)CASS9.0 右侧屏幕菜单是如何分类的? 如何快速找到所需地物符号?

(2)在展点过程中,有可能存在“飞点”,如何发现并处理?

(3)“点号定位”和“坐标定位”有何区别?

(4)“定显示区”有何作用,不执行该操作是否可以?

实训十四　CASS9.0 等高线绘制

一、实训目的及要求

(一)实训目的

(1)掌握 CASS9.0 数字地面模型的建立方法。

(2)掌握三角网的修改方法。

(3)掌握 CASS9.0 等高线绘制方法。

(4)掌握在 CASS9.0 中为数字地形图绘制方格网的方法。

(二)实训要求

(1)根据实训目的提前预习教材中的相关知识点。

(2)认真听取教师讲解并做好记录。

(3)以班级为单位,提前进入数字测图专业机房。

二、实训指导

(一)实训步骤

(1)教师讲解并示范 CASS9.0 展点、建立 DTM、修改三角网、生成等高线、绘制方格网的方法与步骤。

(2)根据教师讲解和演示,进行练习。

(3)实训完毕后,正确退出软件、关机,并整理机房。

(二)实训注意事项

(1)每位同学独立操作,完成地形图绘制。

(2)每位同学用实训十三传输的数据文件进行展点构建 DTM。

(3)对三角网一定要根据实地地形作一定的修改,要考虑地性线、坡坎等。

(4)操作时随时注意观察命令行提示信息。

(5)展点成果和绘制的平面图传输至教师指定的路径。

三、实训作业

(1)为什么要对三角网进行修改?不修改生成的地形图可否做为成果提交?

(2)请说明 CASS9.0【等高线】菜单中关于三角网修改的各命令项的具体功能。

(3)请说明 CASS9.0 中为数字地形图绘制方格网的具体操作步骤。

实训十五 CASS9.0图形编辑与修饰

一、实训目的及要求

(一)实训目的

(1)掌握 CASS9.0【编辑】、【地物编辑】菜单各菜单项的调用方法和具体功能。

(2)掌握用 CASS9.0【编辑】、【地物编辑】菜单各菜单项对图形进行编辑和修饰的操作方法。

(3)掌握 CASS9.0 图形输出方法。

(二)实训要求

(1)根据实训目的提前预习教材中的相关知识点。

(2)认真听取教师讲解并做好记录。

(3)以班级为单位,提前进入数字测图专业机房。

二、实训指导

(一)实训步骤

(1)教师讲解并示范图形编辑的方法与步骤。

(2)根据教师讲解和演示,各同学进行练习。

(3)实训完毕后,正确退出软件、关机,并整理机房。

(二)实训注意事项

(1)每位同学独立操作,完成地形图绘制。

(2)每位同学用实训十三、实训十四所绘制的图形进行编辑和修饰操作练习。

(3)操作时随时注意观察命令行提示信息。

(4)编辑和修饰完成的图形传输至教师指定的路径。

三、实训作业

(1)图形编辑和修饰的作用是什么?为什么要进行图形编辑和修饰?

(2)请说明 CASS9.0 图形输出的具体步骤。

(3)用 CASS9.0 打开别人的图形时,有时会出现字体无法显示或变为“?”,是什么原因,如何解决?

(4)如何把以不同文件名保存的两幅.dwg 图形合并为一个图形文件?

实训十六　地形图扫描矢量化

一、实训目的及要求

(一)实训目的

(1)了解地形图扫描矢量化的基本流程。

(2)掌握大福面扫描仪的使用方法与过程。

(3)掌握 CASS9.0 纠正栅格图的方法与过程。

(4)掌握 AutoCAD、CASS9.0、R2V、CASSCAN 矢量化栅格图的方法与步骤。

(二)实训要求

(1)根据实训目的提前预习教材中的相关知识点。

(2)认真听取教师讲解并做好记录。

(3)以班级为单位,提前进入数字测图专业机房。

(4)每位同学轮流使用扫描仪。

二、实训指导

(一)实训步骤

1.纸质图的扫描

(1)打开扫描仪电源,预热几分钟。

(2)将需扫描的纸质地形图两端对准扫描仪上的相应的基准指标线,按下进纸键"↑",将图纸吸入扫描仪。

(3)在计算机上运行扫描软件,调整好扫描分辨率、扫描图像的保存路径、扫描模式、压缩率、保存类型等项目。

(4)点击【扫描到文件】按钮,完成扫描。

2.栅格图的纠正

(1)执行 CASS9.0【工具】→【光栅图像】→【插入图像】命令项。

(2)在弹出的图像管理器窗口点击【附着】按钮。

(3)在弹出的"选择文件图像"对话框选择所需的扫描栅格图像文件,点击【打开】按钮。

(4)在弹出的"图像"窗口设定所需各选择项,点击【确定】按钮。

(5)按住鼠标左键在 CASS9.0 绘图区拖放出适当大小的区域。

(6)执行 CASS9.0【工具】→【光栅图像】→【图像纠正】命令,然后选择需纠正的光栅图像。

(7)在弹出的"图像纠正"窗口点击"图面:"所在行的【拾取】按钮,在光栅图像上点击图幅内图廓西南角点。

(8)在"实际:"所在行输入光栅图像图幅内图廓西南角点的实际坐标值,即东向坐标

（Y 坐标）与北向坐标（X 坐标），然后点击【添加】按钮。

（9）按照第（8）步按逆时针依次拾取和输入另外 3 个内图廓点的图面坐标和实际坐标（四点法）或其他各坐标网点的图面坐标和实际坐标（逐格网法）。

（10）点击【纠正】按钮，纠正完成后检查纠正的精度是否满足规范要求。

3.栅格图的矢量化

（1）在 CASS9.0 屏幕菜单上选择所需的点状地物，然后按照命令行提示，将定制好的点状符号插入到所需位置，使点状地物符号的定位点与栅格图像相应的点状地物定位点重合。

（2）在 CASS9.0 屏幕菜单上选择所需的线状地物，然后按照命令行的提示，沿着栅格图上线状地物的中线位置描绘出来。

（3）在 CASS9.0 屏幕菜单上选择所需的面状地物，然后按照命令行的提示，沿着栅格图上面状地物的边缘将其描绘出来，并使其闭合，最后输入其相应属性。

（4）将扫描图上所有的地形要素矢量化完成后，需要将图廓矢量化。在 CASS9.0 中点击【绘图处理】→【标准图幅（50 cm×50 cm）】菜单，在弹出的“图幅整饰”窗口输入相应的“图名、测量员、绘图员、检查员、接图表、左下角坐标”等内容，点击【确定】按钮，则自动在指定的位置插入了一个标准的图框。

（5）栅格图所有对象矢量化完成后，将栅格图所在图层关闭，则在 CASS9.0 绘图区仅显示一幅标准的矢量地形图，就可以将此矢量图输出打印或提供给有关部门使用。

4.其他软件的操作练习

根据数字化机房软件配置情况和教材相关内容，进行 AutoCAD、R2V、CASSCAN 扫描矢量化练习。

（二）实训注意事项

（1）一般需要进行两次纠正，五点纠正完毕后，进行四点纠正“仿射变换”，经过两次纠正后，栅格图像应该能达到数字化所需的精度。

（2）纠正过程中将会对栅格图像进行重写，覆盖地形图，自动保存为纠正后的图形，所以在纠正之前需备份地形图。

（3）在矢量化前一般应进行图像质量校正，对图像进行图像赋予、图形剪切、图像调整、图像质量、图像透明度、图像框架的操作等。

（4）同 AutoCAD 一样，CASS9.0 也没有自动跟踪功能，必须逐点采集。

三、实训作业

（1）为什么要进行图像纠正？图像纠正的实质是什么？

（2）假如你手里只有 A3 幅面的扫描仪，要扫描一幅 A0 大小的原图，你将采取什么措施完成？

（3）如何检查矢量化图形的精度？

（4）矢量化完成的图形传输至教师指定的路径。

实训十七　CASS9.0 土方量计算及断面图绘制

一、实训目的及要求

(一)实训目的

(1)掌握使用 CASS9.0 利用数字地形图计算土方量的方法。

(2)掌握使用 CASS9.0 用数字地形图绘制纵断面图的基本操作方法。

(二)实训要求

(1)根据实训目的提前预习教材中的相关知识点。

(2)认真听取教师讲解并做好记录。

(3)以班级为单位,提前进入数字测图专业机房。

二、实训指导

(一)实训步骤

(1)教师讲解相关理论知识点进行复习。

(2)教师演示使用 CASS9.0 利用数字地形图计算土方量的方法,使用 CASS9.0 用数字地形图绘制纵断面图的基本操作方法。

(3)根据教师讲解和演示,利用前面实训得到的数字地形图练习土方量计算和断面图绘制。

(4)实训完毕后,正确退出软件、关机,并整理机房。

(二)实训注意事项

(1)每位同学独立完成实训内容。

(2)随时注意命令行提示并选择相关的操作项。

(3)完成的成果传输至教师指定的路径。

三、实训作业

(1)利用数字地形图计算土方量有哪些方法? 在 CASS9.0 中分别是如何操作的?

(2)简述 CASS9.0 绘制纵断面图的基本操作步骤。

数字测图集中实习指导书

一、实习目的和内容

(一)实习目的与要求

1.实习目的

数字测图集中实习是《数字测图》教学的重要组成部分,是巩固和深化课堂所学知识的必要环节。通过实习,使学生对数字测图的理论、技术和方法进行全面的理解,并熟悉数字测图的流程和软、硬件的使用,提高处理实际问题的能力。从事测绘工作不但要有精湛的技术能力,还要有强烈的法律意识、政策意识、社会意识以及团结、合作的团队精神。这些非技术素质作为实习的一个重要组成部分,与技术素质同等重要。通过实习,可使学生的综合素质得以全面提高,为今后从事测绘工作打下良好基础。

2.实习要求

(1)熟练掌握全站仪的使用方法。

(2)理解并熟悉数字测图的基本要求和成图过程。

(3)掌握小区域1:500 数字地形图测图方法。

(4)掌握数字成图软件(CASS9.0)的使用。

(二)实习内容

1.实习任务

在 3 周实习时间内,每小组测绘一幅1:500 比例尺数字地形图。

2.实习场地

为方便学生和测量仪器的管理,实习地点尽量安排在校内进行。

3.实习内容

1)实习前准备工作

实习动员,领取仪器、工具,全站仪的检验和操作练习。

2)技术设计书编写及图根控制网的布设

收集资料,踏勘测区、实地选点埋石。

3)图根控制测量

图根导线平面控制测量的内、外业工作,水准测量的内外业工作(或图根光电测距三角高程测量的内外业工作)。

4)数字化图的测绘

测图前的各项准备工作,测区内各种地物、地貌测绘,图面的编辑整饰,图边的拼接,检查验收。

5)成果

整理上交成果,编写技术总结和实习报告。

二、实习准备

(一)实习组织

(1)实习领导小组由指导教师、班主任和班长组成。

(2)每班配备 2~3 名指导教师担任实习指导工作。每班分为若干个实习小组,每组 5~6 人,设组长 1 人。实行组长负责制,组长负责全组的实习分工和仪器管理。

(二)实习仪器设备

每小组配备下列测量仪器设备:

全站仪(包括电池、充电器)1 台或 GPS 1 套,电子手簿 1 个(根据实际情况选用),棱镜 2 套(箱),脚架 3 个,棱镜杆 1 根,3 m 钢卷尺 1 个,工具包 1 个,记录板 1 块。各实习小组还应自备计算器 1 个,小伞 1 把。

导线测量手簿、导线计算表、间接高程计算表及常用耗材由指导教师造表统一领取。

(三)实习时间安排

实习时间安排见表10-6。

表10-6　实习时间安排表

序号	内容	地点	时间(d)
1	预备会、动员会、领仪器		0.5
2	熟悉、检校仪器		0.5
3	图根控制(内业、外业)		4
4	地形图测绘		5
5	图形编辑		2
6	小组自检、互检		1
7	归还仪器		0.5
8	撰写实习报告和提交实习成果		1.5
9	合计		15

(四)实习方法

(1)指导教师对《数字测图》教材中相关理论知识点进行复习,并对本次集中实习的目的和要求、主要内容、操作步骤以及最终要求上交的成果资料进行详细阐述。

(2)指导教师向学生强调本次实习纪律,重点强调人身安全和仪器安全相关内容。

(3)指导教师对实习班级进行分组,选定各小组长。

(4)指导教师为各小组划分测区范围,提供测区内部及周边地区的高等级控制点成果资料。

(5)指导教师简要复习全站仪和电子手簿的使用方法,并进行示范操作。

(6)指导教师带领学生进行踏勘选点,使其熟悉测区情况。

(7)学生在实地外业数据采集时,指导教师进行实地指导。

(8)学生外业数据采集完毕后,指导教师在学校机房内,首先简要复习南方CASS9.0软件的基本操作和本次实习内业数据处理有关的软件使用方法;然后按照本次实习内业数据处理的有关内容,进行演示讲解。

(9)学生按照本次实习内业数据处理的内容,独立操作,完成本次实习的任务。指导教师在旁边辅导,进行答疑。

(10)学生撰写实习报告,整理成果资料。

(11)指导教师对学生实习情况进行考核,对学生实习成果资料进行成绩评定。

(五)实习纪律

(1)严格遵守学生手册中的有关规定。

(2)树立严肃认真的工作态度,严格执行地形测量的有关规定。

(3)由组长负责并搞好组内和组间的团结协作。

(4)必须认真参加所有实习阶段的工作,出测和收测时要步调一致,更不得无故缺席。所有工种轮换操作,不得相互代替,一经发现,按作弊处理。

(5)对所领仪器和工具应精心照料、分工负责。对违章操作和保管不当造成仪器损坏或遗失者,按实验室制度由个人和小组负责赔偿。

(6)在外作业时,来往车辆和行人较多,均应注意仪器和人身安全。遇到特殊情况,应及时向实习领导小组汇报。

三、作业流程和技术要求

(一)作业流程

实习准备→图根控制测量→数据采集→数据处理与图形编辑→成果输出与上交。

(二)技术要求

1.坐标系统

平面坐标系采用2000国家大地坐标系。

2.技术依据

(1)《城市测量规范》(CJJ/T 8—2011)。

(2)《国家基本比例尺地图图式　第1部分:1∶500　1∶1 000　1∶2 000地形图图式》(GB/T 20257.1—2017)。

(3)《全球定位系统测(GPS)量规范》(GB/T 18314—2009)。

3.一般规定

(1)测图比例尺为1∶500,基本等高距为0.5 m。

(2)图上地物点相对于邻近图根点的点位中误差应不超过图上±0.5 mm,邻近地物点间距中误差应不超过图上±0.4 mm。

(3)高程注记点相对于邻近图根点的高程中误差不得超过±0.15 m。

4.图根控制测量

1)平面控制测量

在测区内进行踏勘、设计、选点,宜在高级平面控制点间布设附合导线或闭合导线,一般不超过两次附合。

当测区内无高级平面控制点时,应与测区外已知点联测,或假定一点坐标和一边坐标方位角作为起算数据。

图根控制点应选在土质坚实、便于长期保存的地方,要方便安置仪器、通视良好便于测角和测距、视野开阔便于实施碎部测量的地方,要避免选在道路中间。

图根点选定后,应立即打桩并在桩顶钉一小钉或划“+”作为标志;或用油漆在地面上画“⊕”作为标志并编号。编号可用四位数,如测绘1班5组选定的8号点,编号可为“C1508”。

图根导线测量的技术要求应符合表10-7的规定。

表10-7　图根导线测量技术要求

比例尺	附合导线长度(m)	平均边长(m)	导线相对闭合差	测回数 DJ_6	方位角闭合差
1∶500	900	80	≤1/4 000	1	不超过$\pm 40''\sqrt{n}$

注:n为测站数。

距离测量要求:单程观测1测回,读数较差≤10 mm。

因地形限制图根导线无法附合时,可布设支导线。支导线不多于四条边,长度不超过

450 m,最大边长不超过 160 m。边长可单程观测 1 测回。水平角观测首站应联测两个已知方向,观测一测回,其固定角不符值不应超过±40″;其他站水平角观测一测回。

图根导线可采用近似平差,计算方法可查阅教材的相关内容。计算时角度值取至秒,边长和坐标取至毫米。

2)高程控制测量

图根点的高程可用图根水准或图根光电测距三角高程测量方法测定,本次实习采用图根光电测距三角高程测量方法。图根三角高程导线应起闭于高等级高程控制点上,可沿图根点布设为附合路线或闭合路线。

当测区内无已知水准点时,可与测区附近已知水准点进行高程联测。联测时用四等水准测量方法往返测,其往返测高差不符值不超过$\pm 20\sqrt{L}$ mm(L 为路线长度,以 km 计),也可假定一点高程,成为独立高程系统。

图根光电测距三角高程测量的技术要求应符合表 10-8 的规定。测距要求同图根导线测量。

表 10-8　图根光电测距三角高程测量的技术要求

中丝法测回数 DJ_6	竖角较差指标差较差	对向观测高差较差(m)	附合路线或闭合路线高差闭合差(mm)
对向观测 1	≤25″	$\leq 0.4\times S$	不超过$\pm 40\sqrt{D}$

注:S 为改正后的斜距(km);D 为测距边边长(km)。

计算三角高程时,角度应取至秒,高差应取至毫米。

5.碎部测量

1)准备工作

将控制点、图根点平面坐标和高程值抄录在成果表上备用。每日施测前,应对数据采集软件进行试运行检查,对输入的控制点成果数据需要显示检查。

2)数据采集的方法及要求

本次实习采用全站仪测记法模式数字测图方法。数字成图软件使用 CASS9.0 软件。

碎部点坐标测量主要采用极坐标法,同时适当采用量距法和交会法等,碎部点高程采用三角高程测量。

设站时,仪器对中误差不应大于 5 mm,照准一图根点作为起始方向,观测另一图根点作为检核,算得检核点的平面位置误差不应大于图上 0.2 mm。检查另一图根点的高程,其较差不应大于 0.1 m。

每站测图过程中,应经常归零检查,归零差不应大于 4′。仪器高和棱镜中心高应量记至毫米。

采集数据时,角度应读记至秒,距离应读记至毫米。测距最大长度为 300 m。高程注记点应分布均匀,间距为 15 m,平坦及地形简单地区可适当放宽。高程注记点应注记至厘米。

应在采集数据的现场,实时绘制草图。

每天工作结束后,应及时对采集的数据进行检查。若草图绘制有错误,应按照实地情况修改草图。若数据记录有错误,可修改测点编号、地形码和信息码,但严禁修改观测数据,否则须返工重测。对错漏数据要及时补测,超限的数据应重测。

数据文件应即时存盘并备份。

3)测量内容及取舍

测量控制点是测绘地形图的主要依据,在图上应准确表示。

房屋的轮廓应以墙基外角为准,并按建筑材料和性质分类,注记层数。房屋应逐个表示,临时性房屋可舍去。

建筑物和围墙轮廓凹凸在图上小于 0.4 mm,简单房屋小于 0.6 mm 时,可用直线连接。

城市道路应将车行道、人行道按实际位置测绘。沿道路两侧排列的以及其他成行的树木均用“行树”符号表示。符号间距视具体情况可放大或缩小。

电线杆位置应实测,可不连线,但应绘出电线连线方向。

架空的、地面上的管道均应实测,并注记传输物质的名称。地下管线检修井、消防栓应测绘表示。

沟渠在图上宽度小于 1 mm 的用单线表示并注明流向。

斜坡在图上投影宽度小于 2 mm 用陡坎符号表示。当坡、坎比高小于 0.25 m 或在图上长度小于 5 mm 时,可不表示。

各项地理名称注记位置应适当,无遗漏。居民地、道路、单位名称和房屋栋号应正确注记。

其他地物参照《城市测量规范》(CJJ/T 8—2011)和《国家基本比例尺地图图式 第 1 部分:1∶500 1∶1 000 1∶2 000 地形图图式》(GB/T 20257.1—2017)的要求取舍。

4)数字地形图的编辑和输出

对外业采集的数据用 CASS9.0 软件进行数据处理,并在人机交互方式下进行地形图编辑,生成数字地形图图形文件(采用 50 cm×50 cm 的正方形分幅,以每幅图西南角坐标为图幅编号,以 km 为单位,加图名)并用绘图仪输出。

四、成果资料的检查、上交与验收

(一)检查和验收

(1)小组互检。

(2)指导教师检查验收。

(二)编写实习报告

实习结束前,学生每人编写一份实习报告,实习报告编写格式和内容如下:

(1)封面。实习名称、地点、起止日期、班级、组号、姓名、学号和指导教师姓名。

(2)前言。简述本次实习的目的、任务及要求。

(3)实习内容。实习项目、测区概况、作业方法、技术要求、相关示意图(如导线略图)、实习成果及评价。

(4)实习总结。主要介绍实习中遇到的技术问题及处理方法,对实习的意见和建议,本人在实习中主要做了哪些工作及在实习中的收获。

全文字数不得少于 3 000 字。

(三)上交的资料

1.小组应提交的资料

(1)导线外业观测手簿,导线略图。

(2)水准外业观测手簿,水准路线略图。

(3)控制点点之记。

(4)控制测量成果表。

(5)数字资料(原始数据文件、碎部点成果文件、地形图图形文件)。

(6)50 cm×50 cm 数字地形图一幅。

2.个人应提交的资料

(1)导线测量和高程测量计算成果表。

(2)实习报告。

(四)实习成绩评定

(1)实习表现(20%)。主要包括实习态度、考勤、测量仪器工具的爱护与保管情况等。

(2)操作技能(50%)。主要包括对理论知识的掌握程度,仪器使用操作的熟练程度,作业程序是否符合规范要求等。

(3)原始观测记录、手簿、计算成果和成图质量(20%)。主要包括手簿和各种计算表格是否完好无损,书写是否工整清晰,手簿有无擦拭、涂改,数据计算是否正确,各项较差、闭合差是否在规定范围内,数字地形上各类地形要素的精度是否符合要求,文字说明注记是否规范等。

(4)实习报告(10%)。主要包括实习报告的编写格式和内容是否符合要求,编写水平,分析问题、解决问题的能力及有无独特见解等。

附录　数字化地形图测绘技术设计示例

A 市工业园区 Z 分区
1∶500 数字化地形图测绘技术设计书

一、项目综述

（一）测图目的

为满足 A 市工业园区 Z 分区规划设计用图的需要，受甲方委托，国家测绘局第 K 地形测量队（乙方）承揽工业园区 Z 分区约 29 km^2的1∶500 数字化地形图测量任务。为统一技术要求，以保证成果质量，特编写本技术设计书。

（二）测区概况

测区位于 A 市以西。范围为北至……南至……西至……东至……以 Z 镇为中心，周边约 29 km^2，交通较为便利。

测区地形以丘陵为主，部分山坡上有树，测区内耕地大部分为旱地，有部分水稻田。

（三）测区已有资料情况分析与利用

1.控制资料

（1）由 A 市规划局提供Ⅱ、Ⅲ等三角点四个（描述大概位置），可作为测区布设首级控制测量平面控制的起算点。

（2）由 A 市规划局提供Ⅲ等以上水准点，可作为首级控制测量高程控制的起算点（描述大概位置）。

（3）上述成果为 1987 昆明坐标系，1985 国家高程基准。

（4）测区内已有一级导线点、GPS 点可利用。因坐标系不同，需经转换检测符合要求后方可使用。

2.地形图资料

由 A 市规划局提供的1∶10 000 影像图，标有测区范围及1∶500 地形图测图范围，1∶50 000地形图可作为工作计划用图。

测区内有部分不同坐标系的1∶500、1∶1 000、1∶2000 地形图，可进行联测转换经内业数字化后使用。

（四）设计及作业依据

（1）《城市测量规范》（CJJ/T 8—2011）。

（2）《国家三、四等水准测量规范》（GB 12898—2009）。

（3）《国家基本比例尺地图图式　第 1 部分：1∶500　1∶1 000　1∶2 000 地形图图式》（GB/T 20257.1—2017）。

(4)《全球定位系统城市测量技术规程》(CJJ 73—97)。

(5)《1 : 500　1 : 1 000　1 : 2 000 地形图数字化规范》(GB/T 17160—2008)。

(6)审批后的本技术设计书。

本技术设计书未提及的,按《城市测量规范》(CJJ/T 8—2011)、《国家基本比例尺地图图式　第 1 部分:1 : 500　1 : 1 000　1 : 2 000 地形图图式》(GB/T 20257.1—2017)要求为准。

二、工作流程及标准约定

(一)工作流程

本次测图工作工期紧、任务重,技术要求高,因此好的工作流程、工作方法是保质、保量、按时完成任务的前提。根据本次项目的要求,制定如附图 1 所示的大致工作流程。根据该工作流程图,可以归纳出资料分析、控制测量、碎部测量、内业成图、质量检查和成果资料整理、上交等 6 项主要任务。

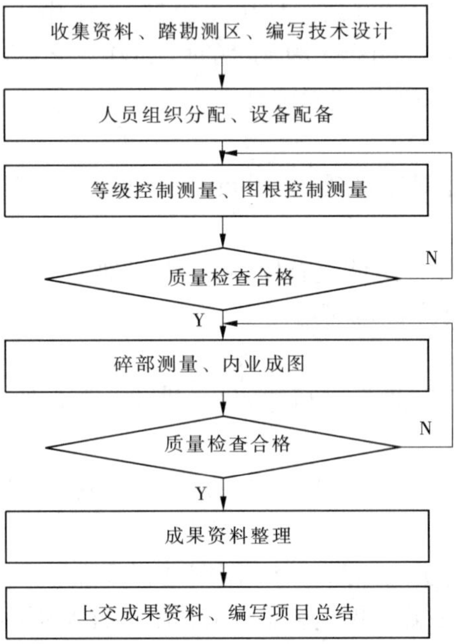

附图 1　工作流程

(二)标准约定

在本项目中,对涉及的各种要素进行标准化约定有利于项目的顺利进行。因此,就以下要素进行标准约定。

1. 坐标系统

1)平面坐标系统

平面坐标系统采用 1987 某市独立坐标系(1954 北京坐标系参考椭球,中央子午线 102°,高程抵偿投影面为 1 800 m)。

2)高程坐标系统

高程坐标系统采用 1985 国家高程基准,基本等高距为 0.5 m。

2.地形图规格

测图比例尺为1∶500。

图幅分幅 40 cm×50 cm 标准分幅。

图号采用图幅西南角纵、横坐标千米数表示(保留两位整数和两位小数),中间用"—"连接,纵坐标在前横坐标在后,如 83.60—37.25。

3.计量单位

在本项目中,数据的基本单位按附表 1 所示。

附表 1 数据的基本单位

数据名称	基本单位	精度
距离	m	0.01
坐标	m	0.001
X 坐标	m	0.001
Y 坐标	m	0.001
Z 坐标	m	0.001
费用	元	0.01
角度	度	1″
时间	d	1

4.编码规则

1)控制点编码

为对测区内控制点进行科学、合理的管理和利用,对整个测区控制点进行统一编号。在外业测量及内业处理过程中,对二级以上控制点的编号采用等级代码(1 位)+标识代码(1 位)+编号(4 位)的编码规则进行统一编号,如 130001 表示 1 号一级导线点。

图根控制点按照五位顺序号前面加区名代码表示,没有标识码,见附表 2~附表 4。

附表 2 区名代码

区名	区名代码
A 市工业园区 Z 分区	Z

附表 3 等级代码

等级名称	等级代码
一等	A
二等	B
三等	C
四等	D
E 级 GPS 点	E
一级	Ⅰ
二级	Ⅱ

附表4 标识码

标识码	名称
1	大地原点
2	三角点
3	导线点
4	水准原点
5	水准点
6	天文点
7	天文主点
8	重力点
9	GPS 点

2)碎部点编码

碎部点编码可按照具体项目的实际情况和要求,制定编码规则,这里不赘述。

实际测图项目中还应考虑具体地物、地貌编码标准,注记要素字体、字号标准,图廓整饰规范等内容。由于篇幅限制,不再赘述,具体要求可参见相关的标准规范和实际项目要求。

三、控制测量技术要求

(一)各等级控制点埋石、密度

1.埋石点要求

在地面或山地埋设一般普通标石(标石由甲方提供),四等点应做40 cm×40 cm,厚10 cm的护面,并在基坑内浇筑混凝土。在建筑物楼顶埋设的标石,具体规格按《城市测量规范》(CJJ/T 8—2011)执行。

2.埋石点密度

四等点在测区内大致均匀布设30个点,一级点的布设(包括四等点)平均每一幅图不少于1点。在城镇和较大的建筑区内应增加埋石点的密度,在居民地附近至少保证有一对点,对点之间应通视。

3.选点要求

点位应选在稳固、易于设站和扩展,通视良好、能长久保存的地方。GPS观测点位应满足GPS信号接收的需要,视场内不应有高度角大于15°的成片障碍物,点位应远离高压线和大功率无线发射源。

(二)基础控制测量

1.平面控制测量

1)GPS测量

(1)平面控制点采用GPS施测,起算点的联测不应少于3个点。一级点也可以用测距导线施测。

(2)四等网中最弱相邻点的相对中误差不得超过±5 cm。一级点最弱点中误差相对于起算点的点位中误差不得超过±5 cm。

(3)GPS作业采用静态模式观测。主要技术要求如附表5~附表7所示。

附表 5　GPS 网的主要技术要求

等级	平均距离(m)	a(mm)	$b(1\times10^{-6})$	最弱边相对中误差
四等	2	≤10	≤10	1/45 000
一级	1	≤10	≤10	1/20 000

注：当边长小于 200 m 时，边长中误差应小于 20 mm。相邻点最小距离应为平均距离的 1/3~1/2，相邻点最大距离应为平均距离的 2~3 倍。

附表 6　GPS 闭合环或附合路线边数的规定

等级	四等	一级	二级
闭合环或附合路线边数	≤10	≤10	≤10

附表 7　GPS 各等级观测作业的基本要求

有效观测卫星数	数据采样间隔	卫星高度截止角	平均重复设站数	时间长度
≥4	10°~60°	≥15°	≥1.6	≥45 min

各等级的点位几何图形强度因子 *PDOP* 值应小于 6。

(4) 观测时应量取仪器高两次，并记录于观测手簿中，两次读数差不大于 3 mm，取平均值作最后结果。

每个点观测均要求用手簿进行记录，记录内容为点名、点号、观测者、天气、日期、时间、天线高、时段、接收机编号，并将特殊情况记录在说明栏。原始记录应字迹清楚、整齐，不得涂改。

(5) 基线解算采用随机软件进行解算。数据处理应满足《全球定位系统城市测量技术规程》第 9 条的要求。

基线测量精度及所组成的异步环的坐标差分量闭合差及环闭合差应符合式(1)~式(2)规定：

$$\delta = \sqrt{a^2 + (bd)^2} \tag{1}$$

$$W_x \leqslant 2\sqrt{n\delta}, W_y \leqslant 2\sqrt{n\delta}, W_z = 2\sqrt{n\delta} \tag{2}$$

$$W \leqslant 2\sqrt{3n\delta}, W = \sqrt{W_x^2 + W_y^2 + W_z^2} \tag{3}$$

$$\Delta S \leqslant 2\sqrt{2\delta} \tag{4}$$

式中　$a = 10$ mm；

b——比例误差因子，对应四等、5″、8″时分别取 20×10^{-6}、30×10^{-6}、40×10^{-6}；

d——基线长度，km；

W_x, W_y, W_z——坐标差分量闭合差；

W——坐标差闭合差；

n——环闭合差；

ΔS——复测基线长度差。

2) 光电测距导线

光电测距导线技术要求如附表 8 和附表 9 所示。

附表 8　光电测距导线技术要求

等级	附合导线长度	平均边长	测距中误差	测角中误差	导线全长相对闭合差
一级	≤3.6 km	≤300 m	不超过±15 m	不超过±5″	≤1/14 000

附表 9　导线测量水平角观测的技术要求

等级	半测回归零差 DJ_2	一测回内 2C 较差	测距中误差	同一方向值各测回较差	测距测回数	测角测回数 DJ_2	方位角闭合差
一级	≤8″	≤13″	不超过±15 mm	≤9″	2	2	不超过$\pm 10''\sqrt{n}$

注:表中 n 为测站数。

当附合导线长度短于规定长度的 1/3 时,导线全长的绝对闭合差不应超过±13 cm。附合导线的边数不能超过 12 条。

光电测距应满足《城市测量规范》(CJJ/T 8—2011)5.2.4 的要求。

2.高程控制测量

(1)四等点以四等水准精度联测,一级点以等外水准精度联测。四等水准测量可采用光电测距三角高程测量代替四等水准测量,也可二者交替进行。

(2)四等水准网中最弱点的高程中误差相对于起算点不得超过±20 mm。

(3)四等水准测量技术要求如附表 10 和附表 11 所示。

附表 10　四等水准测量技术要求

每千米高差中数中误差		附(闭)合水准路线长(km)	路线闭合差(mm)
偶然中误差 M_Δ(mm)	全中误差 M_W(mm)		
不超过±5	不超过±10	≤15	不超过$\pm 20\sqrt{L}$

注:L 为附(闭)合路线长度,以 km 为单位。

附表 11　四等水准观测技术要求

视距(m)	前后视距差(m)	前后视距累积差(m)	红黑面读数差(mm)	红黑面所测高差之差(mm)
≤80	不超过±5	不超过±10	不超过±3.0	不超过±5.0

(4)四等光电测距三角高程测量。

高程导线边长的测定,应采用不低于Ⅱ级精度的测距仪往返各观测一测回,其边长不大于 1 km,测距的各项限差和要求应符合《城市测量规范》(CJJ/T 8—2011)中 2.4 的规定,每站应读取气压、温度。

竖直角观测应采用 DJ_2级经纬仪按中丝法观测 3 测回,竖直角测回差和指标差均不应大于 7″。高差测定应采用对向观测,对向观测高差较差不应超过$\pm 40\sqrt{D}$(D 为测距边水平距离,单位 km)。附合路线闭合差限差同四等水准要求,附合路线长度不大于 15 km。仪器高、觇标高应在观测前后各量测一次,读至 1 mm,当较差不大于 2 mm 时取中数。

观测成果的记录、整理、检验和计算应满足《城市测量规范》(CJJ/T 8—2011)3.6 的要求。

(三)图根控制测量

1.图根平面控制测量

图根点是直接提供地形图测绘的依据,应在以上各等级控制点基础上加密布设,图根点的密度应以满足测图需要为准。建筑物密集地区应适当增加,空旷地区可适当减少,但要保证测图需要的控制密度。

图根点主要以光电测距导线布设,其主要技术要求如附表 12 所示。

附表 12　光电测距导线主要技术要求

比例尺	导线长度(m)	平均边长(m)	测距测回数	测角测回数		位角闭合差	导线全长相对闭合差
				DJ_2	DJ_6		
1:500	≤900	≤80	1	1	1	不超过$\pm 40''\sqrt{n}$	≤1/4 000

注:n 为测站数。

当导线长度短于规定长度 1/3 时,其绝对闭合差不应大于 0.15 m。图根点相对于起算点的点位中误差不得超过±5 cm。

图根导线一般应为附合导线,不宜超过二次附合。当遇到较大单位只有一个出入口时,允许采用闭合导线。

2.图根高程控制测量

图根点的高程中误差不得大于测图基本等高距的 1/10,具体技术要求如附表 13 和附表 14 所示。

附表 13　水准测量的技术要求

等级	附(闭)合路线全长(km)	附(闭)合路线高程闭合差(mm)	仪器至标尺距离(m)	观测方法
图根	≤8	不超过$\pm 40\sqrt{L}$	≤100	中丝单程读数至 mm

附表 14　光电测距三角高程导线的技术要求

等级	边数	中丝法垂直测回数		各测回竖直角及同一方向指标差较差		往返测高差之差(m)	路线全长线闭合差(m)
		DJ_2	DJ_6	DJ_2	DJ_6		
图根	≤12	1	1	15″	25″	不超过$\pm 0.4S$	不超过$\pm 40\sqrt{L}$

注:S 为边长,以 km 为单位,不足 0.1 km 的按 0.1 km 计算;n 为边数;L 为路线长度,以 km 为单位。

四、地形图测绘技术要求

(一)碎部测量

1.地形图分幅

地形图的分幅采用 40 cm×50 cm 矩形分幅,图幅号按图幅西南角坐标计算编号(N_1-N_2),并以图内显著名称作该图图名。

$$\begin{cases} N_1 = (X - 2\,520.0) \times 4 \\ N_2 = (Y - 840.0) \times 4 \end{cases} \tag{5}$$

2.地形图的精度

图上地物点相对于邻近图根点的点位中误差不超过±0.5 mm(图上),邻近地物点间距中误差不超过±0.4 mm(图上);高程注记点建筑区相对于邻近图根点的高程中误差不超过±0.15 m,其他高程注记点相对于邻近图根点的高程中误差不大于 1/2 等高距。隐蔽地区可放宽 50%。

3.碎部测量具体要求

用全站仪施测地物、地貌特征点时,测距一次读数,当经纬仪 2C 差不超过±40″时,水平角可测半测回;每一测站测完碎部点后应归零检查,归零差应不超过±40″。

测站定向后需用另一已知点进行定向检查。检查精度平面不超过±0.15 m,仪器对中偏差不超过±5 mm,仪器高、觇标高量到 0.01 m。

碎部测量地物、地貌特征点测距的最大长度应满足附表 15。

附表 15　地貌特征点测距的最大长度

比例尺	地物特征点(m)	地貌特征点(m)
1 : 500	80	300

高程注记点应分布均匀,高程注记点的间距为 10 m。地形简单地区可放宽至 1.5 倍。

地形图碎部测量的测绘内容及取舍应按《城市测量规范》(CJJ/T 8—2011)中 4.6 的要求执行。

(二)内业成图

1.内业成图方法

采用解析法数字化成图。

2.内业成图软件

采用南方 CASS9.0 地形成图软件。

3.地物和地貌的表示

对于居民地的表示,外围轮廓及街道应准确绘出,内部可做较大综合。房屋的轮廓以墙基外角为准,地下室不作专门表示。

菜地、果园、旱地等农用地中以木、油毡纸、草等为材料建造的简单房,住人的应表示,对轮廓小的拐角可适当综合取舍。

街道、公路、广场、空地上的花圃、花坛轮廓线以实线表示;以内部道路边线为轮廓线的花圃、花坛边线以虚线表示,符号配置按《国家基本比例尺地图图式　第 1 部分:1 : 500　1 : 1 000　1 : 2 000 地形图图式》(GB/T 20257.1—2017)执行。城镇内道路边的汽车候车亭实测范围用实线表示,没有候车亭的公共汽车站可不表示。

杆上变压器符号应注意表示输入高压线符号及输出低压线符号的配置。

街道边的邮筒、街道名称牌、小于 1 m 的小型广告牌不表示。交通红绿灯不表示,其支撑电杆应实测。横跨街道、公路的路标、宣传栏、广告牌按《国家基本比例尺地图图式　第 1 部分:1 : 500　1 : 1 000　1 : 2 000 地形图图式》(GB/T 20257.1—2017)表示,当广告牌、路标、宣传栏等为双面设计时,优先选取朝向北、向西方向表示。街道中间、花圃中间单柱支撑的宣传栏、广告牌仿照《国家基本比例尺地图图式　第 1 部分:1 : 500　1 : 1 000　1 : 2 000 地形图图式》(GB/T 20257.1—2017)表示。单柱支撑表示道路、单位通道情况的标志牌按《国家基本比例尺地图图式　第 1 部分:1 : 500　1 : 1 000　1 : 2 000 地形图图式》(GB/T 20257.1—2017)符号表示。桥梁、广场、街道、公路上的路灯按《国家基本比例尺地图图式　第 1 部分:1 : 500　1 : 1 000　1 : 2 000 地形图图式》(GB/T 20257.1—2017)符号表示,简陋的路灯不表示。街道名称、河流名称、道路名称、管线类别等注记的字向和字序应按图式119页注记规则执行。

地形图编辑时，各种注记的字体大小、字型、方向要认真按《国家基本比例尺地图图式 第1部分：1∶500 1∶1 000 1∶2 000地形图图式》(GB/T 20257.1—2017)规定执行。地形图上高程注记应分布均匀，一般每方格应不少于10个高程注记点，在街道交叉口中心线、道路路面、桥面、广场、地下检修井口、较大空地等位置适当加注高程，高程注记到厘米。

围墙、栅栏、栏杆、篱笆和铁丝网等围护物，均应实测，在墙基上面筑栏杆的按围墙表示。建筑区和不便于绘等高线的地方，可不绘等高线。本测区不表示各类境界。

五、检查验收

为确保产品质量达到规范、设计书的要求，测区设立项目负责、技术负责、质量负责各一人。分工明确，责任到人，从生产的每一个环节抓起。统一调配、相互协调、科学管理，严把产品质量关。

对参加本测区全体作业人员进行质量意识教育和业务培训，确保施测工作顺利进展。

严格执行测绘仪器送检制度，未经检定或检定不合格的仪器、设备不得进入测区。

认真做好“第一点”“第一幅”的生产和首检工作，及时发现并处理技术问题，项目负责人、技术负责人要经常深入生产第一线及时了解和掌握生产进度和质量状况，对存在的质量问题提出改进措施，确保产品质量。

坚持二级检查，一级验收制度。经作业人员自查互校后交设在中(分)队专职检查人员进行过程检查，再向提交最终检查申请，经最终检查后，确认成果成图资料齐全、数据准确无误，方可提交甲方验收。

六、成果提交

(1)数字化地形图测量技术设计书(3份)。

(2)控制点成果资料。包括观测手簿、计算手簿(附控制点联测略图)、控制点成果表、等级控制点点之记、等级控制点展点略图与通视图、等级控制点成果表(光盘4个、图纸4份)。

(3)内业成图资料。包括野外采集的原始数据文件(附于数字化地形图的光盘内)，1∶500数字化地形图(光盘5套、图纸5份)。

(4)检查报告及精度统计表、质量评价表(3份)。

(5)技术总结报告(3份)。

小 结

在实际项目技术设计书中，通常还应考虑人员的组织管理及甲方单位的特殊要求等实际问题。本附录由于篇幅限制和技术保密要求，仅提供了一个项目技术设计书的基本框架。对于实际工程项目技术设计书的撰写，一定要结合具体项目的实际情况和国家相关法律法规、技术规范，以及甲方单位的特殊要求，综合分析取舍后定稿，切不可生搬硬套。

参考文献

[1] 王正荣,邹时林.数字测图[M].郑州:黄河水利出版社,2012.
[2] 杨晓明,沙从术,郑崇启,等.数字测图[M].北京:测绘出版社,2009.
[3] 卢满堂.数字测图[M].北京:中国电力出版社,2008.
[4] 冯大福.数字测图[M].重庆:重庆大学出版社,2010.
[5] 张博.数字化测图[M].北京:测绘出版社,2010.
[6] 纪勇.数字测图技术应用教程[M].郑州:黄河水利出版社,2008.
[7] 潘正风.数字测图原理与方法[M].武汉:武汉大学出版社,2005.
[8] 高井祥.数字测图原理与方法[M].徐州:中国矿业大学出版社,2005.
[9] 何保喜.全站仪测量技术[M].郑州:黄河水利出版社,2005.
[10] 宋伟东.数字测图原理与应用[M].北京:教育科学出版社,2000.
[11] 徐宇飞.数字测图技术[M].郑州:黄河水利出版社,2005.
[12] 邬伦,刘瑜. 地理信息系统——原理、方法和应用[M].北京:科学出版社,2005.
[13] 林文介.测绘工程学[M].广州:华南理工大学出版社,2007.
[14] 陈一舞.南方 CASS9.0 用户手册[M].广州:南方测绘仪器公司,2010.
[15] 刘福臻.数字化测图教程[M].成都:西南交通大学出版社,2008.
[16] 于国庆.数字化测量技术[M].北京:机械工业出版社,2013.
[17] 孙艳崇.数字化测图技术[M].沈阳:东北大学出版社,2013.
[18] 李玲.数字化测图[M].北京:中国电力出版社,2014.
[19] 范国雄.数字测图技术[M].南京:东南大学出版社,2016.
[20] 曹先革.数字测图[M].哈尔滨:哈尔滨工程大学出版社,2012.
[21] 崔书珍.数字测图[M].北京:机械工业出版社,2016.